数学之美

$$e^{i\pi} + 1 = 0$$

邵勇◎著

量子学派◎审校

北京大学出版社

PEKING UNIVERSITY PRESS

内 容 简 介

本书从几个著名数学问题出发,深入浅出地讲解了与我国初高中的教学实际紧密联系的数学知识,并把知识内容与数学核心素养结合起来。在这条知识主线的周边,穿插介绍知识内容的历史发展过程,对相关数学分支在数学史上的地位进行深入思考,并辅之以数学文化、趣味知识、数学游戏、数学悖论等茂盛枝叶。全书共6章,第1章介绍无处不在的杨辉三角;第2章介绍当我们谈论正方体时,我们能够谈论些什么;第3章介绍了神奇的$\sqrt{2}$;第4章介绍斐波那契数列与黄金分割;第5章介绍圆锥曲线面面观;第6章介绍感悟数学的魅力与威力。

本书根据中学生的实际需要,并结合500多幅精美的插图进行讲解,全书讲解清晰自然、特色鲜明,非常适合初高中学生、初高中数学教师、数学爱好者阅读。

图书在版编目(CIP)数据

数学之美 / 邵勇著. — 北京:北京大学出版社,2023.10
ISBN 978-7-301-34219-0

Ⅰ.①数… Ⅱ.①邵… Ⅲ.①数学－普及读物 Ⅳ.①O1-49

中国国家版本馆CIP数据核字(2023)第130078号

书　　　　名	数学之美 SHUXUE ZHI MEI
著作责任者	邵　勇　著
责 任 编 辑	刘　云　刘　倩
标 准 书 号	ISBN 978-7-301-34219-0
出 版 发 行	北京大学出版社
地　　　　址	北京市海淀区成府路205号　100871
网　　　　址	http://www.pup.cn　　新浪微博:@北京大学出版社
电 子 邮 箱	编辑部 pup7@pup.cn　总编室 zpup@pup.cn
电　　　　话	邮购部 010-62752015　发行部 010-62750672　编辑部 010-62570390
印 刷 者	北京宏伟双华印刷有限公司
经 销 者	新华书店
	720毫米×1020毫米　16开本　23.5印张　409千字
	2023年10月第1版　2024年6月第4次印刷
印　　　　数	11001-16000册
定　　　　价	139.00元

　　从小孩子到老人，从街边小贩到研究员，在我们所有人的认知里，数学都有一种深邃而神秘的魅力，让每一个人敬仰却又想要亲近它。它不仅存在于我们日常生活中的各个角落，更是贯穿于整个宇宙的运行之中。在数学的世界里，每一个公式、每一条定理都蕴含着无限的智慧和美感。

　　邵勇所著的《数学之美》，用相互关联而又独立的章节，带我们进入了数学的世界，我们会发现复杂世界的奥妙之处却在于它的简洁性和精确性。邵勇通过简单的符号和规则、精美的绘图，构建了复杂而美妙的数学结构。这些结构不仅可以解释自然界中的各种现象和解决各种实际问题，还可以体现图形与公式的对称之美、推理过程的逻辑之美、表达形式的简洁之美、不同对象之间的联系之美。

　　亲爱的同学们，无论你是喜欢逻辑推理的人，还是热爱几何图形的人，我相信每个人都能够从这本书中发现属于数学的美，都可以在这本书里找到乐趣和满足感。

　　让我们一起走进这个神秘而美丽的领域吧！

北京市第二中学教学副校长
北京市第二十四中学校长
首师大全日制教育硕士特聘导师
北京市中学生物理竞赛委员会委员

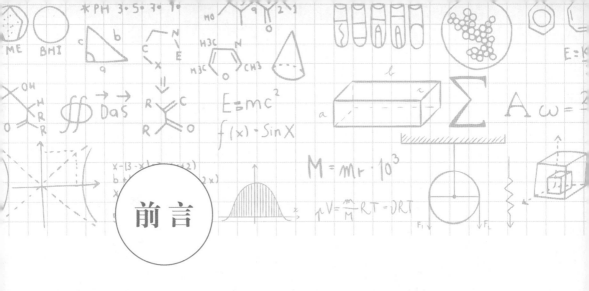

前言

　　中学数学教育,在当下是一个热门话题。同学们经过自己的努力,能解决基本的数学问题,接下来就希望自己能更上一层楼,但是他们普遍遇到了困境,就是在数学学习上有所谓的"天花板",如何破局——乐趣、思维、解题?

　　笔者将在本书中与大家分享数学经典,这些经典包括:无处不在的杨辉三角,正方体的相关知识,神奇的$\sqrt{2}$,斐波那契数列与黄金分割,圆锥曲线面面观及数学的魅力和威力。这些看似很随意的内容安排,读下来你会发现,它们涉及了中学数学的大多数分支,以及重要数学家及他们的主要成就。不同章节就像交响曲的不同乐章,有序优美,精彩纷呈。

　　数学之美包括对称之美、简洁之美、和谐之美、逻辑之美、形式之美、符号之美、公式之美、内涵之美、证明之美、模式之美、奇异之美和创造之美等。阅读本书的过程就是一次对数学之美的感受历程。

　　说起中学生,就不得不提高考,高考是众多学子通往大学的必经之路。有人形容高考是一座独木桥,只有胆大心细的人才能闯过去,更多的人,因为慌张或者其他问题而落水。但是,当那些成功闯过独木桥的人回头看的时候,会惊讶地发现,原来桥身并没有想象中的那样狭窄,究其原因,不过是人在高中时期所掌握的知识面不够广,对知识的运用技术、技巧不够娴熟,凭空放大了困难。

　　学数学,离不开解题,尽管解题本身不是学习数学的最终目的,但它是学习数学、学会思考、培养数学素养的一种重要手段。好的解题思路可以使你在学习数学时事半功倍:一道数学难题,其他同学百思不得其解,到了你手里,不一会儿就解出来了;其他同学添加三条辅助线才能解出来的图形问题,你只要作一条辅助线就能完美解出,解题过程也比其他同学轻松;同样的思路,同样的方法,你用的公式、定理比其他同学恰当,你不写可有可无的式子,不计算多余的量。本书对高考题进行了挖掘,给出了不同的解题方法,开阔了解题思路,希望本书可以从知识、技能、方法的角度,带给你关于数学考试的新思路。

在写作本书的过程中,作者参考了大量中外数学著作。在此,对著作的作者和译著的译者及相关出版社表示衷心的感谢。教育书画协会理事、书法家李承孝先生为本书题写了书名,作者在此对李承孝先生表示衷心的感谢。感谢丘维声先生、王尚志先生、周青先生、赵京先生和周传章先生对本书的肯定和推荐。邵明爵先生为本书创制了一付特殊骰子,在此对他表示衷心的感谢。

希望广大读者在阅读过程中多提宝贵意见和建议。

温馨提示:本书还提供附赠资源,读者可以通过扫描封底二维码,关注"博雅读书社"微信公众号,找到资源下载栏目,输入本书77页的资源下载码,根据提示获取。

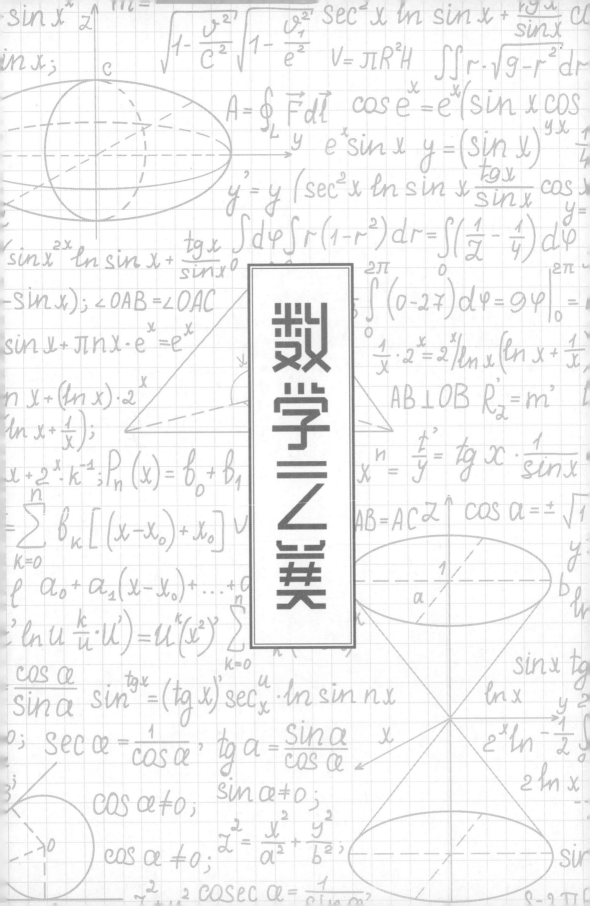

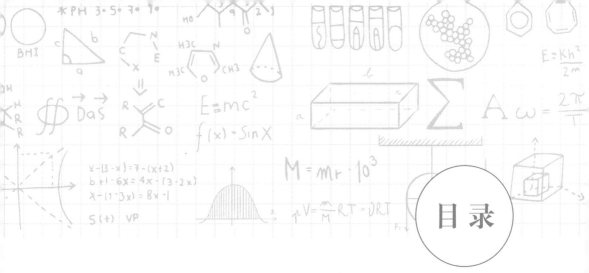

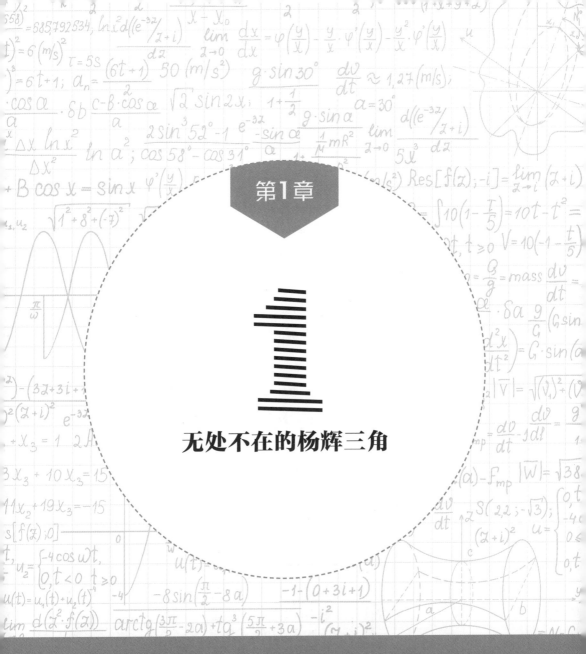

第1章

1

无处不在的杨辉三角

数学不仅拥有真理，还拥有至高无上的美——一种冷峻严肃的美，就像一尊雕塑。这种美没有绘画或音乐那样华丽的装饰，它可以纯洁到崇高的程度，能够达到严格的只有最伟大的艺术才能显示的完美境界。

——罗素

本章讲解与杨辉三角相关的内容,涉及二项式定理、组合数、形数、高尔夫球杆定理、多项式乘积、概率、斐波那契数列、行列式、数论中的素数判定和费马小定理、高阶等差数列、容斥原理、分形、完全数、卡塔兰数等内容,极为丰富。这些知识内容与中学数学知识有着千丝万缕的联系。

一、杨辉三角简史

杨辉三角的名字是因为这个"三角"图形出现在杨辉所著《详解九章算法》一书中。反倒是杨辉三角的先驱贾宪三角不常被人们提及。北宋数学家贾宪,他于公元1050年写成《黄帝九章算法细草》一书,但可惜这本书后来失传了。好在南宋数学家杨辉在1261年所著《详解九章算法》一书中摘录了《黄帝九章算法细草》的主要内容,其中就有后来以"杨辉"命名的杨辉三角。不管是称为杨辉三角还是贾宪三角,它们其实都是一张最早被称为"开方作法本源图"的图形。贾宪在他的著作《黄帝九章算法细草》中研究高次开方法时用到了这张"开方作法本源图"。杨辉在他的著作《详解九章算法》中说到这个"开方作法本源图"时注明"贾宪用此术"(见图1-1)。后来也有人称这个图形为"乘方求廉图"。朱世杰所著《四元玉鉴》卷首也有一幅杨辉三角(见图1-2),名叫"古法七乘方图"("乘"同"乘")。

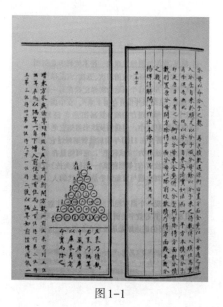

图1-1

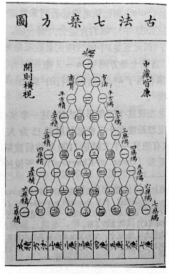

图1-2

杨辉

　　杨辉,中国南宋末年数学家,字谦光,钱塘(今杭州)人。其生卒年及生平无从详考。杨辉的数学著作甚多,虽经散佚,流传至今的尚有多种。据记载,杨辉编著的数学书共五种二十一卷。其中以《详解九章算法》十二卷(1261)最为著名。在《乘除通变本末》(又称《乘除通变算宝》)三卷(1274)中列有"九归"口诀,介绍筹算乘、除的各种简捷算法。《续古摘奇算法》二卷(1275)是杨辉收集"诸家算法奇题及旧刊遗忘之文"编辑成书,其中保存了许多珍贵的数学史料,卷上论纵横图,卷下说《海岛》,都有很高的科学价值。杨辉编写的算书广泛引证古代数学典籍,除汉唐以来的《算经十书》外,还引用了《应用算法》《议古根源》《辩古通源》《指南算法》《谢经算术》等许多宋代算书。这些著作现俱不传,幸得杨辉引用,后世方得知其只鳞片甲。其中如刘益的"正负开方术",贾宪的"增乘开方法"和"开方作法本源图"等都是中国算学史上极其宝贵的资料。纵横图,即现今所谓的幻方。早在《数术记遗》(东汉时期徐岳编撰的一本数学专著)就记载有古法"九宫"。杨辉创"纵横图"之名,其《续古摘奇算法》上卷作纵横图十三幅,并对纵横图的构成规律已有所发现和概括,是前代的数术所未有的。自此以后,明清两代中算学家关于纵横图的研究相继不绝。"垛积术"是杨辉继沈括"隙积术"后,关于高阶等差级数的研究。《详解九章算法》及《算法通变本末》(《乘除通变本末》三卷之上卷)记叙级数求和公式,除附于"刍童"之后的"果子垛"与沈括刍童垛相同外,尚有三角垛、四隅垛、方垛三式。杨辉不仅是中算史上一位著述甚丰的数学家,还是一位杰出的数学教育家。他特别重视数学的普及,其著作多为普及教育而编写的数学教科书。在《算法通变本末》中,杨辉为初学者制订的"习算纲目"是中国数学教育史上的一项重要文献。杨辉继承古代数学密切联系实际的优良传统,主张数学教育贯彻"须责实用"的思想。在教学方法上,他主张循序渐进,精讲多练;提倡"循循诱入",而又要求"自动触类而考,何必尽传"。在学习方法上,他提倡熟读精思,融会贯通;主张在广博的基础上深入,着重于消化,掌握要领。杨辉特别重视计算能力的培养,他说:"夫学算者题从法取,法将题验,凡欲明一法,必设一题。"又说:"题繁难见法理,定撰小题验法理,义既通虽用繁题了然可见也。"他还要求习题具有典型性,起到"举一反三"的作用。杨辉的先进教育思想和教学方法对后世有深刻的影响。

　　在国外,杨辉三角被称作帕斯卡三角形,因为它被认为是布莱士·帕斯卡在

1654年发现的。其实,德国数学家阿皮安努斯在1527年出版的算术书的封面上就已经出现过这个三角形了。这个伟大的三角形在中国的出现比在欧洲的出现至少要早近400年!

 拓展阅读

帕斯卡

布莱士·帕斯卡(Blaise Pascal, 1623—1662),法国数学家、物理学家、思想家。帕斯卡16岁时发现了后来以他的名字命名的帕斯卡六边形定理:内接于一个二次曲线的六边形的三双对边的交点共线。17岁时写成《圆锥曲线论》。他由帕斯卡六边形定理推导出400条以上的推论,是自古希腊阿波罗尼奥斯以来圆锥曲线论的最大进步。1642年他设计并制作了一台能自动进位的加减法计算装置。1653年他提出流体静力学的帕斯卡定律,物理量压强的单位帕[斯卡](Pa)是以他的名字命名的,$1\,Pa = 1\,N/m^2$。他在研究二项式系数的性质时,写成《算术三角形》,并于1665年发表,从而便有了著名的帕斯卡三角形。帕斯卡曾研究赌博问题,对早期概率论的发展有较大影响。1658年完成《论摆线》,这给莱布尼茨很大启发,促成微积分的建立。此外,帕斯卡还有不少文学和哲学著作,最著名的是《思想录》。本书第5章中有关于帕斯卡六边形定理的简单介绍。

杨辉三角的定义及其图形。

(1)第1行只有一个数:1。

(2)第2行有两个数:1和1。

(3)以后每行左侧第一个数和右侧第一个数都为"1"。

(4)从第3行起,不位于左右两端位置上的数,是这个位置左上方和右上方两个数之和,比如,第3行的2 = 1+1,第5行的4 = 1+3,第8行的21 = 6+15,第8行的35 = 15+20等,如图1-3所示。

(5)每一行的数是左右对称的。比如第5行有5个数,分别是1,4,6,4,1(奇数个数),中间一个数是"6",两边与"6"等距离的两个数相等;再如第6行有6个数,分别是1,5,10,10,5,1(偶数个数),中间两个数都是"10",往两边分别是两个"5"和两个"1"。所以,整个杨辉三角是左右对称的。对称性可以从第(4)条推导出。这也可以说是杨辉三角的一种对称之美吧!

图 1-3

二、杨辉三角、二项式定理、组合数

谈及杨辉三角，最多提及的就是二项式定理，它是由牛顿发现的。

(1)第2行的两个数按顺序分别对应$(a+b)$的两项 a 和 b 的系数：1,1。

(2)第3行的三个数按顺序分别对应$(a+b)^2$展开式 $a^2+2ab+b^2$ 的系数：1,2,1。

(3)第4行的四个数按顺序分别对应$(a+b)^3$展开式 $a^3+3a^2b+3ab^2+b^3$ 的系数：1,3,3,1。

(4)二项式定理

$$(a+b)^n = a^n + C_n^1 a^{n-1}b + C_n^2 a^{n-2}b^2 + \cdots + C_n^r a^{n-r}b^r + \cdots + C_n^{n-1}ab^{n-1} + b^n$$

其中 n 为正整数。考虑到 $C_n^0 = C_n^n = 1$，二项式定理可以简写成

$$(a+b)^n = \sum_{i=0}^{n} C_n^i a^{n-i}b^i$$

其中 C_n^r 被称作二项式系数。若再规定 $C_0^0 = 1$，将其也作为二项式系数，则全体二项式系数与杨辉三角中的数就完全一一对应起来了，如图1-4所示。

$$
\begin{array}{ccccc}
& & 1 & & \\
& 1 & & 1 & \\
1 & & 2 & & 1 \\
\end{array}
$$

```
          1                          C_0^0
        1   1                      C_1^0  C_1^1
      1   2   1                  C_2^0  C_2^1  C_2^2
    1   3   3   1              C_3^0  C_3^1  C_3^2  C_3^3
  1   4   6   4   1          C_4^0  C_4^1  C_4^2  C_4^3  C_4^4
  ............                  ............
```

图 1-4

在二项式定理中,令 $a = b = 1$,则得

$$2^n = 1 + C_n^1 + C_n^2 + \cdots + C_n^{n-1} + 1$$

这就是杨辉三角中第 n+1 行中数字和的公式。比如第6行是 $1,5,10,10,5,1$ 这六个数,把 $n = 5$ 代入上式,得

$$2^5 = 1 + C_5^1 + C_5^2 + C_5^3 + C_5^4 + 1$$
$$= 1 + 5 + 10 + 10 + 5 + 1$$
$$= 32$$

若令二项式定理中 $a = 1, b = -1$,则得

$$0^n = (1 - 1)^n = [1 + (-1)]^n$$
$$= 1^n - C_n^1 + C_n^2 - \cdots + (-1)^{n-1}C_n^{n-1} + (-1)^n$$

这说明,杨辉三角中每一行的数字,从左至右一正一负的代数和等于0。若是偶数行,左右对称,容易发现左右对称的一正一负正好抵销,若是奇数行,虽然不容易直接看出来,但一正一负的代数和为0仍然成立。比如第7行:

$$1 - 6 + 15 - 20 + 15 - 6 + 1 = 0$$

 拓展阅读

牛顿

艾萨克·牛顿(见图 1-5)(Isaac Newton, 1643—1727)。英国物理学家和数学家。他在伽利略等人的工作基础上深入研究,建立了后来成为经典力学基础的牛顿运动定律。他还在开普勒等人的工作基础上,进一步发现了万有引力定律。由于他建立了经典力学的基本体系,人们常把经典力学称为"牛顿力学"。在光学方面,他致力于颜色的现象和光的本性的研究。1666年,他用三棱镜分析日光,发现白光是由不同颜色

图 1-5

(不同波长)的光构成,这一发现成为光谱分析的基础。在数学方面,他在前人工作的基础上,提出了"流数术"(即现在的"微积分")。他把变量称为"流",把变量的变化率称为"流数"。用现在的语言,"流数"就是导数。牛顿与莱布尼茨共同发明微积分。"流数术"的系统阐述是在他的著作《流数法与无穷级数》(Methodus Fluxionum et Serierum Infinitarum)中给出的。他的《自然哲学的数学原理》一书于1687年出版,包括力学的三大定律和万有引力定律的讨论。牛顿的另一部著作《广义算术》体现了他在代数领域的重要成就。除微积分和代数

外,牛顿在数学上的贡献还涉及数论、解析几何、曲线分类、变分法甚至概率论等众多数学分支。我们现在使用的力的单位就是以牛顿命名的:使 1 kg(1 千克)质量的物体获得 1 m/s²(每秒获得 1 米每秒的速度)的加速度所需要的力为 1 N(1 牛顿)。牛顿才华横溢,又勤奋用功,传说他聚精会神做一件事时竟然忘记吃饭。牛顿说他能取得成就只是因为站在了巨人的肩膀上。

杨辉三角中的二项式系数都是一些组合数,这些组合数具有下面的性质。

(1)组合数对称性质:从 n 个元素中取 $m(m \le n)$ 个元素的组合数,等于从 n 个元素中取 $n-m$ 个元素的组合数。这个性质显而易见:取出 m 个元素,就是把 m 个元素从 n 个元素中分离出来,这不就相当于把所剩余的 $n-m$ 个元素也分离出来了吗! 组合数对称性质的公式为

$$C_n^m = C_n^{n-m}$$

上式对应杨辉三角中左右对称的性质。

(2)杨辉恒等式:

$$C_n^m = C_{n-1}^{m-1} + C_{n-1}^m$$

同样,可以用杨辉三角给出这个公式的形象解释:杨辉三角中除两侧的 1 以外的其他数,都是其左上方数和右上方数的和,如图 1-6 所示。

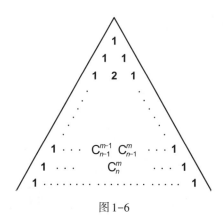

图 1-6

举个简单的例子:求从 5 个元素中取 3 个元素的组合,共有多少种? 由下式(其中有两个等号),可以看出,第一个等式用到了组合数的对称性,第二个等式用到了杨辉恒等式。

$$C_5^3 = C_5^2 = C_4^1 + C_4^2$$

可以用一个形象而漂亮的图形(见图 1-7)来解释上面的恒等式。

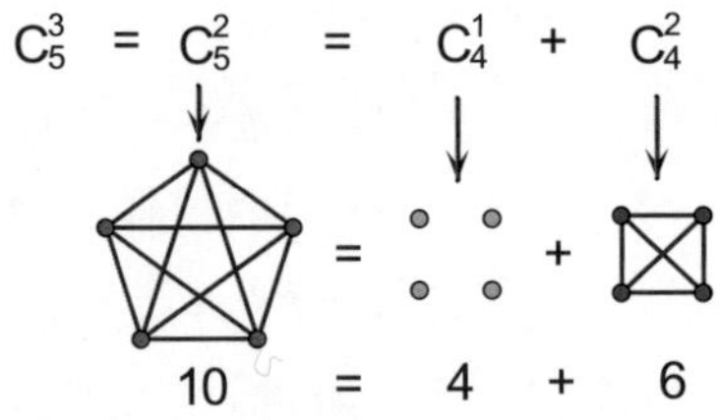

$$C_5^3 = C_5^2 = C_4^1 + C_4^2$$

图 1-7

也可以这样解释：在图 1-7 所示的 5 个点中，先考虑其中 4 个点，有 $C(4,2)$ 种组合，即 6 条连线，然后，第 5 个点与这 4 个点有 4 条连线，即 $C(4,1)$，所以，是 $C(5,2)= C(4,1)+C(4,2)$。注意：这里，$C(5,2)$ 也是组合数的一种写法，$C(5,2) = C_5^2$。有时 C_5^2 也写成 $\binom{5}{2}$，即 $\binom{5}{2} = C_5^2$，这里"5"与"2"的顺序相反。

符号 C_5^2 可以说是从大量的实际情况中抽象出来的。"五个人开会，每两个人之间握手且只握手一次，共发生了多少次握手"则是一种实际情况。想一想，还有什么其他的实际情况可以用 C_5^2 来计算？很有意思，现实中存在着一些不同的现象，但它们有着相同的数学运算模式。

三、三角形数和四面体数

我们考察杨辉三角中沿着"\"这个方向的数列。第一列是由"1"构成的常数数列；第二列是正整数数列：1, 2, 3…第三列是三角形数数列：1, 3, 6, 10…如图 1-8 所示。三角形数数列如图 1-9 所示，其中的红色圆盘以三角形数为基础个数摆成了三角形的样子，故得名"三角形数"。

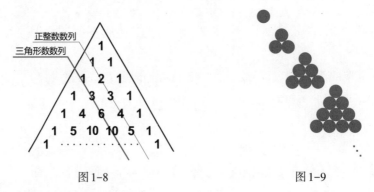

图 1-8   图 1-9

第四列称为四面体数数列：1, 4, 10, 20, 35…如图 1-10 所示。四面体数相当于把三角形数数列（见图 1-9）中的小球从小到大一层层摆起来：第一层的球数为 1,前两层的球数为 1 + 3 = 4,前三层的球数为 1 + 3 + 6 = 10…如图 1-11 所示。因形状像四面体,故得名"四面体数"。四面体数也称为角锥数或三棱锥数。

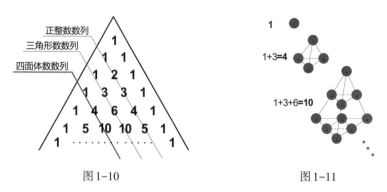

图 1-10   图 1-11

"三角垛"就是四面体数的生动例子。超市中商品的摆放,很多时候就堆放成三角垛。

三角形数是形数的一种。毕达哥拉斯(Pythagoras)学派对形数已有所研究,包括三角形数、正方形数、五边形数等。形数大多不会出现在杨辉三角中,杨辉三角中的数列是所谓的高阶等差数列(后面有讲述),大部分不是形数。毕达哥拉斯学派似乎知道两个连续的三角形数可以构成一个正方形数(见图 1-12),但他们没能更进一步。

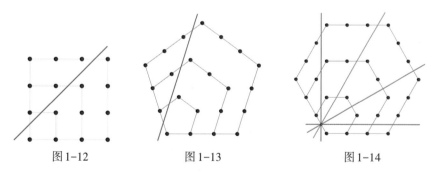

图 1-12   图 1-13   图 1-14

后来的尼科马库斯(Nicomachus)发展了毕氏学派的研究,他应该是把五边形数也做了类似上面的直线划分,结果,规律显现出来了:一个五边形数可以分解成一个正方形数加上一个三角形数,如图 1-13 所示。后来人们研究出了 k 边形数的计算公式为

$$\frac{(n-1)n}{2}(k-2) + n$$

如图 1-14 所示为六边形数的情况,从图 1-14 中可以看出它是如何被划分的。

所以说,杨辉三角中虽然只出现三角形数,但知道三角形数的计算公式后,其他形数的计算问题就都可以解决了。

珠算

中国人发明了算盘,如图1-15所示。这里给出一道数学题的珠算口诀。

图1-15

这道题就是从1加到10。通过这道题,引申出两个知识点:①正整数数列;②正整数前n项和S_n构成的数列,即三角形数数列。两个数列都出现在杨辉三角中。

一上一

二上二

三下五去二

四去六进一

五下五

六上一去五进一

七上七

八去二进一

九去一进一

十下五去四

前n步(n=1,2,3,4,5,6,7,8,9,10)的结果构成了三角形数数列的前10项:1,3,6,10,15,21,28,36,45,55。

四、杨辉三角之高尔夫球杆定理

图1-16(a)所示的浅红色、黄色、绿色区域都很像图1-16(b)所示的高尔夫球杆。在杨辉三角中,这样的"高尔夫球杆"很多,可以是像图中那样,杆身从右上方向左下方延伸,杆头向右拐。因为对称性,也可以是杆身从左上方向右下

方延伸,杆头向左拐。每个"球杆"都有一个与它轴对称的"孪生兄弟姐妹"。根据高尔夫球杆定理,每一个"高尔夫球杆"中,球杆杆身上所有数字的和等于球杆杆头上的数字。比如对应图1-16(a)中的浅红色、黄色和绿色球杆,分别有:

$$1 + 2 + 3 + 4 + 5 + 6 = 21$$

$$1 + 3 + 6 + 10 = 20$$

$$1 + 5 + 15 = 21$$

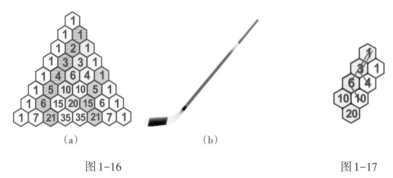

图1-16

图1-17

证明其实很简单。以黄色球杆为例,球杆杆头上的数字为20,由杨辉三角的定义可知,这个数等于它上面一行与它相邻的两个数的和,即20 = 10 + 10。其中左边那个10是杆身中最靠近杆头的数。所以,要证明杆身上数字的和等于杆头数字,只需证明右边那个10是短一截的球杆的杆头。这样一直上推,我们发现最小的球杆中,杆身两数之和为1+3,等于杆头数字4,如图1-17所示。

拓展阅读

有玻璃球n个,这里n取三角形数,比如$n=10$。把n个球分成任意几堆,每堆数量可多可少,并把这几堆玻璃球按数量从大到小排列。比如把这10个球分成4堆,每堆的数量分别为2,4,2,2。按每堆数量从大到小排列,就是4,2,2,2。我们把它们放在括号里,记作(4,2,2,2)。对这样排列的几堆玻璃球进行如下的操作:从每堆中都取出1个球,放到一起组成新的一堆,然后,与其他几堆并列,仍然按照每堆数量从大到小进行排列。比如对上面的(4,2,2,2)进行这样的操作,就是从每堆中各取出1个,共取出了4个,组成一堆,原来的4个球那堆变为3个,2个球那三堆都变为1个,所以,总堆数由4变成了5,再按数量多少从大到小排列,就是(4,3,1,1,1)。对(4,3,1,1,1)进行同样的操作,并一直进行下去,我们将依次得到:(5,3,2)→(4,3,2,1)→(4,3,2,1)→(4,3,2,1)→…(4,3,2,1)无限重复下去。我们再把开始时的10个玻璃球按不同的情况分堆,看看结果会是怎样,比如(5,2,2,1)。接下来的情况是:(4,4,1,1)→(4,3,3)→

$(3,3,2,2) \rightarrow (4,2,2,1,1) \rightarrow (5,3,1,1) \rightarrow (4,4,2) \rightarrow (3,3,3,1) \rightarrow (4,2,2,2) \rightarrow$ $(4,3,1,1,1) \rightarrow (5,3,2) \rightarrow (4,3,2,1) \rightarrow (4,3,2,1) \rightarrow \cdots$

结论是：经过有限次这样的操作，这10个球最终一定能变成4堆，每堆的数量分别是4,3,2,1,即从1开始的连续4个正整数。对三角形数10,有 $\underline{10 = 4 + 3 + 2 + 1}$。

再试着对三角形数6进行同样的操作。比如分成5堆：(2,1,1,1,1)。然后进行规定的操作，则有：$(2,1,1,1,1) \rightarrow (5,1) \rightarrow (4,2) \rightarrow (3,2,1) \rightarrow (3,2,1) \rightarrow \cdots$ 一直重复下去。再比如开始时是(3,3),则有：$(3,3) \rightarrow (2,2,2) \rightarrow (3,1,1,1) \rightarrow$ $(4,2) \rightarrow (3,2,1) \rightarrow (3,2,1) \rightarrow \cdots$ 一直重复下去。对三角形数6,有 $6 = 3 + 2 + 1$。可以得出，对15个玻璃球进行上述操作，因为 $\underline{15=5+4+3+2+1}$,所以最终结果一定是5,4,3,2,1共5堆。数量不再变化。

五、杨辉三角与概率

如图1-18所示,红线为管道,小球可以从中穿过,在每两层之间,管道都要向下分成两条岔路,小球掉入岔路下端的容器中,容器下端有开关,可以继续让小球从开关中向下进入下一层管道。假设从上一层每个竖直管道中向下掉落的两个小球,都是一个进入左侧岔路,一个进入右侧岔路。这是一种假设,而在实际中也是可以做到的,

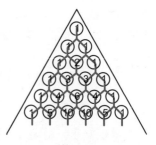

图1-18

比如,在两条岔路的入口处,设置有自动装置,第1个小球进入某一条岔路中后,这条岔路的入口有一道门被自动关闭,那么,第2个小球就只能进入另一条岔路中,而在这第2条岔路有球通过后,第1条岔路入口的门再次打开,当然第2条岔路的门也要再打开,从而为以后再掉入的两个小球做好"归零"准备。若我们把杨辉三角开放的底部封死在第6行,然后从最上端依次放入32个小球,那么,杨辉三角第6行的6个容器中,必然是从左到右各有1,5,10,10,5,1个小球掉入其中。上面这个设计是确定的。接下来,把第6行的入口封死,投入16个球,则第5行的5个容器中小球的数量分别是1,4,6,4,1。类似地,第4行4个容器中,第3行3个容器中,第2行2个容器中,分别掉入8个(1,3,3,1)、4个(1,2,1)、2个(1,1)小球。再放1个小球于第1行的1个容器中,于是,一个有6

行的杨辉三角便生成了。

但是,如果我们不给岔路口设置自动装置,而是让小球掉入左侧与右侧岔路的可能性相同(就像抛硬币出现正面或反面),那么,我们从上端投入大量相同的小球,并假设容器的高度足够高,最终掉入第6层中6个容器中的小球的数量的比值接近于1:5:10:10:5:1。或者说掉入从左到右这6个容器中的小球的概率分别是1/32,5/32,10/32,10/32,5/32,1/32。我们同时抛掷五枚相同硬币很多很多次,那么,出现全是正面朝上的次数与总抛掷次数的比值,大约为1/32,即出现正面全朝上的概率为1/32。出现4枚正面朝上1枚反面朝上的概率为5/32,出现3枚正面朝上2枚反面朝上的概率为10/32,出现2枚正面朝上3枚反面朝上的概率为10/32,出现1枚正面朝上4枚反面朝上的概率为5/32,出现全是反面朝上的概率为1/32。

六、杨辉三角中的斐波那契数列

杨辉三角最神奇的地方是它与斐波那契数列的关系。如图1-19所示,观察从左下方延伸到右上方的一条条"带子",把每条"带子"中位于三角形内部的那些数加起来,所得之和我们把它写在这条带子的右上方。所有带子右上方的这个和数,从上到下,构成一个数列,它就是斐波那契数列。

$$1,1,2,3,5,8,13,21,34\cdots$$

若不画"带子",还真不太容易看出斐波那契数列在杨辉三角的什么地方。图1-20所示是杨辉三角的前8行。大家看得出斐波那契数列在什么地方吗?

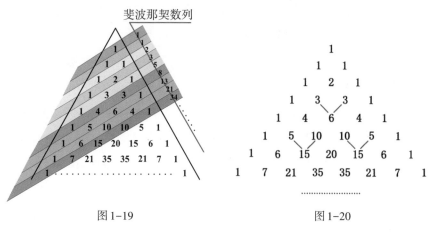

图1-19　　　　　　　　图1-20

斐波那契数列没有直接出现在上面杨辉三角中。为了让斐波那契数列显现出来,我们需要给上面的杨辉三角做适当的变形——让45°角斜线上的数字竖立起来,即让左腰上的一串"1"与水平线垂直,其他斜线上的数字跟随着也竖立起来。于是原来的等边三角形的两腰不再相等,而是变成一个直角三角形——原来的一腰变成一直角边,另一腰变成斜边,如图1-21所示。

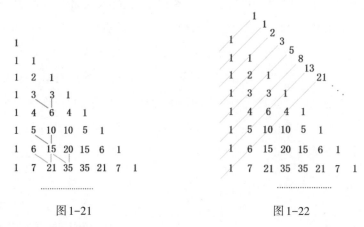

图1-21   图1-22

于是,前面说到的那条性质"一数等于它两肩上数字之和",在这里变成"一数是它左斜上方数字与正上方数字之和"。比如,第8行第3个数21 = 6 + 15;第8行第4个数35 = 15 + 20等。然后,用45°角斜线把数字串起来,则每条斜线上的数字之和就是一个个的斐波那契数,如图1-22所示。我们从图1-22中可以看出,这些斜线上数字之和,从上到下构成斐波那契数列。

$$1,1,2,3,5,8,13,21\cdots$$

我们知道,斐波那契数列是指它的第1项和第2项都为1,从第3项开始,每一项等于前两项之和,这是斐波那契数列的递推关系式。我们可以从图1-23中清楚地看出这一递推关系——任何一条斜线上的数字之和都等于它上面两条斜线的数字之和(第1条为1,第2条也为1)。下面以21 = 13 + 8为例来加以说明。

在图1-23中,第8条斜线(其数字之和为21的斜线)的第1个数"1"与上面一条斜线的第1个数"1"相等(红框);第8条斜线的第2个数"6"是第7横行中第2个数,它等于其正上方的数"5"与左斜上方的数"1"之和,而这两个加数一个是第7条斜线中的第2个数,一个是第6条斜线中的第1个数(蓝框),类似地递推关系如图1-23中绿框和紫框所示。最终可以看出,第8条斜线上所有数字之和可以转换成其上方的第7条斜线和第6条斜线上的所有数字之和,即21 = 13 + 8。也就是说,从第3条斜线开始,斜线串起的数字之和等于"位于其上面第1条斜线串起的数字之和"加上"位于其上面第2条斜线串起的数字之和"。

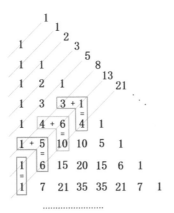

图 1-23

很明显,每条 45° 斜线上的一串数字,从左下方朝右上方,行数依次减小,而列数依次增大。所以,不难归纳出第 n 条斜线上数字之和,即第 n 个 F 数(斐波那契数的简称)F_n 的通项公式为:

$$F_n = C_{n-1}^0 + C_{n-2}^1 + C_{n-3}^2 + C_{n-4}^3 + \cdots + C_{(n-1)-\left[\frac{n-1}{2}\right]}^{\left[\frac{n-1}{2}\right]}$$

当 n 为偶数时,最后一个组合数的上标 $\left[\dfrac{n-1}{2}\right]$ 比下标 $(n-1)-\left[\dfrac{n-1}{2}\right]$ 小 1;

当 n 为奇数时,最后一个组合数的上标 $\left[\dfrac{n-1}{2}\right]$ 等于下标 $(n-1)-\left[\dfrac{n-1}{2}\right]$。

上式中"[ ]"表示取整,比如 $[3.5]=3$,$[3]=3$,$[\pi]=3$。举例,$n=6$ 时,

$$\left[\frac{n-1}{2}\right] = \left[\frac{6-1}{2}\right] = [2.5] = 2$$

$$(n-1) - \left[\frac{n-1}{2}\right] = 6 - 1 - 2 = 3$$

所以,

$$F_6 = C(5,0) + C(4,1) + C(3,2) = 1 + 4 + 3 = 8$$

上式中,$C(n,m)$ 就是从 n 个组合数中取 m 个组合数。其实,上式中写 F 数时,就是直到 $C(n,m)$ 写不出来为止。比如上例中,$C(3,2)$ 再往后写是"$C(2,3)$",而"$C(2,3)$"是不符合前一数不小于后一数的要求的。

用数学归纳法可以证明按照上面的通项公式得到的数列就是斐波那契数列。

一个数列一般都有通项公式,比如正方形数数列 $1,4,9,16\cdots$ 的通项公

式为：

$$u_n = n^2$$

斐波那契数列是由递推关系式给出的，但数学家还是找到了它的通项公式。很显然，斐波那契数列 $1, 1, 2, 3, 5, 8, 13, 21 \cdots$ 的各项都是正整数，但它的通项公式却是用无理数表示的，是不是很有意思！

$$u_n = \frac{1}{\sqrt{5}}\left(\left(\frac{1+\sqrt{5}}{2}\right)^n - \left(\frac{1-\sqrt{5}}{2}\right)^n\right)$$

 拓展阅读

与有理还是无理没有半点关系！

"无理数"这个词的来源竟然伴随着数学名词翻译史上的一个错误。首先，我们现在所说的"有理数"，其英文是 rational number。rational 是一个多义词，人们更多知道它的"有理的"这层意思，却对它的"比"这一层意思不太了解。词根 ratio 来自希腊文，仅有"比"的意思，"rational number"的真正意思就是"比数"，所以将它翻译成"比数"最准确，它正确反映了现在被称为有理数的这类数是两个整数之比的这一含义。那么，英文中的 irrational number，自然就是"非比数"的意思，翻译成"非比数"应该是最准确的。但历史上阴错阳差，日本人最先把 rational number 翻译成"有理数"，从而也就跟着把 irrational number 翻译成"有理数"的反面"无理数"。但是，这两个错误的译名一直沿用至今，形成习惯了，也就不好也不必再纠正了。

有关斐波那契数列更多的知识内容，我们将在第4章中给出详细介绍。

七、分离系数法构造杨辉三角

先举个多项式相乘的例子。比如

$$(x^4 - x^3 + 2x^2 + 5)(x^2 - 3x + 2)$$

我们发现，被乘式与乘式都是按照 x 的降幂顺序写出来的，但被乘式中缺少了 x 的一次项。要把它展开，我们当然可以用被乘式的每一项去乘乘式的每一项，然后再合并同类项。但有一种竖式的运算方式很方便：我们把被乘式与乘式写成两行,让两者的x最高次项左对齐。但要注意,缺少的项,在竖式中一定要留出空位。上面的多项式相乘就可以用竖式的形式进行运算,运算如下:

$$
\begin{array}{l}
x^4 - x^3 + 2x^2 \qquad\quad +5 \\
\underline{x^2 - 3x + 2} \\
x^6 - x^5 + 2x^4 \qquad +5x^2 \\
\quad\ \ - 3x^5 + 3x^4 - 6x^3 \qquad - 15x \\
\underline{\qquad\quad + 2x^4 - 2x^3 + 4x^2 \qquad\quad + 10} \\
x^6 - 4x^5 + 7x^4 - 8x^3 + 9x^2 - 15x + 10
\end{array}
$$

对二元齐次多项式,可类似地按其中某个元的降幂顺序排列(另一元自然按升幂顺序)。举例如下:

$$(x^3 - 2x^2y + y^3)(2x - y)$$

的竖式运算为:

$$
\begin{array}{l}
x^3 - 2x^2y \qquad\qquad +y^3 \\
\underline{2x\ - y} \\
2x^4 - 4x^3y \qquad\qquad +2xy^3 \\
\underline{\quad\ - x^3y + 2x^2y^2 \qquad - y^4} \\
2x^4 - 5x^3y + 2x^2y^2 + 2xy^3 - y^4
\end{array}
$$

因为留出了空位,所以,我们对被乘式、乘式乃至积的各项字母的写法是完全清楚的。所以,以上的竖式运算可以不必写出各项的字母而只写出各项的系数即可,所以上面这两个二元齐次多项式相乘的竖式运算就可以简化为:

$$
\begin{array}{l}
1 - 2 + 0 + 1 \\
\underline{2 - 1} \\
2 - 4 + 0 + 2 \\
\underline{\quad\ - 1 + 2 + 0 - 1} \\
2 - 5 + 2 + 2 - 1
\end{array}
$$

这就是所谓的分离系数法。从最后一行的这些系数出发,第一个数"2"代表2乘以x的4次方,第二个数"-5"代表-5乘以x的3次方再乘以y的1次方……结果如下:

$$2x^4 - 5x^3y + 2x^2y^2 + 2xy^3 - y^4$$

下面来看一下$(a + b)^n$,它就是n个$(a + b)$相乘,自然也是多项式乘积。我们用分离系数法。

$$1 \qquad\qquad (a+b)^0$$

$$1+1 \qquad\qquad a+b=(a+b)^1$$

$$\underline{1+\ 1}$$

$$1+2+1 \qquad\qquad a^2+2ab+b^2=(a+b)^2$$

$$\underline{1+\ 2+\ 1}$$

$$1+3+\ 3+\ 1 \qquad\qquad a^3+3a^2b+3ab^2+b^3=(a+b)^3$$

$$\underline{1+\ 3+\ 3+1}$$

$$1+4+\ 6+\ 4+1 \qquad a^4+4a^3b+6a^2b^2+4ab^3+b^4=(a+b)^4$$

$$\underline{1+\ 4+\ 6+4+1}$$

$$1+5+10+10+5+1 \quad a^5+5a^4b+10a^3b^2+10a^2b^3+5ab^4+b^5=(a+b)^5$$

上式中,每两条横线之间的两行数是完全一样的,只是错了一位。这点很重要。为什么要错位,就是因为在两行中第一行的基础上乘了一个$(a+b)$。于是就依次得到了$(a+b)$的二次方、三次方…n次方的展开式。上式中,去掉红字、横线和加号,剩下的内容就是杨辉三角。于是,除两侧的1以外,中间的每一个数都是其左上方和正上方两个数的和。上面这个杨辉三角是直角三角形,而我们通常所见为等腰三角形或正三角形,虽外观不同,但结构是一样的。

我们在说杨辉三角时,总是说它中间的一个数是它肩上两个数的和,于是就可以写出全部数字,其实,用这种竖式方式加上分离系数法,可以更加方便快捷地写出整个杨辉三角!

 拓展阅读

通过杨辉三角快速计算11^n

$$1$$
$$1 \quad 1$$
$$1 \quad 2 \quad 1$$
$$1 \quad 3 \quad 3 \quad 1$$
$$1 \quad 4 \quad 6 \quad 4 \quad 1$$
$$1 \quad 5 \quad 10 \quad 10 \quad 5 \quad 1$$
$$1 \quad 6 \quad 15 \quad 20 \quad 15 \quad 6 \quad 1$$
$$1 \quad 7 \quad 21 \quad 35 \quad 35 \quad 21 \quad 7 \quad 1$$

$11^1 = 11$,对应杨辉三角的第 2 行两个数并在一起;$11^2 = 121$,对应杨辉三角的第 3 行三个数并在一起;$11^3 = 1331$,对应杨辉三角的第 4 行四个数并在一起;$11^4 = 14641$,对应杨辉三角的第 5 行五个数并在一起;但第 6 行六个数并在一起等于 15101051,而实际上 $11^5 = 161051$。把杨辉三角中一行的数字并到一起的方法在 $n=5$ 时失效了,$n>5$ 时也都失效。但并非没有办法利用杨辉三角计算 11^n。我们要这样做:从左到右,把一行中每个数的个位数字依次向右错一位,列竖式,再相加。

$11^5 =$

```
    1
     5
     1 0
       1 0
           5
             1
  1 6 1 0 5 1
```

$11^7 =$

```
            1
            7
          2 1
            3 5
              3 5
                2 1
                    7
                      1
      1 9 4 8 7 1 7 1
```

八、杨辉三角行列式

我们把杨辉三角这样摆放

```
1  1  1  1  1  1  1
1  2  3  4  5  6
1  3  6  10 15
1  4  10 20 ⋰
1  5  15 ⋰
1  6
1
```

从左上角可以取一个 $n \times n$ 的行列式。比如我们取一个 4×4 的行列式:

$$\begin{vmatrix} 1 & 1 & 1 & 1 \\ 1 & 2 & 3 & 4 \\ 1 & 3 & 6 & 10 \\ 1 & 4 & 10 & 20 \end{vmatrix}$$

计算它的值。根据行列式的性质,我们有下面的计算过程:

$$\begin{vmatrix} 1 & 1 & 1 & 1 \\ 1 & 2 & 3 & 4 \\ 1 & 3 & 6 & 10 \\ 1 & 4 & 10 & 20 \end{vmatrix} \underset{=}{\overset{\text{第2, 3, 4行}}{\underset{\text{第1行}}{\text{分别减去}}}} \begin{vmatrix} 1 & 1 & 1 & 1 \\ 0 & 1 & 2 & 3 \\ 0 & 2 & 5 & 9 \\ 0 & 3 & 9 & 19 \end{vmatrix} \underset{=}{\overset{\text{第3, 4行}}{\underset{\text{第2行}}{\text{分别减去}}}} \begin{vmatrix} 1 & 1 & 1 & 1 \\ 0 & 1 & 2 & 3 \\ 0 & 1 & 3 & 6 \\ 0 & 2 & 7 & 16 \end{vmatrix}$$

$$\underset{=}{\overset{\text{第4行}}{\underset{\text{第3行}}{\text{减去}}}} \begin{vmatrix} 1 & 1 & 1 & 1 \\ 0 & 1 & 2 & 3 \\ 0 & 1 & 3 & 6 \\ 0 & 1 & 4 & 10 \end{vmatrix} \underset{=}{\overset{\text{再类似地}}{\underset{\text{列变换}}{\text{进行3次}}}} \begin{vmatrix} 1 & 0 & 0 & 0 \\ 0 & 1 & 1 & 1 \\ 0 & 1 & 2 & 3 \\ 0 & 1 & 3 & 6 \end{vmatrix}$$

$$= \begin{vmatrix} 1 & 1 & 1 \\ 1 & 2 & 3 \\ 1 & 3 & 6 \end{vmatrix} \underset{=}{\overset{\text{不难变换}}{\text{到右边}}} \begin{vmatrix} 1 & 0 & 0 \\ 0 & 1 & 1 \\ 0 & 1 & 2 \end{vmatrix} = \begin{vmatrix} 1 & 1 \\ 1 & 2 \end{vmatrix} = \begin{vmatrix} 1 & 0 \\ 0 & 1 \end{vmatrix} = 1$$

可以看出,对任意 n 阶杨辉三角行列式,计算结果都等于 1,很有趣!

其实,行列式是一个重要的数学工具。行列式是伴随线性方程组的求解而发展起来的,但又不局限于解线性方程组。举几个行列式应用的例子。克莱姆法则就是应用行列式来求解线性方程组。设要求解的线性方程组为:

$$\begin{cases} a_{11}x_1 + a_{12}x_2 + \cdots + a_{1n}x_n = b_1 \\ a_{21}x_1 + a_{22}x_2 + \cdots + a_{2n}x_n = b_2 \\ \qquad\qquad\qquad \cdots \\ a_{n1}x_1 + a_{n2}x_2 + \cdots + a_{nn}x_n = b_n \end{cases}$$

设它的系数行列式为下式且不等于 0。

$$D = \begin{vmatrix} a_{11} & a_{12} & \cdots & a_{1n} \\ a_{21} & a_{22} & \cdots & a_{2n} \\ \vdots & \vdots & & \vdots \\ a_{n1} & a_{n2} & \cdots & a_{nn} \end{vmatrix} \neq 0$$

则方程有唯一解。

$$x_i = \frac{D_i}{D} (i = 1, 2, \cdots, n)$$

其中 D_i 是将 D 的第 i 列各元素分别替换成常数项 $b_1, b_2, \cdots, b_n$ 而得到的行列式。

行列式的形式简洁、整齐,可以用它来表示其他数学对象。比如平面中过两点 $(x_1, y_1), (x_2, y_2)$ 的直线方程(两点式)用行列式表示如下:

$$\begin{vmatrix} x & y & 1 \\ x_1 & y_1 & 1 \\ x_2 & y_2 & 1 \end{vmatrix} = 0$$

以三点 $(x_1, y_1), (x_2, y_2), (x_3, y_3)$ 为顶点的三角形的面积是下式的绝对值。

$$\frac{1}{2}\begin{vmatrix} x_1 & y_1 & 1 \\ x_2 & y_2 & 1 \\ x_3 & y_3 & 1 \end{vmatrix}$$

　　说到三角形面积,自然有很多求解办法。历史上有两个公式,是在只知道三边的情况下求面积,它们分别是海伦公式和三斜求积术(见下面拓展阅读)。两个公式虽形式不同,但完全等价,一样地简洁,并且实用。

 拓展阅读

秦九韶与三斜求积术

　　秦九韶(1208—1268),中国南宋数学家。字道古,出生于普州(今四川省安岳县)。秦九韶论述了数学在计算日月五星位置、改革历法、测量雨雪、度量田域、测高求远、军事部署、财政管理、建筑工程及商业贸易等中的巨大作用,认为不进行计算会造成"财蠹力伤"的后果,而计算不准确,则会"差之毫厘,谬以千里",于公于私都没有好处。因此他注意搜求生产、生活、交换及战争中的数学问题,"设为问答以拟于用"。在1247年写成杰作《数书九章》。《数书九章》在南宋时称为《数学大略》或《数术大略》,分为9类,每类为一卷。到元代时更名为《数学九章》,内容由9卷改为18卷。明朝时又称《数书九章》。全书共18卷,81题,分为九大类:大衍、天时、田域、测望、赋役、钱谷、营建、军旅和市物。秦九韶重要的成就首先是正负开方术,今称"秦九韶程序",即以增乘开方法为主导求高次方程正根的方法。他用这种方法解决了21个问题共26个方程,其中二次方程20个,三次方程1个,四次方程4个,还用勾股差率列出了1个十次方程。秦九韶把贾宪开创的增乘开方法发展到十分完备的地步。在开方中,他发展了刘徽"开方不尽求微数"的思想,在世界数学史上第一次用十进位小数表示无理根的近似值(中国人对负数、无理数的接受非常自然,这点与西方的纠结形成鲜明对比)。其次是在《数书九章》卷五"三斜求积"题中提出了已知三角形三边 a,b,c,求面积的公式。

　　秦九韶所著《数书九章》第五卷第二题为:"问沙田一段,有三斜,其小斜一十三里,中斜一十四里,大斜一十五里。里法三百步。欲知为田几何。"如图1-24、图1-25所示,《数书九章》所给出的方法(术)为:"术曰:以少广求之。以小斜幂并大斜幂,减中斜幂,余半之,自乘于上;以小斜幂乘大斜幂,减上,余四约之,为实;一为从隅;开平方,得积。"

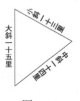

图 1-24   图 1-25

如果用 c 表示三角形的小斜，b 表示中斜，a 表示大斜，那么，这个计算三角形面积的"术"，用现在的算式表示如下：

$$S = \sqrt{\frac{1}{4}\left[c^2 a^2 - \left(\frac{c^2 + a^2 - b^2}{2}\right)^2\right]}$$

约公元一世纪的海伦(Heron of Alexandria)(译作希罗更好一些，因为他是男性)曾证明用三边长度表示三角形面积的公式，即著名的海伦公式：

$$S = \sqrt{s(s - a)(s - b)(s - c)}$$

其中 s 表示半周长$(a+b+c)/2$；S 表示面积。海伦公式看上去更加简洁对称。但在知道边的平方时，可能"三斜求积术"更好用一些。从时间上看，海伦公式在前，中国宋朝大数学家秦九韶的"三斜求积术"在后，但秦九韶的公式是完全独立发明的，谁前谁后都没有关系，都是对人类的巨大贡献。这两个公式是可以互相转化的。

三条两两互异的直线 $a_i x+b_i y+c_i = 0(i = 1, 2, 3)$ 交于一点的充分必要条件是

$$\begin{vmatrix} a_1 & b_1 & c_1 \\ a_2 & b_2 & c_2 \\ a_3 & b_3 & c_3 \end{vmatrix} = 0$$

这个不难证明：把前两个方程用克莱姆法则表示的解代入第三个方程，得到的就是上面等式中行列式按第三行展开的结果。

空间中以向量(x_1, y_1, z_1)，(x_2, y_2, z_2)，(x_3, y_3, z_3)为边构成的平行六面体的体积就是下面行列式的绝对值。

$$\begin{vmatrix} x_1 & y_1 & z_1 \\ x_2 & y_2 & z_2 \\ x_3 & y_3 & z_3 \end{vmatrix}$$

这就是行列式的几何意义，甚至可以推广到 n 维空间。

空间中两个向量表达式如下：

$$a = a_1 i + a_2 j + a_3 k$$

$$b = b_1 i + b_2 j + b_3 k$$

向量积可以用行列式的形式表示：

$$a \times b = \begin{vmatrix} i & j & k \\ a_1 & a_2 & a_3 \\ b_1 & b_2 & b_3 \end{vmatrix}$$

（第2章中有这个行列式的应用）。

有了行列式的运算规则，任意 n 阶行列式都可以通过计算机进行大规模编程并瞬间完成计算。

虽然行列式在数学发展史上并没有促进什么重大的变革，但它确实是一种极为有用的工具，它简化了数学表达的方式。行列式得到了很多数学家的关注和研究。最早使用行列式的是莱布尼茨。后来克莱姆于1750年发表了著名的克莱姆法则。范德蒙是集中对行列式理论进行研究的第一人，他的研究成果就有著名的范德蒙行列式。E.贝祖对行列式也有深入研究，我们所熟知的数论中的著名定理——贝祖定理（或裴蜀定理）就是以他的名字命名的。拉普拉斯对行列式也进行过深入研究，成果中有一个关于行列式展开的拉普拉斯定理。柯西于1841年首先创立了现代的行列式概念及其符号，但他的某些思想却来自高斯。

九、杨辉三角与素数判定

判定一个数是不是素数（素数判定），一直是数学家研究的一个方向。杨辉三角竟然与素数的判定有直接的联系，我们可以借助杨辉三角来判断一个正整数是不是素数。

人们常说，数论是数学的皇冠，而素数理论则是皇冠上的明珠！对素数的了解越多，越能感觉到素数的不同寻常，研究它的方法千变万化，不拘一格。将杨辉三角用于判断一个正整数是不是素数，就是一种极具想象力的创举。

观察如图1-26所示的杨辉三角。注意，为了叙述方便，在"杨辉三角与素数判定"这一节和下一节"杨辉三角与费马小定理"内容范围内，规定最上面一行为第0行（一个非零数的0次方等于1是说得通的），然后向下依次是第1行，第2行……

```
              1 ——————————————————— 0
            1   1 ————————————————— 1
          1   2   1 ——————————————— 2
        1   3   3   1 ————————————— 3
      1   4   6   4   1 ——————————— 4
    1   5  10  10   5   1 ————————— 5
  1   6  15  20  15   6   1 ——————— 6
1   7  21  35  35  21   7   1 ————— 7
              ······
```

图 1-26

第 2 行除两端的 1 以外,中间的数是 2,它是行数 2 的倍数(指正整数倍);第 3 行除两端的 1 以外,其他的数是 3 和 3,当然是行数 3 的倍数;第 5 行除两端的 1 以外,其他的数是 5,10,10 和 5,它们都是行数 5 的倍数;第 7 行除两端的 1 以外,其他的数是 7,21,35,35,21 和 7,它们都是 7 的倍数。

大家看出点儿规律了吗?我们上面关注的是杨辉三角的素数行数(2,3,5,7),这些行中除两端的 1 以外,其他数都是所在行行数的正整数倍。

我们再验证一下下一个素数行数 11 是不是这样。观察图 1-27,大家可以计算一下,除两端的 1 以外,其他的数都是它的"肩"上两个数的和。或我们用二项式定理也可以直接算出第 11 行中的各个数。经验算,第 11 行中除 1 以外的其他数:11,55,165,330,462,462,330,165,55 和 11,确实全都是 11 的正整数倍。

```
                      1 ——————————————————————— 0
                    1   1 ————————————————————— 1
                  1   2   1 ————————————————————— 2
                1   3   3   1 ——————————————————— 3
              1   4   6   4   1 ——————————————— 4
            1   5  10  10   5   1 ——————————————— 5
          1   6  15  20  15   6   1 ——————————— 6
        1   7  21  35  35  21   7   1 ————————— 7
      1   8  28  56  70  56  28   8   1 ——————— 8
    1   9  36  84 126 126  84  36   9   1 ————— 9
  1  10  45 120 210 252 210 120  45  10   1 ——— 10
1  11  55 165 330 462 462 330 165  55  11   1 — 11
                      ······
```

图 1-27

杨辉三角中的每一个数都可以用下面的二项式系数表示并求出：

$$C_n^r = \frac{n(n-1)(n-2)\cdots(n-r+1)}{r!}$$ ①

可以这样记忆公式①：分母是左边"C"的上角"r"的阶乘；分子是从"C"的下角"n"开始向下递减的r个连续正整数的乘积。这个公式有一个变形：把分子的递减相乘继续向下一直乘到1，这就相当于分子乘以"$(n-r)!$"，那么，分母也乘以"$(n-r)!$"，于是，公式变为：

$$C_n^r = \frac{n!}{(n-r)! \cdot r!}$$

假设n是素数，我们考察第n行中除1以外的其他一切二项式系数，即①式。因为n为素数，所以，①式分母中的r的阶乘（r!）的每个因子都不能整除n。这就说明，分子中的n是约分约不掉的。所以，第n行中除两端的1以外，其他数都有n这个因子，即它们都能被n整除。

好的，现在我们已经证明了结论：一切素数行中除两端的1以外的一切数都可以被这个素数行数整除。也就是说，第2，3，5，7，11，13，17，19…行中除两端的1以外的其他数都分别可以被素数2，3，5，7，11，13，17，19…整除。若把这一结论当成原命题，那么，它的逆命题是否成立？也就是说，反过来，任取一行，若它除两端1以外的所有数都能被这一行的行数整除，我们能不能断定这一行的行数是素数？这其实也就在提示我们，若逆命题成立，我们就获得了一种判断任意一个正整数是不是素数的方法。比如说，想要判断正整数m是不是素数。那么，我们就找到杨辉三角的第m行，通过二项式定理求出这一行中除两端1以外的其他数，把这些数都除以m，若都可以整除，我们就可以断定m为素数。

上面论述还只是一个很好的猜想。若想让这个猜想成为事实，我们就必须证明，对任何非素数（合数）h，杨辉三角中第h行中除两端1以外的其他数不都能被h整除。我们这里举几个例子，如图1-28所示。

在图1-28中，取行数n=4，它不是素数，第4行除两端的1以外，其他数是4，6和4，其中的6不能被4整除。第6行中，15和20都不能被6整除。可以证明，杨辉三角中任何一个合数行中除1以外的其他数不都能被行数整除。（注意，这句话中使用的是"不都能"，而不是"都不能"。"都能"的"非"（逻辑运算）是"不都能"，不是"都不能"。）

```
        1 ——————————————————————————— 0
       1   1 ——————————————————————————— 1
      1   2   1 ——————————————————————— 2
    1   3   3   1 ——————————————————— 3
   1   4   6   4   1 ——————————————— 4
  1   5  10  10   5   1 ————————— 5
 1   6  15  20  15   6   1 ————— 6
1   7  21  35  35  21   7   1 — 7
                  ······
```

图 1-28

于是,我们最终得出结论(也是一种素数判别法):对于一个正整数 m,如果杨辉三角中的第 m 行中除两端 1 以外的其他数都能被这个行数 m 整除,那么这个行数 m 一定是素数。

 拓展阅读

性质定理和判定定理

先举个例子。

平行四边形的定义:两组对边分别平行的四边形称为平行四边形。定义既是性质定理又是判定定理。若一个四边形是平行四边形,我们就可以说它的两组对边分别平行。反之,若知道四边形的两组对边分别平行,我们就可以判定这个四边形为平行四边形。

平行四边形的一个性质定理:平行四边形一组对边平行且相等。这是因为我们可以作一条对角线把平行四边形分成两个三角形,不难证明这两个三角形全等,从而得出一组对边平行且相等。

平行四边形的一个判定定理:对角线互相平分的四边形是平行四边形。这是因为两条对角线把四边形分成四个三角形,它们两两相对且全等,所以得出四边形对边分别平行,从而由定义得出这个四边形是平行四边形。

"杨辉三角素数行中除两端的 1 以外的其他一切数都可以被这个素数行数整除"可以说是素数的一条性质定理。而"如果杨辉三角中的某行中除两端的 1 以外的其他数都能被这个行的行数整除,那么这个行数一定是素数"就是素数的一条判定定理。

十、杨辉三角与费马小定理

本节来讲一讲杨辉三角与费马小定理之间的关系。它们之间联系的桥梁是素数。

1. 杨辉三角与素数之间的一个关系

在图1-29所示的杨辉三角中,右侧天蓝色数字代表杨辉三角的行数,是从第0行开始的。我们之前已经证明了:在素数行中,除两端的1以外的其他一切数皆可以被这个素数行数整除。比如,7为素数,则在第7行中,除两端的"1"以外的其他数是7,21,35,35,21,7,都能被7整除。对于第11行,11,55,165,330,462,462,330,165,55,11都能被11整除。

```
                    1  ——————————————————— 0
                  1   1  ———————————————— 1
                1   2   1  ——————————————— 2
              1   3   3   1  —————————————— 3
            1   4   6   4   1  —————————————— 4
          1   5  10  10   5   1  ——————————— 5
        1   6  15  20  15   6   1  ————————— 6
      1   7  21  35  35  21   7   1  ——————— 7
    1   8  28  56  70  56  28   8   1  ———— 8
  1   9  36  84 126 126  84  36   9   1  — 9
1  10  45 120 210 252 210 120  45  10   1 — 10
1  11  55 165 330 462 462 330 165  55  11   1 — 11
                    · · · · · ·
```

图 1-29

2. 费马小定理

费马小定理有两种形式(其实是相通的)。我们考虑其中的一种。

费马小定理:若 p 是素数,则对任意正整数 n,都有 $n^p \equiv n \pmod{p}$。

 拓展阅读

费马小定理的特殊情况

有书上说,在公元前500年左右,中国人就知道这里所说的费马小定理当 $n=2$ 时的特殊情况。当 $n=2$ 时,若 p 是素数,则 p 个2相乘减去2,能够被 p 整除。比如当 $p=2$ 时,$2^p=4$,$4-2=2$ 能够被2整除,正确;当 $p=3$ 时,$2^p=8$,$8-2=6$ 能够被3整除,正确;当 $p=5$ 时,$2^p=32$,$32-2=30$,能够被5整除,正确;当 $p=11$ 时,$2^p=2048$,

2048-2=2046，能够被 11 整除（2046=11×186），正确，可以一直验证下去。这是一个非常"不显然"的事实，能够为 2500 年前的人类所得知，想来是一件很了不起的事情。但是，李约瑟著的《中国科学技术史》一书上说，这个说法可能是误传。据说，莱布尼茨研究过《易经》，发现了这个记载，但也是"据说"，并且也没有说出具体在《易经》中哪个地方有记载。这个误传其实涉及一个所谓的"中国猜想"（费马小定理当 n=2 时的特殊情况是猜想的一半，还有另一半逆命题，但很不幸，猜想不完全成立，就像费马小定理一样，只有"性质"正确，"判定"则不成立）。但我们也应该抱着开放的态度，去深入研究《易经》。《易经》中有数学，比如，用现在的语言叙述，把 48 任意分成两部分，两部分都分别四个四个地数，各剩余 1,2,3 或 4 个（必须要有所剩余，所以 4 是可以的），把两部分中剩余的两个数从总数 48 中减去，结果可能是 40 或 44。这其实就是数论研究的内容。

对 n=2，费马小定理是很好理解的。我们在前面讲过，杨辉三角的第 n 行所有数字之和为：

$$2^n = 1 + C_n^1 + C_n^2 + \cdots + C_n^{n-1} + 1$$

那么，当 n 为素数 p 时，根据上一节的结论，第 p 行中除两端的 1 以外，其他数字都可以被 p 整除。那么，上式右端被 p 除，自然就是余 2（两头的两个 1 相加等于 2），或者说，上式左端减去 2 后，可以被 p 整除。

3. 杨辉三角与费马小定理的关系

前面提到的杨辉三角与素数的关系使下面的结论成立。

若 a、b 是整数，p 是素数，则有：

$$(a + b)^p \equiv a^p + b^p (\bmod p)$$

（注：同余式的概念：a 和 b 是两个整数，如果它们的差 a - b 被 m 整除，那么我们就说 $a \equiv b (\bmod m)$，读作 a 同余于 b，模 m。通俗的解释就是，有两堆玻璃球，一堆有 a 个，另一堆有 b 个，它们中的球都被 m 个 m 个地取走，最后不能再取时，两堆中都剩余相同数量的玻璃球。

这个结论很容易理解，因为上式左边进行二项式展开后，根据本节前文所说，中间的项都可以被素数 p 整除，所以，这个同余式便成立了。

我们取 a = 1, b = 0，则由上式得到：

$$1^p \equiv 1 (\bmod p)$$

若取 a = 1, b = 1，则得到：

$$(1 + 1)^p \equiv 1^p + 1^p (\bmod p), \quad 即 2^p \equiv 2 (\bmod p)$$

若取 $a = 2, b = 1$,则得到:

$$(2 + 1)^p \equiv 2^p + 1^p \pmod{p}, \quad 即 \ 3^p \equiv 3 \pmod{p}$$

若取 $a = 3, b = 1$,则得到:

$$(3 + 1)^p \equiv 3^p + 1^p \pmod{p}, \quad 即 \ 4^p \equiv 4 \pmod{p}$$

继续做下去,我们便得到对于一切小于 p 的正整数 n,都有:

$$n^p \equiv n \pmod{p}$$

由于当 $n = 0$ 时上式也成立,所以对 $n = 0, 1, 2, \cdots, (p-1)$,上式都成立。我们知道,对任意正整数,它们都与 $0, 1, 2, \cdots, (p-1)$ 中的某一个同余。所以,就可以得出对于一切正整数上式都成立。于是我们就从杨辉三角与素数的关系,推导出了费马小定理。

 拓展阅读

数论四大定理

数论中有四大定理,它们是:中国剩余定理(也叫孙子定理)、费马小定理、欧拉定理和威尔逊定理。费马小定理是欧拉定理的特殊情况,因为经常使用,所以单独出来成为数论定理之一。欧拉定理在现代通信技术上的应用很不一般,RSA 公钥密码的工作原理就运用了欧拉定理。在这四大定理中,有一个干脆就以"中国"两字命名。中国人的诗歌情怀使得数学(诗歌)进入诗歌(数学)当中,下面的七言诗就是对孙子定理形象、生动和诗化的描述。

> 三人同行七十稀,
>
> 五树梅花廿一枝,
>
> 七子团圆月正半,
>
> 除百零五便得知。

这首数学诗是对一道数学题目的解答。请问题目是什么? 出自哪部中国古代数学名著?(答案在第2章中寻找。)

十一、魔术般的数学公式

杨辉三角最主要的性质之一就是其中的数字有规律地体现了二项式定理

中各项的系数。具体来说,在图1-30中,左侧的杨辉三角与右侧二项式系数是一一对应的。

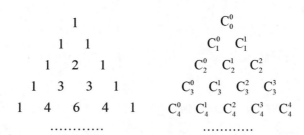

图1-30

二项式定理的应用

(1)求$\left(1 - \dfrac{y}{x}\right)(x + y)^8$展开式中,项$x^2 y^6$的系数;

(2)求$(x + 2)(x - 1)^4$中任意一项的系数;

(3)求$\left(\sqrt{x} + \dfrac{3}{x^2}\right)^8$展开式中的常数项。

解析:这是二项式定理的几个变式题。首先要注意,这里所要求的系数不是二项式系数。

第(1)题中要注意$\dfrac{y}{x}$中的x在分母上,相当于x^{-1};

第(2)题中要注意一个技巧:$(x + 2)(x - 1)^4 = (x - 1 + 3)(x - 1)^4 = (x - 1)^5 + 3(x - 1)^4$;

第(3)题中需要解一个方程。

复数中最重要的一个公式就是棣莫弗公式:

$$(\cos\alpha + i\sin\alpha)^n = \cos n\alpha + i\sin n\alpha$$

把棣莫弗公式与二项式定理进行比较:

$$(a + b)^n = a^n + C_n^1 a^{n-1}b + C_n^2 a^{n-2}b^2 + \cdots + C_n^r a^{n-r}b^r + \cdots + C_n^{n-1}ab^{n-1} + b^n$$

我们让$a = \cos\alpha$,$b = i\sin\alpha$,再考虑$i^{4k} = 1$,$i^{4k+1} = i$,$i^{4k+2} = -1$,$i^{4k+3} = -i$(k为非负整数),代入上式中进行运算(把$i = \sqrt{-1}$当成实数一样参与运算),再根据两个复数相等的定义,即实部和虚部分别相等,便得到余弦和正弦二倍角公式的推

数学之美

广——多倍角公式。

$$\cos n\alpha = \cos^n\alpha - C_n^2\cos^{n-2}\alpha\sin^2\alpha + C_n^4\cos^{n-4}\alpha\sin^4\alpha - \cdots$$

$$\sin n\alpha = C_n^1\cos^{n-1}\alpha\sin\alpha - C_n^3\cos^{n-3}\alpha\sin^3\alpha + \cdots$$

通过杨辉三角,我们可以轻松写出任意n倍角的余弦或正弦公式。如图1-31所示,比如要写出5倍角的余弦公式,我们便可以在杨辉三角中找到第6(5+1)行,取这一行中的第奇数个数1,10,5,并让它们一正一负交替:1,-10,5。它们就是$\cos 5\alpha$倍角公式中一共三项的系数。每一项的主体是$\cos\alpha$的p次方和$\sin\alpha$的$n-p$次方的乘积。$\cos\alpha$的次数从第1项到第3项,依次为5,3,1,而$\sin\alpha$的次数则依次是0,2,4。所以,便直接写出:

$$\cos 5\alpha = \cos^5\alpha - 10\cos^3\alpha\sin^2\alpha + 5\cos\alpha\sin^4\alpha$$

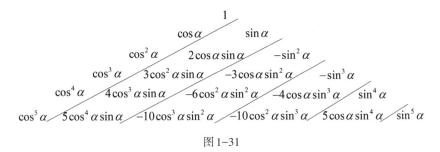

图1-31

数学公式非常有用。三角公式非常多,但都很有用。下面介绍二倍角、三倍角……多倍角的正切公式,以及用相关公式推导出求圆周率π的无穷级数公式。非常神奇!

二倍角正切公式很简单,我们都很熟悉。

$$\tan 2\alpha = \frac{2\tan\alpha}{1 - \tan^2\alpha}$$

在给出三倍角、四倍角乃至多倍角的正切公式之前,我们先要给出杨辉三角。注意图1-32中标红的数字。

下面的多倍角正切公式中蕴含着与杨辉三角相同的规律,很有趣,公式就像变魔术一般。有了这个规律,我们可以写出任意倍数的多倍角正切公式。请注意其中的红色数字,把它们与上面杨辉三角中的红色数字进行对比。

```
                1
               1 1
              1 2 1
             1 3 3 1
            1 4 6 4 1
           1 5 10 10 5 1
          1 6 15 20 15 6 1
         1 7 21 35 35 21 7 1
        1 8 28 56 70 56 28 8 1
```

图1-32

$$\tan 2\alpha = \frac{2\tan\alpha}{1 - 1\tan^2\alpha}$$

$$\tan 3\alpha = \frac{3\tan\alpha - 1\tan^3\alpha}{1 - 3\tan^2\alpha}$$

$$\tan 4\alpha = \frac{4\tan\alpha - 4\tan^3\alpha}{1 - 6\tan^2\alpha + 1\tan^4\alpha}$$

$$\tan 5\alpha = \frac{5\tan\alpha - 10\tan^3\alpha + 1\tan^5\alpha}{1 - 10\tan^2\alpha + 5\tan^4\alpha}$$

$$\tan 6\alpha = \frac{6\tan\alpha - 20\tan^3\alpha + 6\tan^5\alpha}{1 - 15\tan^2\alpha + 15\tan^4\alpha - 1\tan^6\alpha}$$

$$\tan 7\alpha = \frac{7\tan\alpha - 35\tan^3\alpha + 21\tan^5\alpha - 1\tan^7\alpha}{1 - 21\tan^2\alpha + 35\tan^4\alpha - 7\tan^6\alpha}$$

$$\tan 8\alpha = \frac{8\tan\alpha - 56\tan^3\alpha + 56\tan^5\alpha - 8\tan^7\alpha}{1 - 28\tan^2\alpha + 70\tan^4\alpha - 28\tan^6\alpha + 1\tan^8\alpha}$$

……………

上面公式的规律如下：分母依次是 $\tan\alpha$ 的零次方项、二次方项、四次方项……（偶次方项）。分子依次是 $\tan\alpha$ 的一次方项、三次方项、五次方项……（奇次方项）。分母和分子都是第一项为正,第二项为负,然后依次一正一负,一正一负……分母、分子一共有 $m+1$ 项,其中 m 为多倍角的倍数,比如,在三倍角公式中,分母和分子一共有四项。分母的项数或等于分子的项数,或者比分子的项数多 1。最后,也是最重要的规律是：分母、分子中每一项的系数,若只考虑它的绝对值,那么,它们的值与杨辉三角中的某一行数字（就是二项式系数）完全吻合。我们把分母和分子的系数的绝对值相间地排列在一起,就是杨辉三角中相应行的数字。比如,在 $\tan 3\alpha$ 中,分母两项系数绝对值分别为 1 和 3,分子两项的系数绝对值分别为 3 和 1,两组数字像两手手指交叉在一起,就得到 1,3,3,1,这与杨辉三角的第 4 行完全一样。同理,$\tan 6\alpha$ 中分母系数的绝对值 1,15,15,1 与分子系数的绝对值 6,20,6 交叉后为 1,6,15,20,15,6,1,正好与杨辉三角图 1-32 中的第 7 行完全一样。我们可以用图 1-33 给出形象的说明。

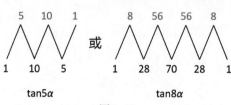

图 1-33

把上图折线拉直就是杨辉三角中相应的行。很像变魔术。

这些公式当然是很有用处的。比如计算圆周率 π 的值。下面具体举一例，这个例子也像是在变魔术。数学有时就扮演着魔术师的角色。著名的莱布尼茨公式为：

$$\frac{\pi}{4} = \frac{1}{1} - \frac{1}{3} + \frac{1}{5} - \frac{1}{7} + \frac{1}{9} - \frac{1}{11} + \cdots$$

它利用了反正切函数的泰勒级数：

$$\arctan x = x - \frac{x^3}{3} + \frac{x^5}{5} - \frac{x^7}{7} + \frac{x^9}{9} - \frac{x^{11}}{11} + \cdots$$

因为上式的收敛半径 R 小于等于 1，所以，取 $x=1$，正好 $\arctan 1 = \frac{\pi}{4}$。于是就得到上面计算圆周率 π 的无穷级数表达式。

这个公式看似很漂亮，但我们知道，x 的值取得越小，级数的收敛速度越快。而 $x = 1$ 已经是在收敛半径的边缘了。通过实际计算，也发现上面的公式收敛得非常慢，这就不是太好。所以，数学家也在想办法。下面介绍的马青公式（Machin公式）就是一种在上面公式的基础上进行的改进。Machin公式如下：

$$\pi = 16\arctan\frac{1}{5} - 4\arctan\frac{1}{239}$$

这个公式的收敛速度就快了很多，大家可以用计算机软件计算一下试试看。下面主要是讲一讲这个公式是怎么得来的。

在反正切函数 $\arctan x$ 的泰勒级数中，取 $x = \frac{1}{5}$ 时，收敛的速度肯定会比取 $x = 1$ 快很多。可以先设：

$$\theta = \arctan\frac{1}{5}$$

这个角应该比 $\frac{\pi}{4}$ 小很多。于是，我们根据上面的多倍角公式，求出：

$$\tan 4\theta = \frac{4\tan\theta - 4\tan^3\theta}{1 - 6\tan^2\theta + 1\tan^4\theta} = \frac{4 \times \frac{1}{5} - 4 \times \left(\frac{1}{5}\right)^3}{1 - 6 \times \left(\frac{1}{5}\right)^2 + \left(\frac{1}{5}\right)^4} = \frac{120}{119}$$

上式中 $\tan 4\theta = \frac{120}{119}$，略大于 1，即 4θ 略大于 $\frac{\pi}{4}$。于是，两者的差就很小，记这个差值为 φ，我们试着求 φ 的正切值：

$$\tan\varphi = \tan\left(4\theta - \frac{\pi}{4}\right) = \frac{\tan 4\theta - \tan\dfrac{\pi}{4}}{1 + \tan 4\theta\tan\dfrac{\pi}{4}} = \frac{\dfrac{120}{119} - 1}{1 + \dfrac{120}{119} \times 1} = \frac{1}{239}$$

所以

$$\varphi = \arctan\frac{1}{239}$$

注意，$\dfrac{1}{239}$ 比 $\dfrac{1}{5}$ 更小，所以，$\arctan\dfrac{1}{239}$ 的泰勒级数收敛得更快。于是

$$\frac{\pi}{4} = 4\theta - \varphi = 4\arctan\frac{1}{5} - \arctan\frac{1}{239}$$

即

$$\pi = 16\arctan\frac{1}{5} - 4\arctan\frac{1}{239}$$

把其中的 $\arctan\dfrac{1}{5}$ 和 $\arctan\dfrac{1}{239}$ 写成泰勒级数展开式，然后进行计算，得到 π 的更精确的值的速度就会变得很快。

十二、杨辉三角与高阶等差数列

杨辉三角与很多很多的知识有联系，真的是一个伟大的三角，如图 1-34 所示。

```
                    1 ————————————————————————————— 0
                  1   1 ——————————————————————————— 1
                1   2   1 ————————————————————————— 2
              1   3   3   1 ——————————————————————— 3
            1   4   6   4   1 ————————————————————— 4
          1   5   10  10  5   1 ——————————————————— 5
        1   6   15  20  15  6   1 ————————————————— 6
      1   7   21  35  35  21  7   1 ——————————————— 7
    1   8   28  56  70  56  28  8   1 ————————————— 8
  1   9   36  84  126 126 84  36  9   1 ——————————— 9
1   10  45  120 210 252 210 120 45  10   1 ————————— 10
1 11 55 165 330 462 462 330 165 55  11   1 ——— 11
                    ······
```

图 1-34

由于杨辉三角中每一个数都是它"左肩"与"右肩"上两个数的和,所以,可以证明,除左侧斜线上的"1"以外的其他数 N,都可以表示为这个数 N"左肩"上的数 M 与这个数 M 右上方斜线上的每个数的和。比如

$$4 = 1 + 1 + 1 + 1$$
$$10 = 4 + 3 + 2 + 1$$
$$10 = 6 + 3 + 1$$
$$15 = 10 + 4 + 1$$

杨辉三角的这个性质也被称为高尔夫球杆定理(前面有讲述),如图1-35所示。

我们先观察一下杨辉三角中从左下到右上斜线上的数(像中文撇"丿"那样的斜线,或"/"样子的斜线),如图1-36所示。

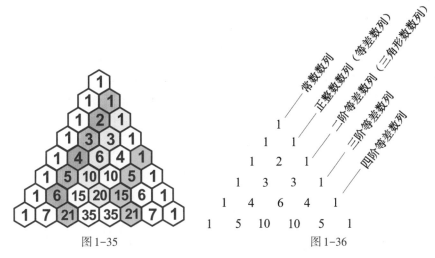

图1-35　　　　　　　　　　　图1-36

第0条斜线(第 r 条斜线与 $(a+b)^r$ 的二项式定理展开前的指数 r 一致)为常数数列1,1,1…它的每一项都是1,可以认为它是公差为0的等差数列,它的前 n 项和为 n。

第1条斜线上的数为正整数数列,是首项为1,公差为1的等差数列,其前 n 项和公式为:

$$S_n = \frac{n(n+1)}{2}$$

第2条斜线上的数为1,3,6,10…这个数列就是所谓的三角形数数列。这个数列有个特点:我们考虑后项与前项的差。显然,$3-1=2,6-3=3,10-6=4$…即这个数列后项与前项的差构成公差为1的等差数列。若设第一项仍为1,则公差构成的数列就是1,2,3,4…这就是第1条斜线上的正整数数列。我们把1,3,6,10…这个数列称作二阶等差数列。若一个数列的后项与前项的差构成一个

二阶等差数列,则这个数列被称作三阶等差数列。以此类推,可以得到更高阶的等差数列。

第2条斜线上的数列的第n项就是其左肩上的数及该数右上方所有数之和。所以,二阶等差数列的前n项就是

$$1, 1 + 2, 1 + 2 + 3, \cdots, \frac{n(n+1)}{2}$$

那么,上面这些高阶等差数列前n项和的公式有吗?若有,会是什么样子?我们下面通过观察杨辉三角来获得所要的公式。

把杨辉三角用组合数的形式写出来,就是图1-37左图的样子。

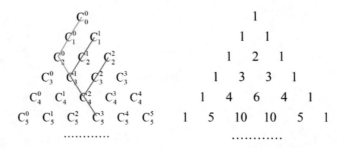

图1-37

观察图1-37左图中的绿色折线(高尔夫球杆),得到零阶等差数列前n项和:

$$C_0^0 + C_1^0 + C_2^0 = C_3^1$$

$$\Downarrow$$

前n项和

$$C_0^0 + C_1^0 + C_2^0 + \cdots + C_{n-1}^0 = C_n^1 = n$$

$$\underbrace{1 + 1 + 1 + \cdots + 1}_{n\text{项}} = C_n^1 = n$$

再看红色高尔夫球杆,得到一阶等差数列前n项和:

$$C_1^1 + C_2^1 + C_3^1 = C_4^2$$

$$\Downarrow$$

前n项和

$$C_1^1 + C_2^1 + C_3^1 + \cdots + C_n^1 = C_{n+1}^2 = \frac{n(n+1)}{2!}$$

$$\underbrace{1 + 2 + 3 + \cdots + n}_{n\text{项}} = C_{n+1}^2 = \frac{n(n+1)}{2!}$$

再看蓝色高尔夫球杆,得到二阶等差数列前 n 项和:

$$C_2^2 + C_3^2 + C_4^2 = C_5^3$$

$$\Downarrow$$

前 n 项和

$$C_2^2 + C_3^2 + C_4^2 + \cdots + C_{n+1}^2 = C_{n+2}^3 = \frac{n(n+1)(n+2)}{3!}$$

$$\underbrace{1 + 3 + 6 + \cdots + \frac{n(n+1)}{2!}}_{n\text{项}} = C_{n+2}^3 = \frac{n(n+1)(n+2)}{3!}$$

对第 r 条斜线,有

$$C_r^r + C_{r+1}^r + C_{r+2}^r = C_{r+3}^{r+1}$$

$$\Downarrow$$

前 n 项和

$$C_r^r + C_{r+1}^r + C_{r+2}^r + \cdots + C_{r+n-1}^r = C_{r+n}^{r+1} = \frac{n(n+1)(n+2)\cdots(n+r)}{(r+1)!}$$

$$\underbrace{1 + r + \cdots + \frac{n(n+1)(n+2)\cdots(n+r-1)}{r!}}_{n\text{项}} = C_{r+n}^{r+1} = \frac{n(n+1)(n+2)\cdots(n+r)}{(r+1)!}$$

最终,我们得到 r 阶等差数列前 n 项和公式:

$$\frac{n(n+1)(n+2)\cdots(n+r)}{(r+1)!}$$

我国元代数学家朱世杰在他的《四元玉鉴》一书中对高阶等差数列求和问题有所研究,即"垛积术"。他给出了一系列公式,用现代数学公式表示如下:

茭草垛:

$$\sum_{i=1}^{n} i = 1 + 2 + 3 + \cdots + n = \frac{n(n+1)}{2!}$$

三角垛:

$$\sum_{i=1}^{n} \frac{i(i+1)}{2!} = 1 + 3 + 6 + \cdots + \frac{n(n+1)}{2!} = \frac{n(n+1)(n+2)}{3!}$$

 拓展阅读

简洁的数字符号

"$\sum$"和"σ"是第18个希腊字母的大小写,读作"西格玛"。大写字母"$\sum$"作为求和符号,由大数学家欧拉最先使用。小写字母"σ"则表示标准差。

撒星形垛(三阶等差数列求和)(见图1-38)。

$$\sum_{i=1}^{n} \frac{i(i+1)(i+2)}{3!} = 1 + 4 + 10 + \cdots + \frac{n(n+1)(n+2)}{3!}$$

$$= \frac{n(n+1)(n+2)(n+3)}{4!}$$

图1-38

并最终总结出了 r 阶等差数列前 n 项和公式。

$$\sum_{i=1}^{n} \frac{i(i+1)(i+2)\cdots(i+r-1)}{r!} = \frac{n(n+1)(n+2)\cdots(n+r)}{(r+1)!}$$

 拓展阅读

朱世杰与《四元玉鉴》

朱世杰,中国元代数学家,字汉卿,号松庭,生于燕山(今北京)。著有《算学启蒙》(1299)和《四元玉鉴》(1303)传世。他和秦九韶、李冶、杨辉一起被称为中国宋元时期著名的数学家。《算学启蒙》是一部通俗数学名著,曾流传海外,影响了日本与朝鲜数学的发展。《四元玉鉴》全书共三卷,24门,288问。从所包含的数学内容来看,高次方程组(最多可包括4个未知数)解法、高阶等差级数求和、高次内插法等都是书中的重要内容。《四元玉鉴》是中国宋元数学高峰的又一个标志,其中最突出的数学创造有"招差术"(高次内插法),"垛积术"(高阶等差级数求和)及"四元术"(多元高次联立方程组与消元解法)等。朱世杰不愧是宋元时期杰出的数学家。清代罗士琳评论他说:"汉卿在宋元间,与秦道古(九韶)、李仁卿(李冶)可称鼎足而三。道古正负开方,仁卿天元如积,皆足上下千古,汉卿又兼包众有,充类尽量,神而明之,尤超越乎秦李两家之上。"美国著名的科学史家萨顿评论说"朱世杰是他所生存时代的,同时也是贯穿古今的一位最杰出的数学家,而他所著的《四元玉鉴》则是中国数学著作中最重要的一部,同时是整个中世纪杰出的数学著作之一"。

有了上面这些高阶等差数列前 n 项和公式,我们就可以求其他一些不在杨辉三角中出现的堆垛的总数。比如正方垛:$1 + 2^2 + 3^2 + 4^2 + \cdots + n^2$。即上面数第一层放1个小球,这1个的下面是4个小球,4个的下面是9个小球,9个的下面是16个小球……图1-39所示是四层的正方垛的俯视图。

数列 $1, 2^2, 3^2, 4^2\cdots$ 就是所谓的正方形数数列,它的通项是 k^2。我们知道,正方形数可以分解成一个同阶的三角形数与一个低一阶的三角形数之和(见图1-40),或分解成两个低一阶的三角形数与项数之和。所以有:

$$k^2 = 2\frac{k(k-1)}{2!} + k$$

图1-39

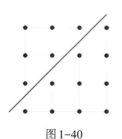

图1-40

那么,根据前面已经得出的高阶等差数列求和公式,我们便可以求出正方形数前 n 项和公式或 n 层正方垛的总数:

$$\sum_{k=1}^{n} k^2 = \sum_{i=1}^{n}\left(2\frac{k(k-1)}{2!} + k\right) = 2\frac{(n+1)n(n-1)}{6} + \frac{n(n+1)}{2!}$$

$$= \frac{n(n+1)(2n+1)}{6}$$

这个公式有一个很美妙的图说(见图1-41)。数学真的很美!

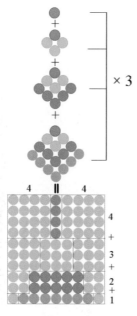

图1-41

请把图 1-41 与下面公式的推导过程相对照：

$$3 \times (1^2 + 2^2 + 3^2 + \cdots + n^2) = (1 + 2 + 3 + \cdots + n)(2n + 1)$$

$$3 \times (1^2 + 2^2 + 3^2 + \cdots + n^2) = \frac{n(n + 1)}{2}(2n + 1)$$

$$1^2 + 2^2 + 3^2 + \cdots + n^2 = \frac{n(n + 1)(2n + 1)}{6}$$

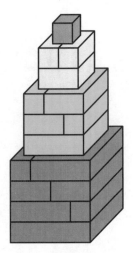

再如求 $1 + 2^3 + 3^3 + 4^3 + \cdots + n^3$。我们称其为正方体垛，即最上面一层放 1 个单位正方体，其下面是一个由 $2 \times 2 \times 2$ 即 8 个单位正方体组成的边长为 2 的正方体，再下面是由 $3 \times 3 \times 3$ 即 27 个单位正方体构成的边长为 3 的正方体，图 1-42 所示为 4 层正方体垛。

我们下面就来求 n 层正方体垛中单位正方体的总数。我们依然可以把通项 k^3 拆成几个低阶数列通项之和：

$$k^3 = k + 6 \cdot \frac{k(k + 1)}{2!} + 6 \cdot \frac{k(k + 1)(k + 2)}{3!}$$

图 1-42

上式中，从左到右，第 1 项是公差为 1 的等差数列的通项；若不考虑系数 6，第 2 项则是二阶等差数列的通项；若不考虑系数 6，第 3 项是三阶等差数列的通项。那么，这个通项的规律就看出来了。也就是说，对 k^4，甚至 k^5，我们也可以把它拆成类似上式的样子，但那样做比较麻烦。如果我们能够找到求出这些系数的通用方法，那么，借助高阶等差数列求和公式，我们就可以求出正方体垛的总数甚至是通项为 k^m（m 为正整数）的数列的前 n 项和。

清代数学家李善兰在朱世杰所创"招差术"的基础上将其发扬光大。李善兰的"招差术"本质上就是现在的逐差法。它非常好用且程序化。它是制作一张类似杨辉三角的"表"，但却是一个倒三角。设函数 $f(x) = x^3$。第一行为：

$$f(0), f(1), f(2), f(3)$$

第二行分别为上一行中第 2 个减第 1 个，第 3 个减第 2 个，第 4 个减第 3 个，即

$$f(1) - f(0), f(2) - f(1), f(3) - f(2)$$

第三行分别为上一行中第 2 个减第 1 个，第 3 个减第 2 个，即

$$f(2) - 2f(1) + f(0), f(3) - 2f(2) + f(1)$$

依次类推，第四行就是：

$$f(3) - 3f(2) + 3f(1) - f(0)$$

具体来说，就构成下面这个倒三角：

$$0, \quad 1, \quad 8, \quad 27$$
$$1, \quad 7, \quad 19$$
$$6, \quad 12$$
$$6$$

在上面倒三角中，第二行中的 $1 = 1 - 0, 7 = 8 - 1, 19 = 27 - 8$，第三行中的 $6 = 7 - 1, 12 = 19 - 7$，第四行中的 $6 = 12 - 6$。这就是所谓的"逐差"，即从第二行起，每个数是其肩上两数中右上一数减去左上一数所得的差。那么，每行最左边的数，就是上面所说要确定的系数。所以便得到：

$$k^3 = k + 6 \cdot \frac{k(k-1)}{2!} + 6 \cdot \frac{k(k-1)(k-2)}{3!}$$

然后，正方体垛的总数便可以利用高阶等差数列求出。结果为：

$$\sum_{k=1}^{n} k^3 = \left(\frac{n(n+1)}{2} \right)^2 = (1 + 2 + \cdots + n)^2$$

这个公式也有一个美妙的图说（见图 1-43）。

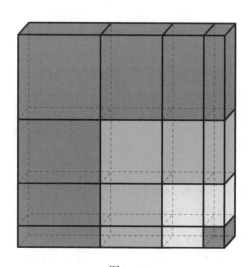

图 1-43

$$1^3 + 2^3 + 3^3 + \cdots + n^3 = (1 + 2 + \cdots + n)^2$$

$$n = 4, \quad 1^3 + 2^3 + 3^3 + 4^3 = (1 + 2 + 3 + 4)^2$$

大家看懂了吗？可以把它与图 1-42 比较。

十三、数学探究活动（完全图）

先来描述我们所做的事情。

（1）先画1个点（见图1-44）。

（2）在这个点的旁边再画1个点，并把这个点与原来的那个点连线。这时图形中有2个点和1条线（见图1-45）。

（3）在上面"两点一线"的基础上，再画1个点（注意，这个点一定不能位于线段所在直线上），并将这个新点与已有的2个点连接。这时图形中有3个点，3条线，1个三角形（见图1-46）。

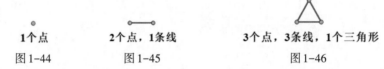

1个点	2个点，1条线	3个点，3条线，1个三角形
图1-44	图1-45	图1-46

（4）在上面图形的基础上，再画1个点，并把这个点与原图形的3个点连线。所得到的图形（见图1-47）中，任意三点可以构成一个三角形，一共可以构成4个三角形。所以，这个图形中有4个点，6条线，4个三角形。

4个点，6条线，4个三角形

图1-47

（5）继续进行类似的递推工作，结果如图1-48所示。它有5个点，10条线，10个三角形。（可以这样想：第2、5、6、7个五边形中的红色三角形不涉及最上面的顶点；第1、3、4、8、9、10个五边形中的红色三角形中一个顶点是最上面的顶点。）

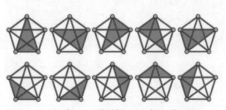

5个点，10条线，10个三角形

图1-48

（6）这个递推过程可以一直无限延续下去。方法就是在前一图形的基础上，增加一点，并把这个点与前一图形中的所有点分别连线。所以，第n个图形

(也就是有 n 个点的图形)的线段数量为第 $n-1$ 个图形中线段数量加上第 $n-1$ 个图形中的点数(因为前一图形点的个数就是后一图形新增线段的个数)。

(7)像上面这样构成的图形称为完全图。对 $n=6$ 的完全图(有 6 个点),它的线段数量就等于 $n=5$ 时的完全图中线段数量 10 加上 $n=5$ 时的点数 5,即 $10+5=15$。三角形的个数也可以递推出来,新增加的一个点,可以与原完全图中每两个点(或说与每一条线段)构成一个三角形。所以,第 n 个完全图中三角形的个数就等于第 $n-1$ 个完全图中三角形的个数加上第 $n-1$ 个完全图中线段的条数。比如,在 $n=6$ 时的完全图中,三角形的个数就等于 $n=5$ 时的完全图中三角形个数 10 加上线段个数 10,等于 20,即 $n=6$ 时的完全图中三角形的个数为 20。

(8)上述递推关系可以由图 1-49 所示杨辉三角形象地展示出来。

图 1-49

观察上图中由三条线占据的区域。

这个区域的第 1 横行的"1",就表示"1 个点"。

第 2 横行的"2 1"表示"2 个点,1 条线"。

第 3 横行的"3 3 1"表示"3 个点,3 条线,1 个三角形"。

第 4 横行的"4 6 4"表示"4 个点,6 条线,4 个三角形"。

第 5 横行的"5 10 10"表示"5 个点,10 条线,10 个三角形"。

第 6 横行的"6 15 20"表示"6 个点,15 条线,20 个三角形"。

第 7 横行的"7 21 35"表示"7 个点,21 条线,35 个三角形"。

……

运用杨辉三角计算完全图的一个好处是,我们可以不必再一个个递推,比如要计算第 100 个完全图中线段和三角形的数量,工作量之大,我们根本无法人工实现。我们可以利用杨辉三角中"每一个数都是一个组合数"的特质来直接求出第 n 行中的第3个数和第4个数,即具有 n 个点的完全图中线段条数和三角形的个数。比如,8个点($n = 8$)的完全图,它具有的线段条数就是杨辉三角中第9行第3个数,而这个位置的数可以用组合数 $C(8,2)$ 表示[这一行第1个数是 $C(8,0)$,第2个数是 $C(8,1)$]。$C(8,2)$ 就是从8个元素中取2个元素的所有可能组合的个数。由组合数计算公式可以得出:

$$C(8, 2) = \frac{8 \times 7}{2!} = 28$$

而三角形的数目为:

$$C(8, 3) = \frac{8 \times 7 \times 6}{3!} = 56$$

大家可以从上面的杨辉三角中,通过两个相邻之数相加而得到两个数下面的数,即 $7 + 21 = 28$;$21 + 35 = 56$。

这正像是斐波那契数列,斐波那契数列也是一个递推关系数列,但我们仍有办法直接求出任意一项的值,并且这个值还是用无理数表示的!本节所讲的完全图的线段数量和三角形的数量的计算相对来说比较简单。

十四、容斥原理与杨辉三角

容斥原理在集合个数为3($n = 3$)的情况下用直观方法很容易证明,但不通用。集合个数一多,直观方法就不好用了。比如,我们把集合个数增加到4个($n = 4$),则类似的韦恩图就画不出来了。笔者也试着用类似 $n = 3$ 时的方法画韦恩图,如图1-50所示,你觉得对吗? 看上去对,但细思量,会发现它是不对的,因为只属于 A 和 D 的元素所组成的集合没有在图中体现出来,只属于 B 和 C 的元素

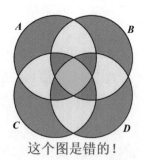

这个图是错的!

图1-50

所组成的集合也没有体现出来。若用四个球表示四个集合并在空间中做"韦恩图",倒是可以做到,但立体图形就不太好画了。

下面采用一种通用的方法来证明容斥原理,这种方法对 n 等于任意正整数都适用。我们采用这个方法证明在 $n = 4$ 情况下的容斥原理(这里的绝对值符号"| |"表示绝对值符号内集合中元素的个数)。

$$|A \cup B \cup C \cup D|$$

$$= |A| + |B| + |C| + |D| - |A \cap B| - |A \cap C| - |A \cap D| - |B \cap C| -$$

$$|B \cap D| - |C \cap D| + |A \cap B \cap C| + |A \cap B \cap D| + |A \cap C \cap D| +$$

$$|B \cap C \cap D| - |A \cap B \cap C \cap D|$$

注意,上式等号右边,前4项都是正的,之后的6项是负的,再之后的4项是正的,最后1项是负的。那么,我们为什么说上面这个公式是正确的呢?我们可以把A、B、C、D四个集合的并集中的元素进行下面这种分组:(1)恰好属于某单一集合(比如只属于A而不属于B、C、D);(2)恰好属于某两个集合(比如属于A和B但不属于C和D);(3)恰好属于某三个集合;(4)属于四个集合。这四个组之间没有交叉。

第一步,考虑一个元素m,它恰好属于四个集合中的某一个集合而不属于其他三个集合。比如,m属于A但不属于B、C、D,那么,这个元素在上面的公式中被计数过一次:是在$|A|$中。这里所说的计数过一次,是指我们在求$|A|$时是把它计算在内的,即对它进行了一次计数。上面公式中等号右边一共有15项,只有$|A|$中对这个元素m进行了计数。

第二步,考虑一个元素s,它恰好属于某两个集合。比如它既属于A又属于B,但它不属于C和D。那么,这个元素在$|A|$中计数过一次,在$|B|$中计数过一次;而在$|A \cap B|$中也计数过一次,但却是被减去的(见下式中的红色字,红色字的项都是与C和D无关的项)。所以,总共计数次数为1+1−1=2−1=1,即这个元素s相当于只被计数了一次。

$$|A \cup B \cup C \cup D|$$

$$= |A| + |B| + |C| + |D| - |A \cap B| - |A \cap C| - |A \cap D| - |B \cap C| -$$

$$|B \cap D| - |C \cap D| + |A \cap B \cap C| + |A \cap B \cap D| + |A \cap C \cap D| +$$

$$|B \cap C \cap D| - |A \cap B \cap C \cap D|$$

所谓并集,就是在所有集合中都出现过的元素构成的集合,重复出现的元素只取一个。我们现在正在做的事情就是要证明容斥原理公式可以做到对每个元素只计数一次从而保证对并集中元素个数的计算是正确的。

第三步,考虑一个元素p,它恰好属于三个集合。比如它既属于A又属于B还属于C,但不属于D。那么,这个元素在$|A|$中计数过一次,在$|B|$中计数过一次,在$|C|$中计数过一次;而在$|A \cap B|$、$|B \cap C|$和$|C \cap A|$中也各计数过一次,但却是被减去的;在$|A \cap B \cap C|$中计数过一次(见下式中的蓝色字;蓝色字的项都是与D无关的项)。所以,一共计数次数为1+1+1−1−1−1+1=3−3+1=1,即这个元素p相当于只

被计数了一次。

$$|A \cup B \cup C \cup D|$$

$$= |A| + |B| + |C| + |D| - |A \cap B| - |A \cap C| - |A \cap D| - |B \cap C| -$$

$$|B \cap D| - |C \cap D| + |A \cap B \cap C| + |A \cap B \cap D| + |A \cap C \cap D| +$$

$$|B \cap C \cap D| - |A \cap B \cap C \cap D|$$

第四步,考虑一个元素 q,它属于四个集合。即它既属于 A 又属于 B 又属于 C 又属于 D。那么,这个元素在上式中的每一项中都计数过一次,但有加有减。所以,一共计数次数为 $1+1+1+1-1-1-1-1-1-1+1+1+1+1-1=4 - 6 + 4 - 1 = 1$,即这个元素 q 相当于也只被计数了一次。

以上证明了并集中的任何一个元素都只在公式中被计数过一次,所以用上面的公式求并集中元素个数的方法是正确的。显然上面这个证明方法可以推广到任意多个集合的情况。

上面分别讨论时笔者特意标出了几个黑体字式子,它们对任意 n 个集合也都是成立的。我们把上面几段中黑体字放到一起。

$$2 - 1 = 1$$

$$3 - 3 + 1 = 1$$

$$4 - 6 + 4 - 1 = 1$$

那么接下来的式子会是什么样子? 应该是:

$$5 - 10 + 10 - 5 + 1 = 1$$

把它与杨辉三角进行比较,会发现数字上很像。在杨辉三角每一行中,去掉最左边的数字 1,所剩之数从左到右第一个数取正值,第二个数取负值,然后是取一正一负,以此类推,这样取下去之后,每一行的数的代数和一定是 1,如图 1-51 所示。

图 1-51

杨辉三角每一行中的数是二项式系数。所以,容斥原理公式暗藏着二项式系数或二项式定理。

二项式定理是说

$$(a+b)^n = C_n^0 a^n + C_n^1 a^{n-1} b + C_n^2 a^{n-2} b^2 + \cdots + C_n^r a^{n-r} b^r + \cdots + C_n^{n-1} ab^{n-1} + C_n^n b^n$$

若取 $a=1, b=-1$,则上式变为:

$$(1-1)^n = C_n^0 - C_n^1 + C_n^2 - \cdots + (-1)^{n-1} C_n^{n-1} + (-1)^n C_n^n$$

根据上面这个式子,杨辉三角中的每一行去掉第一个数1后的其他项一正一负的代数和一定等于1。比如,

$$4 - 6 + 4 - 1 = 1 - 1 + 4 - 6 + 4 - 1 = 1 - (1 - 4 + 6 - 4 + 1)$$

$$= 1 - (C_4^0 - C_4^1 + C_4^2 - C_4^3 + C_4^4) = 1 - (1-1)^4 = 1$$

这就是上面证明的并集中每一个元素都在容斥原理公式中只被计数过一次的深层原因。

最后给出容斥原理在集合数为 n 的情况下的公式,其中第一个连加号整体为正,第二个连加号整体前加负号,然后一正一负,一正一负……

$$|A_1 \bigcup A_2 \bigcup A_3 \bigcup \cdots \bigcup A_n|$$

$$= \sum_{i=1}^n |A_i| - \sum_{1 < i < j < n} |A_i \bigcap A_j|$$

$$+ \sum_{1 < i < j < k < n} |A_i \bigcap A_j \bigcap A_k| - \cdots + \cdots$$

$$+ (-1)^{n-1} |A_1 \bigcap A_2 \bigcap A_3 \bigcap \cdots \bigcap A_n|$$

十五、杨辉三角中的分形、杨辉三角中的完全数

观察杨辉三角中的偶数与奇数,发现偶数有"扎堆"的现象。在图1-52中,我们把偶数所在区域划分出来。发现它们是一个个的倒三角形且大小不一。小到成为一个孤独的点(孤独的偶数),比如2,它被四个1和两个3所包围。有些"6"和"10"也都是孤独的偶数。相对这些孤独的偶数,以两个"4"为顶点的倒三角形,则包含了6个偶数(4,6,4,10,10,20),这些数分布在倒三角形的网格点上。从杨辉三角中间一个数是"肩上"两个数之和及"奇数+奇数=偶数""奇

数+偶数=奇数""偶数+奇数=奇数""偶数 + 偶数 = 偶数"的规律,不难看出这种倒三角形现象是可以理解的,并且也是必然的。

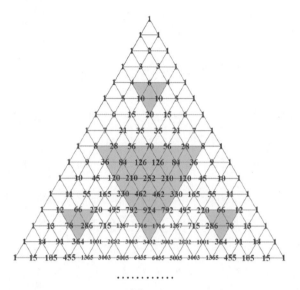

图1-52

图1-52很像图1-53所示的谢尔宾斯基三角形。可以看出,在谢尔宾斯基三角形中,只有正立的三角形才会被保留,倒三角形是被挖空的。谢尔宾斯基三角形与杨辉三角分形图的相同之处是挖掉与划出的偶数区域都是倒三角。不同之处是,谢尔宾斯基三角形都是挨在一起的,而杨辉三角中的偶数三角形之间是有间距的。图1-54所示为中国澳门发行的邮票《混沌与分形》,展示了谢尔宾斯基三角形生成的前三步。分形图让人感受到一种奇特的美——自相似,即分出来的每一个形,又都与整体相似,或者说,部分就是整体!

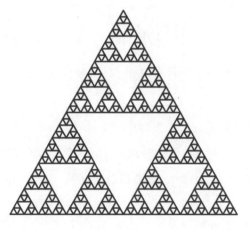

图1-53   图1-54

回来再说杨辉三角分形。比以两个"4"为顶点的倒三角形更大的倒三角形，是以两个"8"为顶点的倒三角形，它包含28个偶数。它的左右两边还有两个小的倒三角形及六个孤独的点。沿着对称轴，倒三角形出现的规律是：以数 $2^1(2)$ 为顶点的倒三角形是第1个倒三角形，但它缩为一点了，其大小为1；以数 $2^2(4)$ 为顶点的倒三角形是第2个倒三角形，其大小为 $6(=4\times(4-1)/2)$；以数 2^3 (8)为顶点的倒三角形是第3个倒三角形，其大小为 $28(=8\times(8-1)/2)$；以数 2^4 (16)为顶点的倒三角形是第4个倒三角形，其大小为 $120(=16\times(16-1)/2)$……

若取杨辉三角的前16行，发现这是一个 $120°$ 旋转对称图形：去掉数字，只保留网格线和格点，则绕着三角形中心旋转 $120°$、$240°$ 或 $360°$，看上去相当于没有旋转。它也是轴对称图形，有三根对称轴。

把倒三角形的大小依次计算出来，并单独来观察它们：

$$1,6,28,120,496,2016,8128\cdots$$

其中的 $6,28,496,8128$ 是完全数。所谓完全数，就是指除自身以外的所有因数之和等于自身的数。

$$6 = 1 + 2 + 3,$$
$$28 = 1 + 2 + 4 + 7 + 14,$$
$$496 = 1 + 2 + 4 + 8 + 16 + 31 + 62 + 124 + 248$$

可以验证一下，120和2016都不是完全数。不难证明，上面形成的由倒三角形所包含的偶数个数构成的数列，完全包含了所有的完全数。真的很神奇！

十六、杨辉三角与卡塔兰数

观察图1-55。图中，由上到下最中间的数被标以天蓝色。当然，这些数有无穷多。

把这些数由小到大排成数列：

$$1,2,6,20,70,252\cdots$$

然后，把它们分别除以正整数：

$$1,2,3,4,5,6\cdots$$

得到数列：

$$1,1,2,5,14,42\cdots$$

$$1$$
$$1 \quad 1$$
$$1 \quad 2 \quad 1$$
$$1 \quad 3 \quad 3 \quad 1$$
$$1 \quad 4 \quad 6 \quad 4 \quad 1$$
$$1 \quad 5 \quad 10 \quad 10 \quad 5 \quad 1$$
$$1 \quad 6 \quad 15 \quad 20 \quad 15 \quad 6 \quad 1$$
$$1 \quad 7 \quad 21 \quad 35 \quad 35 \quad 21 \quad 7 \quad 1$$
$$1 \quad 8 \quad 28 \quad 56 \quad 70 \quad 56 \quad 28 \quad 8 \quad 1$$
$$1 \quad 9 \quad 36 \quad 84 \quad 126 \quad 126 \quad 84 \quad 36 \quad 9 \quad 1$$
$$1 \quad 10 \quad 45 \quad 120 \quad 210 \quad 252 \quad 210 \quad 120 \quad 45 \quad 10 \quad 1$$
$$1 \quad 11 \quad 55 \quad 165 \quad 330 \quad 462 \quad 462 \quad 330 \quad 165 \quad 55 \quad 11 \quad 1$$

....

图 1-55

上面所得这个新的数列中的数称为卡塔兰数(明安图数)。一般把它的第1个数"1"称为第0项,所以可以用C_n表示卡塔兰数($n=0,1,2,3\cdots$)。卡塔兰数在很多场合出现。比如,有意义的括号的种类数。一对括号"()",只有"()"这1种有意义的形式,而")("没有意义。再看两对括号的情况。显然"()()"和"(())"都是有意义的,而"())("和"))(("都没有意义。共有**2**种有意义的形式。我们进行数学运算时是怎么加括号的?肯定一对括号要么与另一对括号互不相关,要么是一对括号套住另一对括号,但绝对不能"交叉"。这也就意味着,在一个括号使用正确的表达式中,若从左向右数括号,一定是左括号"("的数量大于等于右括号")"的数量。比如:

$$10 \div (12+15)+(1+2\times(3+4)-5\times(6+7-8)+9)$$

注意前面段落中的黑体数字"**1**"和"**2**"。它们是卡塔兰数列中的第1项C_1和第2项C_2。那么,三对括号有意义的种类数就是$C_3=5$。我们来验证一下。

"( )( )( )"

"( )(( ))"

"(( ))( )"

"((( )))"

"(( )( ))"

可以证明,n对括号可以构成的有意义括号的种类数就是卡塔兰数列的第C_n项。

举第二个例子。把正n边形($n \geqslant 3$)用互不交叉的对角线分割成三角形的方法数,是卡塔兰数的第C_{n-2}项。比如$n=3$,即正三角形,这时当然只有1种分割方式。对应 $C_1 = 1$。$n = 4$ 时是正方形，这时有 2 种分割方式，$C_2 = 2$。$n = 5$ 时是正五边形，这时有 5 种分割方式，对应 $C_3 = 5$，如图 1-56 所示。

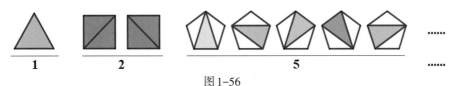

图 1-56

明安图

明安图是中国清朝蒙古族数学家，1730 年左右，他在发现三角函数的幂级数时首先使用"明安图数"，比后来也发现这些数并以他的名字命名的比利时的数学家欧仁·查理·卡塔兰早 100 多年。明安图是研究图 1-57 所示的这个半街区的走法数量时发现明安图数的。从甲出发，只许朝下和朝右走，那么，从甲走到乙，有 1 种走法；从甲走到丙，有 2 种走法；从甲走到丁，有 5 种走法；从甲走到戊，有 14 种走法。

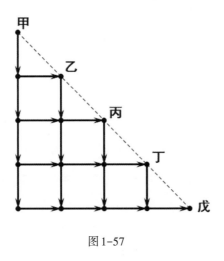

图 1-57

卡塔兰数像斐波那契数那样有递推关系式和通项公式。递推关系式是

$$C_0 = 1$$

$$C_n = C_0 C_{n-1} + C_1 C_{n-2} + \cdots + C_{n-2} C_1 + C_{n-1} C_0 \ (n \geqslant 1)$$

我们试着具体写一写。

$$C_1 = C_0 C_0 = 1$$

$$C_2 = C_0 C_1 + C_1 C_0 = 1 + 1 = 2$$

$$C_3 = C_0 C_2 + C_1 C_1 + C_2 C_0 = 2 + 1 + 2 = 5$$

$$C_4 = C_0 C_3 + C_1 C_2 + C_2 C_1 + C_3 C_0 = 5 + 2 + 2 + 5 = 14$$

$$C_5 = C_0 C_4 + C_1 C_3 + C_2 C_2 + C_3 C_1 + C_4 C_0 = 14 + 5 + 4 + 5 + 14 = 42$$

....

也把上述过程写成类似杨辉三角那样的形式——卡塔兰三角。

1	1
1 + 1	2
2 + 1 + 2	5
5 + 2 + 2 + 5	14
14 + 5 + 4 + 5 + 14	42
42 + 14 + 10 + 10 + 14 + 42	132
132 + 42 + 28 + 25 + 28 + 42 + 132	429

....

卡塔兰三角正中间的数"1, 1, 4, 25…"是卡塔兰数 C_n 的平方：$C_0 C_0$，$C_1 C_1$，$C_2 C_2$，$C_3 C_3$…这可以从上面的递推关系式中看出来。

卡塔兰数的通项公式是：

$$C_n = \frac{\mathrm{C}_{2n}^{n}}{n+1} \ (n \geqslant 0)$$

这个通项公式其实就是从本节开始时杨辉三角正中间天蓝色数字分别除以正整数归纳而来。注意，上式中斜体的"C"表示的是卡塔兰数，而正体的"C"表示的是组合数，不要混淆。

卡塔兰数的递推关系式是对称的，卡塔兰三角是更加具体的对称性展示。这是数学公式的对称之美和形式之美。卡塔兰数的通项公式表示了所有卡塔兰数，这体现了数学的概括之美。不管是卡塔兰数的递推关系式，还是通项公式，都体现了数学的简洁之美。（与卡塔兰有关的还有一个卡塔兰猜想，在第6章有介绍。）

本章讲了很多与杨辉三角相关的内容。一个杨辉三角竟然与那么多的数学问题和数学知识有所联系，蕴意如此丰富，这是数学之美的生动体现。数学之美至少包含了形式之美、内涵之美和逻辑之美。本书后面章节还将继续挖掘这些数学之美。

下面这幅图没有标图号，因为将在第6章最后才对它进行详细研究。请先观察一下图的背景,看一看它是由什么图形构成的。试着想象把它横着卷成柱面,再竖着卷成柱面。然后你会发现,你可能找不到接缝了。

第2章

当我们谈论正方体时，我们能够谈论些什么？

> 我听说，高斯用十种不同的方法来证明二次互反律。任何好的定理应该有多种证法，证法越多越好。
>
> ——迈克尔·阿蒂亚爵士

美国作家雷蒙德·卡佛有本小说集叫《当我们谈论爱情时我们在谈论什么》。那么在谈论正方体时,我们能谈些什么呢? 本章内容包括正方体与其他正多面体(柏拉图体)之间的关系;探索切割正方体所得的截面形状是什么;借助这些立体,研究了多面体的不变性质——欧拉示性数;画正方体的截面图形及空间作图问题等内容的相关知识。文中涉及数学文化的内容,反映出数学的探索伴随着全人类的发展与进步。文中一些题目设置了一题多解,这样能开阔您的视野。

 拓展阅读

柏拉图与正多面体

柏拉图(Plato,公元前427年—公元前347年),古希腊伟大的哲学家,苏格拉底的学生,亚里士多德的老师。著作有《理想国》《法律篇》《巴门尼德篇》《蒂迈欧篇》等。在《蒂迈欧篇》中,他认为组成世界的四大"元素"火、土、水和空气,都是由微小的固体(以现代术语来说,就是原子)聚集而成。他还说这四大"元素"必须是由完美的正多面体构成——火最轻最尖锐,所以一定是由正四面体构成;土最稳定,所以应该由正方体构成;水最具流动性,所以是由最容易滚动的正二十面体构成;把空气说成由正八面体构成则有些神秘。为了不使剩下的第五个正多面体孤独,他让正十二面体代表了整个宇宙的形状。柏拉图在雅典创办"学园",主张通过对几何的学习培养逻辑思维能力。

一、正方体与其他正多面体的关系

1. 正方体隐藏于正八面体中

正方体是五种正多面体之一。它有6个正方形面(所以有时也称为正六面体),8个顶点和12条棱。可以把正方体看作高等于底面边长的正四棱柱。

以正八面体八个正三角形面的中心为顶点的正多面体就是正方体,如图2-1所示。反之,以正方体六个正方形面的中心为顶点的正多面体是正八面体,如图2-2所示。

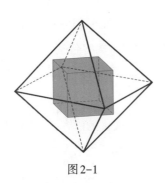

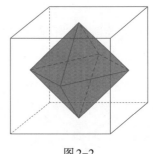

图 2-1   图 2-2

2. 正方体隐藏于正十二面体中

隐藏在正十二面体中的正方体以正十二面体正五边形面的对角线为边。每个正五边形都有 5 条对角线,所以,正十二面体内共有五个不同位置的正方体。可以粗略计算一下:正十二面体有 12 个面,每个面有 5 条对角线,这样一共有 60 条对角线。而一个正方体有 12 条棱,共有 5 个正方体,所以一共是 60 条棱。数量上是相等的。大家若有时间可以逐个画出,便可看出确实有且只有五个不同的正方体隐藏在正十二面体中,它们用到了 12 个正五边形面的全部 60 条对角线,且每条对角线只用一次。如图 2-3 所示画出了一个这样的正方体。

可以把正十二面体理解为:在一个正方体的六个正方形面的外面各扣上一个完全相同的"屋脊"。这 6 个"屋脊"是确定的,即"屋脊"的四个斜面的倾斜角是确定的,以使得有公共边的两个"屋脊"中,一个"屋脊"的等腰梯形斜面与另一个"屋脊"的等腰三角形斜面合在一起位于同一个平面内,构成正十二面体的一个正五边形面,如图 2-4 所示。注意图中的点 A,有助于找准位置。点 A 处连接的三个"屋脊"两两互相垂直。

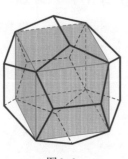

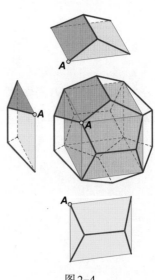

图 2-3   图 2-4

3. 正方体隐藏于菱形十二面体中

这里说的菱形十二面体与上面所说的正十二面体是完全不同的。正十二面体是仅有的五种柏拉图正多面体之一,是完美对称的。而菱形十二面体则没有那么完美的对称性。菱形十二面体似乎不太好想象,所以,我们用正方体和正四棱锥这些简单的立体图形来构造它。如图2-5所示,中间是一个正方体。类似于前面构造正十二面体,但这里是在正方体的每个正方形面上各扣上一个正四棱锥"屋脊",这6个四棱锥的底面是正方形(与正方体的面全等),侧面是全等的等腰三角形。锥的侧面的倾斜角是45°。于是,以正方体的一条棱为公共棱的两个正四棱锥,它们各自的一个侧面在公共棱处合在一起,位于同一个平面内,并构成一个菱形,而原正方体的这个棱消失在这个新产生的菱形中(成为它的一条对角线)。请观察图2-5中的绿色菱形。因为正方体有12条棱,消失一条棱意味着产生一个菱形,所以共产生12个菱形。这就是它被称作菱形十二面体的原因。

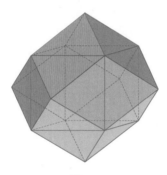

图 2-5

4. 正四面体也与正方体有关

看似不可能,但确实有关,还很密切。为什么这么说? 我们先画一个正四面体,如图2-6所示。

注意其中的棱 AC 和 BD,它们异面垂直。我们画出它们的公垂线 EF,其中 E 和 F 分别是 AC 和 BD 的中点,如图2-7所示。

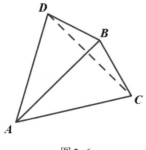

图 2-6

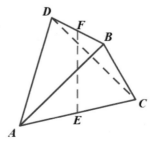

图 2-7

接下来,把这个正四面体绕 EF 旋转 $90°$,结果如图2-8所示。观察除 E 和 F 以外的那8个点(A、B、C、D、A'、B'、C'、D')。

我们把这8个点连接起来,注意,原来已经有连线的不考虑。我们把新的连线涂以红色,如图2-9所示,这个红色结构就是一个正方体。

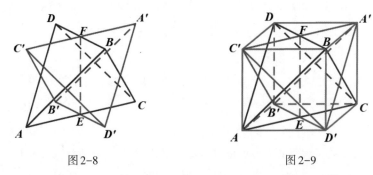

图2-8 图2-9

我们可以把两个正四面体看成是"长"在一起的,如图2-10所示。

再仔细想一想,图2-10中粉红色和橙黄色两个"长"在一起的正四面体,它们的公共部分是什么? 是正八面体。这个正八面体的六个顶点是图中红色正方体六个面的中心,如图2-11所示。

结合前面第1条中所说,可以发现。

(1)一个正八面体各面中心是其内部正方体的顶点。

(2)一个正方体各面中心是其内部正八面体的顶点。

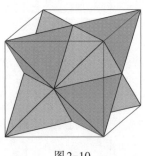
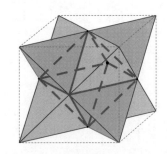

图2-10 图2-11

(3)在一个正八面体的各个面上都"粘"上一个正四面体,就得到如图2-11所示"长"在一起的"连体四面体"(名字是暂时起的,其实它有24个正三角形面),也被称为"八芒星"。这个"连体四面体"的8个尖顶是正方体的8个顶点。

5. 正方体是五种柏拉图正多面体中唯一能够铺满空间的立体

我们把无数多个同样大小的正方体面挨着面、棱挨着棱、顶点挨着顶点地放到一起,就可以做到它们之间不留任何空隙地铺满整个空间(其实,正方体太规整了,很容易堆满空间,不一定像魔方那样每个正方体靠得那么整齐,错位摆放也是可以的,但不能留空隙)。我们前面介绍的菱形十二面体也可以做到不留空隙地铺满整个空间。怎么理解呢?

我们从平面情形说起,理解平面情形后空间情形就容易理解了。有四个正方形,如图2-12左图所示放置成十字形,中间空出一个正方形大小的区域。

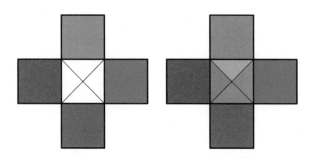

图2-12

我们把这四个正方形比作军队,它们同时以同样的火力向中间区域进攻。那么,最终它们一定各占据一个等腰直角三角形的区域。四个等腰直角三角形正好填满这个正方形区域(如图2-12右图所示)。

那么拓展到空间情形,则是六方军队同时攻占中间正方体空间区域。同样也是势均力敌,结果必然是各抢占六分之一的空间,这六分之一的空间是一个正四棱锥。六个正四棱锥对在一起,正好填满一个正方体空间。

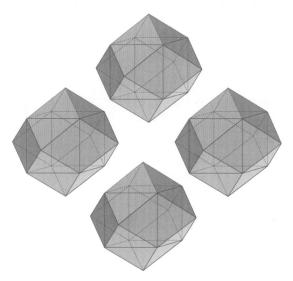

图2-13

图2-13所示是4个完全一样的菱形十二面体,一左一右,一上一下。我们准备把它们靠拢在一起,那么,左边立体的右上菱形界面与上边立体的左下菱

形界面将对在一起。同理,左边立体的右下菱形界面与下边立体的左上菱形界面将对在一起。右边立体的左上菱形界面与上边立体的右下菱形界面将对在一起。右边立体的左下菱形界面与下边立体的右上菱形界面将对在一起。再调用两个同样的菱形十二面体,一前一后对到中间。很容易看出,这6个菱形十二面体各贡献出一个正四棱锥,6个锥顶对在一起,在中间正好拼出一个正方体。其实,每个菱形十二面体在6个方向上都贡献出一个正四棱锥,从而可以得出一个菱形十二面体的体积等于两个正方体的体积。

所以,我们说正方体可以充满空间,这就意味着从正方体变化而来的菱形十二面体也可以充满空间。石榴的果实是一个实际例子,石榴籽可近似看成菱形十二面体。

 趣味题

3×3方格纸能否包住1×1×1的方块?

如图2-14所示。纸可以折叠,但不能剪开!

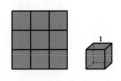
图2-14

图2-15

有了图2-15,一看就明白了。即把中间的单元格绕中心旋转45°,然后把方块的底面放到这个正方形上面对齐。这样可以包住正方块,并且还有多余的边。如果顺着原来的方格边线包裹,有一个面总是包不上。原因何在? 因为你不可能把一个正方体的六个外表面展成3×3方格中的任意六个面。

二、切割正方体所得截面是什么?

用平面切割一个正方体,不经过顶点,那么,截面会是什么形状?

1. 想象或用软件画

我们可以画个正方体,然后想象一下怎么切。如图2-16所示是几种笔者想象出的切割方式,并用数学软件画出来了。

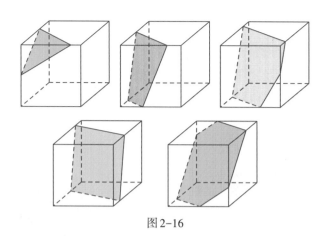

图 2-16

2. 巧妙的数学实验

除用软件画图外,我们还可以做实验。正好笔者车里有一个车载小物件,包装盒是一个透明的塑料正方体盒子。这个透明的正方体盒子非常适合做实验。

首先,把正方体盒子平放在桌面上或放在一个杯口水平的杯子上。然后,往盒子里注入茶水(茶水有颜色便于观察),我们观察水面,此时的水面一定是一个正方形,如图 2-17 所示。这时的水面"切割"了正方体的四条棱(四条竖直的棱,它们互相平行)。若这时把正方体稍微倾斜一些摆放,但仍然保持水面只与原来四条棱相交,则切割面就是一个平行四边形,如图 2-18 所示。如果摆放方式得当,水面可能会变成矩形或菱形。

图 2-17

图 2-18

其次,让正方体盒子的体对角线与水面垂直(相当于在一个顶点处把正方体吊起来),如图 2-19 所示。此时如果茶水量高度不超过体对角线的三分之一,则水面是一个正三角形,水面"切割"了正方体的三条棱。当水面高度超过体对角线的三分之一但不超过三分之二时,则水面是一个相间三边分别相等的平行六边形(对边分别平行),水面"切割"了正方体的六条棱,如图2-20所示。中间正好有一个位置,可以使得平行六边形变为正六边形,这时水面切割六条棱的中点,如图2-21所示。如果继续加水使水面高度超过体对角线的三分之二,则水面又成为一个正三角形。在水面为正三角形的情况下,稍微倾斜一下正方体盒子,正三角形就变成一般的锐角三角形。

| 图2-19 | 图2-20 | 图2-21 |

如果我们把第一种情况(正方形水面)的正方体倾斜得大一些,很有可能使水面变成一个五边形,如图2-22所示。

我们还可以把正方体一条棱贴放在桌面上,往正方体中注入茶水,想象这时的水面是什么形状? 是长方形,如图2-23所示。稍微抬起一端,水面就成为梯形,如图2-24所示。

| 图2-22 | 图2-23 | 图2-24 |

用平面去截正方体,可截出如下形状。

(1)可以截出锐角三角形,包括等腰三角形和等边三角形,但绝对截不出直角三角形和钝角三角形。

(2)可以截出平行四边形,特殊情况的平行四边形如矩形、菱形、正方形也都可以截出。还可以截出梯形，包括等腰梯形，但截不出直角梯形（一出现直角，梯形就变为矩形），更截不出有一个角是钝角的梯形。

（3）可以截出五边形，也可以截出六边形（其实是三组对边分别平行的平行六边形）。在截面是正方体最远两个顶点连线的中垂面时，截面是正六边形。并且截不出边数超过6的多边形。

 拓展阅读

原子塔

原子塔位于比利时布鲁塞尔市西北易多明市立公园内，是布鲁塞尔著名景观之一，有比利时的埃菲尔铁塔之称。上面有九个球，除中间的一个外，其他八个球正是从一个顶点"悬挂起来的正方体"的八个顶点。图2-25所示是原子塔的模拟图。

美的提示：从数学中的空间几何体寻找设计灵感，使建筑物获得了一种奇特的美感！

观察如图2-25所示的原子塔模拟图，可以明显看出，顶球与底球的连线与地面垂直，而与顶球最近的且用斜柱连接的三个球，它们处于同一个水平面内。其实，正方体有这么一个性质：把它从一个顶点吊起，则这个顶点和与它距离最远的顶点的连线（体对角线），一定垂直于与它最近但又不与它相交的6条面对角线。具体来说，如图2-26所示，体对角线为AC'，一共有12条面对角线，图中三条红色线段BD、DA'、$A'B$为距离点A最近但与AC'异面的面对角线；三条绿色线段为交于点A的三条面对角线。那么，体对角线AC'一定与BD、DA'、$A'B$都垂直。另外还有三条面对角线也与体对角线AC'垂直，它们是CD'、$B'D'$、$B'C$。这个应该很好理解。那么，下面借助这一性质解一道高考题。虽然用空间直角坐标法加上两向量垂直的判别法（内积为0）可以从方法上解决很多同一类问题，但多掌握空间几何体的性质，可以快速求解，为后面大题的解答留出更多时间。

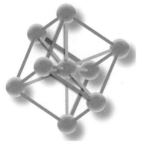

图2-25

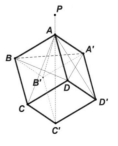

图2-26

高考题(2021年全国普通高等学校招生统一考试(全国新高考Ⅱ卷)第10题)

如图2-27所示,在正方体中,O为底面的中心,P为所在棱的中点,M,N为正方体的顶点,则满足$MN\perp OP$的是(　　　)。(多选题)

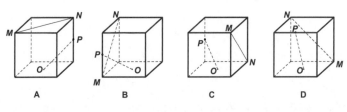

图2-27

解析:作出辅助线,其中选项A、B、C中各作出一条体对角线QN、ST、UV与OP平行。于是,一下子便可看出,选项B和C都是正确的。选项D中添加一条辅助线后,不垂直是显然的(见图2-28)。

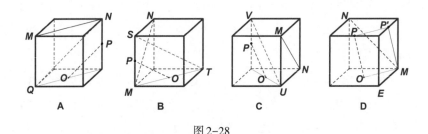

图2-28

下面讲一讲正方体的对称性。

把正方体一个面贴放到水平面上,穿过上下底面中心的直线是正方体的一条对称轴,正方体绕这条对称轴旋转90°、180°、270°或360°,就像没有旋转过一样。称这样的对称轴为4次对称轴,正方体有三条4次对称轴(如图2-29中的蓝色线段)。当把正方体从某个顶点吊起,这时绳子所在直线穿过一条体对角线,这条体对角线是正方体的一条对称轴,绕它旋转120°、240°或360°后,正方体看上去像没有转动过。称这样的对称轴为3次对称轴,3次对称轴有四条(如图2-29中的红色线段)。当把一条棱贴在水平面上,且过这条棱及与这条棱相对的棱的平面,垂直于水平面,则这两条相对棱的中点连线是正方体的一条对称轴,绕它旋转180°或360°,看上去像是没有转动过。这样的对称轴称为2次对称轴。2次对称轴有六条(如图2-29中的绿色线段)。所以,正方体一共有13

条对称轴(3+4+6=13)。

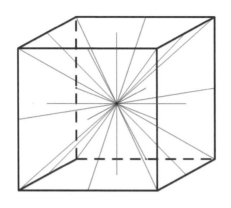

图 2-29

绕着这些对称轴旋转,可以产生24种占据(摆放)方式,它们看上去全都占据同一个空间,但实际上却是不同的(指正方体中的所有点不是完全重合的)。

为什么只有这24种呢?下面给出一个直观的解释。如图2-30所示,把正方体视为一个刚体,并给它的八个顶点标以 A、B、C、D、A'、B'、C'、D'。正方体占据的空间与正方体本身一样,也有八个顶点,我们用小写字母表示它们,a、b、c、d、a'、b'、c'、d'。当正方体的顶点 A 位于正方体空间的顶点 a 时,可以有3种占据(摆放)方式(相当于正方体绕对称轴 AC' 可以产生的三个重合位置)。那么,正方体的顶点 A 可以位于正方体空间八个顶点的每个位置,所以一共有3×8=24种不同的占据方式。这24种方式互不相同,且不存在其他的占据方式。

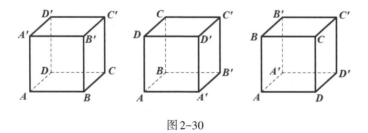

图 2-30

正方体的这24种不同的摆放方式,对应着其24种不同的旋转变换:绕3次对称轴的旋转有4×(3-1)=8种;绕4次对称轴的旋转有3×(4-1)=9种;绕2次对称轴的旋转有6×(2-1)=6种;还有一种旋转是不动。所以,一共是8+9+6+1=24种。这24种旋转变换构成正方体的对称群。能够构成群,是因为它满足群的定义。

任意一个集合 G,规定集合中元素之间的一个运算,如果 G 中任意两个元素的这种运算结果仍然位于这个集合中,且元素满足下列三个条件(所谓的群公理),就称这个集合为对于这个运算的一个群。条件:(1)对任意三个元素 a、b、c,运算满足结合律,即 $(a\cdot b)\cdot c=a\cdot(b\cdot c)$;(2)存在一个单位元素,集合中任意一个元素与这个单位元素之间的这种运算的结果仍然是这个元素;(3)集合中任意一个元素都存在一个逆元素,元素与逆元素之间的这种运算的结果为单位元素。

正方体的对称性之多大概仅次于球体。对称是一种美,探索数学也是对美的挖掘,我们似乎永远离不开美。

3. 高超的数学方法

接下来介绍一种非常棒的方法,可用来确定正方体一共有多少种切割面,如图2-31所示。这张图中有几条直线,它们是什么意思呢?

(1)红线:代表一个平面,我们是从这个平面上某处顺着平面方向看,就像我们拿着一张纸(展平的),我们从纸边顺着纸面看过去。图2-31中三个红点正是平面与正方体三条棱的交点。这三个点之间的连线正好围成一个三角形(但在图中是看不到这个三角形的,它被投影成了一条线段)。三角形在特殊情况下可能成为等腰三角形甚至正三角形,但不可能成为直角三角形。这种切割方式相当于把一个正方体切去一个顶角,切割面一定是三角形。

(2)绿线:代表一个平面,这个平面与正方体平行的四条棱都相交,交出四个点(绿点)。这四个点是一个平行四边形的四个顶点,且该平行四边形在图中也被投影成了一条线段。平行四边形在特殊情况下可以成为矩形甚至正方形,也可能成为菱形。这种切割把与一个面相邻的四个顶角放在一侧,把另外四个顶角放在另一侧,如图2-31所示。

(3)粉红线:代表一个平面,它切割正方体的两个顶角和一条棱。截面是一个梯形。这个梯形在特殊情况下可能成为等腰梯形或矩形甚至正方形,如图2-31所示。

(4)橙色线:代表一个平面,它把正方体八个顶角三五分。它与正方体的五条棱相交,共交出五个点(橙色)。截面是一个五边形,且截面不会是正五边形,如图2-31所示。

(5)蓝线:代表一个平面,它把正方体切割成两部分,每部分中都有四个顶角,但与绿色线代表的切割方式不同。它与正方体的六条棱相交,截面是一个六边形,这个六边形相对的两边都互相平行,有时可能成为正六边形。在图2-32中试一试,一条直线最多可能与它交出六个点,最少交出三个点。

图 2-31

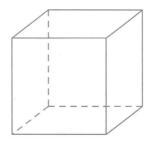

图 2-32

上面所画一共有5条线,代表5种不同的切割方式,且只有这5种。对应切割后截面的形状,我们可以看出,有一种切割对应三角形,有两种对应四边形,其他两种分别对应五边形和六边形。

 拓展阅读

把方纸筒内外翻转

图 2-33 所示代表一个 1×4 的长方形纸条。它由四个正方形一字排开连接而成。纸条正面为红色,背面为紫色。把每个正方形的对角线折出痕迹,这样的对角线折痕共8条。把两个正方形面之间的交线(即 AB、CD、$A'B'$)也都折一折。把这个纸条"卷"成一个没有上、下底面的方筒,即正方体的四个侧面,如图 2-34 所示。图 2-33 中的左边界 $C'D'$ 与右边界 $C'D'$ 重合并粘在了一起。图 2-34 所示为红色一面朝外。

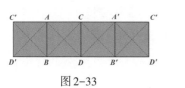

图 2-33

图 2-34

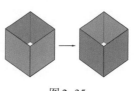

图 2-35

我们的任务是,把这个无上、下底面的正方体纸方筒内外翻转,即让红色外侧面翻到内侧,而紫色内侧面翻到外侧,如图 2-35 所示。要求是,只可以对每个正方形上的对角线折痕及正方形之间的连线进行折叠。强行翻面不可取,因为一是可能会把纸撕破,二是可能会把纸揉烂,三是也确实不容易做到。正确步骤如下:把这个方筒的点 A 和点 A' 向里推,把 D 和 D' 也向里推。让 $ABDC$ 面沿 BC 向里折,其他三个面各沿着对角线 $B'C$、$B'C'$、BC' 向里折,结果如图 2-36(a) 所示。压平后可见,这是一个正方形,它的边长为方筒正方形对角线的长度(比

如 BC)。但注意，我们折纸时特别要把握好方向。这一步下来，让这个正方形像个菱形一样放置。然后，沿 BB' 折叠，让 C' 从前方翻折，折到与 C 重合，如图 2-36(b) 所示。在图 2-36(b) 状态基础上，把 D 和 D' 之间距离拉大，并让 A 与 D' 靠近，让 A' 与 D 靠近，如图 2-36(c) 所示。同时，B 和 B' 相互靠近并合拢。向右放平、压平，如图 2-36(d) 所示。在上图红面部分的外侧靠近中间处形成了一个"小袋子"的开口，在点 E 处把"小袋子"往外拉开，压平，如图 2-36(e) 所示。在背面也有一个"小袋子"，但却是朝下开口的。在背面上有与点 E 相对的点 E'，在向外拉点 E 的同时或稍后，也把点 E' 往外拉（与拉点 E 的方向正相反），拉成图 2-36(f) 所示的样子。

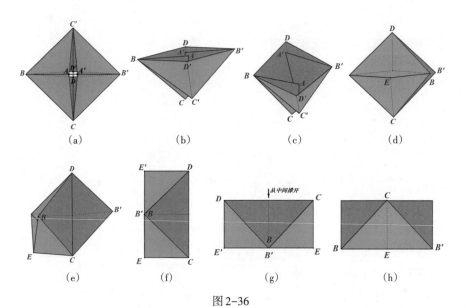

(a)　　　　(b)　　　　(c)　　　　(d)

(e)　　　　(f)　　　　(g)　　　　(h)

图 2-36

上面的步骤正好进行到一半。下面到达了"转折点"。把图 2-36(f) 横过来看，得到图 2-36(g)。在上方中间，把它撑开。能把它撑开是因为它像是上下没有封住的袋子。撑开后的样子是一个比原方筒尺度小一半的方筒（内部体积为原方筒的四分之一）。从中间把它撑开后，B 与 B' 会分离。我们让 E 与 E' 靠近并重合，然后压扁，如图 2-36(h) 所示。可见图 2-36(g) 与图 2-36(h) 的颜色正好相反。假设我们在最开始的时候，方筒是"外紫内红"（与现在的初始状态"外红内紫"正相反），那么，经过上述同样的步骤必将得到如图 2-36(g) 所示的状态。这说明我们只要把图 2-36(g) 的状态"逆向"操作，最终就可以达到我们的目标：由"外红内紫"变为"外紫内红"。如图 2-37 所示为翻转前后的状态。

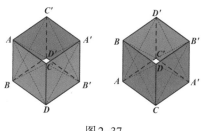

图 2-37

---

1. 感悟欧拉示性数

对切割正方体的研究,除了探索截面形状外,还可以用于发掘简单多面体的不变性质——欧拉示性数。

设一个多面体的顶点数为 V(可以这样记忆:顶点的英文 Vertex 的首字母为 V);棱数为 E(英文 Edge 的首字母,Edge 有边、边缘的意思);面数为 F(英文 Face 有表面、脸的意思)。通过对大量简单多面体的研究,大数学家欧拉发现,简单多面体虽然千变万化,但它们的这三个量之间的一个关系却是不变的,这是众多欧拉公式中的一种。

$$V - E + F = 2$$

而"$V - E + F$"称作欧拉示性数。我们看一看表 2-1 中五种正多面体的欧拉示性数。

表 2-1　五种正多面体的欧拉示性数

正多面体	图形	顶点数 V	棱数 E	面数 F	欧拉示性数 $V-E+F$
正四面体		4	6	4	4-6+4 = 2
正方体		8	12	6	8-12+6 = 2

正多面体	图形	顶点数 V	棱数 E	面数 F	欧拉示性数 $V-E+F$
正八面体		6	12	8	$6-12+8=2$
正十二面体		20	30	12	$20-30+12=2$
正二十面体		12	30	20	$12-30+20=2$

 拓展阅读

这个逻辑推理你必须要懂得

在表2-1中我们可以从面数 F 出发,计算出顶点数和棱数。

正方体:每个面有四条棱,六个面本应该有 $4\times6=24$ 条棱,但因为每条棱由两个面共用,所以一共有 $24/2=12$ 条棱,所以 $E=12$;每条棱两端连接着两个顶点,本应该有 $12\times2=24$ 个顶点,但三条棱共用一个顶点,所以一共有 $24/3=8$ 个顶点,所以 $V=8$。

正四面体、正八面体、正十二面体、正二十面体的计算思路与正方体的一样。

正四面体有另一计算思路:每两个面有一条公共棱,四个面就有 $C(4,2)=6$ 种组合,所以 $E=6$;每三个面构成一个三面角,即一个顶点,所以有 $C(4,3)=4$ 种组合,所以 $V=4$。

可以通过切割正方体,感悟一下这个欧拉示性数的不变性。如图2-38所示,把一个正方体切去一个"角",这时原来的一个顶点消失了,但增加了一个切割面(图2-38中的红色三角形),在欧拉示性数 $V-E+F$ 中,V 和 F 都是正项,一减一增,$V-E+F$ 的值不受影响;同时,新增的三角形面产生三个顶点和三条边,而在 $V-E+F$ 中,V 与 E 两项一正一负,所以都增加相同数量,$V-E+F$ 的值也不受影响。对图2-38中其他图所示的切割,也可以做出类似的解释。

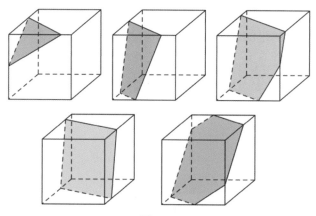

图 2-38

欧拉示性数的值等于2的证明,可以采用下面的方法:把简单多面体的一个面挖去,通过拓扑变形,把它变成一个平面图形。所以,我们只需证明这个图形的示性数是1即可。而对于任何一个平面网络图,都可以通过连线的方法把它变成一个全由三角形构成的网络图。连线连接的是两个顶点,而其穿过的面则被一分为二,这样一来,边增加1,面也增加1,从而欧拉示性数不受影响(反之当然也不受影响),如图2-39所示。

所以,我们只需证明这个全由三角形构成的网络图的 $V-E+F=1$ 即可,这个不难证明。如图2-40所示,从网络图的边缘开始"拆卸"三角形。边缘三角形有可能一边露在外面,有可能两边露在外面。对于第一种情况,拆掉边缘三角形的外边,则边数和面数均减少1,欧拉示性数不变。对于第二种情况,拆掉这两条边及它们的交点,则这个三角形围成的面也就不复存在。所以,顶点减1,面减1,边减少2,这对 $V-E+F$ 的值仍然不产生影响。这样一直做一下,就会只剩下一个三角形。一个三角形的顶点数 $V=3$,边数 $E=3$,面数 $F=1$,所以 $V-E+F=1$。于是,我们通过倒推法,便证明了 $V-E+F=2$ 这一欧拉公式。

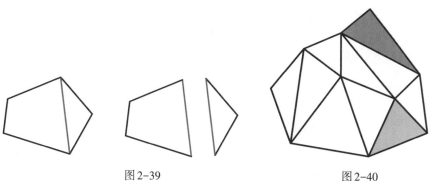

图 2-39　　　　　　　　　　　　图 2-40

2. 利用欧拉示性数证明只有五种正多面体

下面通过欧拉公式证明世界上一共就只有五种正多面体:正四面体、正方体(正六面体)、正八面体、正十二面体和正二十面体。

在正多面体中,每条棱都是某两个面的交线,且两个面只能交出一条棱。如果我们设正多面体的面是正n边形,那么,对这个正多面体,一定有:

$$nF = 2E$$

(每个正多边形面的边数×面数=棱数的2倍,因为每条棱算了两次。)

如果从一个顶点出发有m条棱,由于一条棱有两个端点,所以有:

$$mV = 2E$$

(每个顶点连接的棱数×顶点数=棱数的2倍,因为每条棱算了两次。)

把以上两式代入欧拉公式$V-E+F=2$中,得

$$\frac{2E}{m} - E + \frac{2E}{n} = 2$$

两边同时除以$2E$,得

$$\frac{1}{m} + \frac{1}{n} = \frac{1}{E} + \frac{1}{2}$$

m和n必须都大于等于3,因为面至少由3条线组成,而从一个顶点处连接的棱也至少是3条。但m和n不能同时大于3,否则上式左边$\frac{1}{m} + \frac{1}{n}$小于等于$\frac{1}{2}$。而右边大于$\frac{1}{2}$。我们下面就分别考虑"$m = 3$时,$n$等于多少"和"$n = 3$时,$m$等于多少",这样就可以把所有正多面体找出来。$m = 3$时,

$$\frac{1}{3} + \frac{1}{n} = \frac{1}{E} + \frac{1}{2}$$

即

$$\frac{1}{n} - \frac{1}{6} = \frac{1}{E}$$

可以看出,$n=3$、4或5。n大于或等于6时,左边等于或小于0,而右边$\frac{1}{E}$是大于0的数,矛盾。于是,可以算出$E=6$、12或30。由$F=\frac{2E}{n}$,算出$F=4$、6或12,它们分别对应正四面体、正方体和正十二面体。

同理,$n=3$时,$m=3$、4或5。可以计算出$E=6$、12或30。由$V=\frac{2E}{m}$,得$V=4$、6或12,再由欧拉公式$V-E+F=2$,得$F=2-V+E$,即$F=4$、8或20。它们分别对应正四面体、正八面体和正二十面体。

所以，只有五种正多面体：正四面体、正方体（正六面体）、正八面体、正十二面体和正二十面体。

四、画正方体的截面图形及空间作图问题

有一个正方体，用一个平面去截（切）它，平面会与正方体六个面中的某些面相交，交线构成一个多边形。视其与面相交的情况，这个多边形可能是三角形、四边形、五边形甚至是六边形。在本节之前很详细地介绍了各种可能情况，并使用了在透明的正方体盒子中加入有色液体的方法进行了数学实验，直观展示出截面的形状，效果非常好。

本节所讲也与平面截正方体有关，但不研究截面多边形的边数，而是给定正方体12条棱中某三条棱上的三个点（因为三点决定一个平面），要求画出过这三个点的截面多边形，这是一道作图题。

先来看下面这个例子（这个例子为理解下面更复杂的第二个例子做准备）：一个正方体，三个点 X、Y、Z 分别位于不同的三条棱上，如图2-41所示。

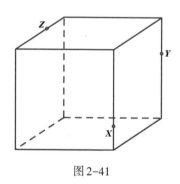

图2-41

在讲解作图之前，必须说明：正方体共有六个面，相对两面互相平行，笔者在本节范围内把它们叫作左侧面、右侧面、前侧面、后侧面、上底面和下底面。本节中笔者提到的"面"，就是指的这样的面。注意，为了方便，我们规定面的四条边也位于这个面上。所以图2-41中的点 X 和点 Y 就都位于右侧面上。

已经看到，点 X 和点 Y 位于正方体六个正方形面中某个面（这里是右侧面）上。这种情况下问题变得简单了。先把这两个位于一个面上的点连成线段 XY，它当然就是要求作的截面多边形的一条边。那么，现在原作图问题就变为"作过点 Z 和线段 XY 的平面，并画出它与正方体六个面可能有的交线"。因为左右两个侧面平行，所以，过点 Z 和线段 XY 的平面与左侧面的交线一定与 XY

平行(因为一平面与两平行平面相交,两交线一定平行),而过一点与一直线平行的直线只有一条。于是,所求作的截面多边形与左侧面交出来的边就可以确定了。具体作图过程是:过点 Z 作直线与 XY 平行,取这条直线位于左侧面上的那部分,它就是要求作的多边形的一条边。如图 2-42 中所示的 ZA。注意:我们研究的是空间图形,而我们现在是在平面上(比如纸面上)作图。这样做是合理的,因为空间中两条平行线在平行射影变换下平行的性质不变。

接下来,我们发现,点 A 和点 X 都位于同一个面上(前侧面)。所以,直接连接 AX,则 AX 就是所求作的多边形的一条边,如图 2-43 所示。现在已经作出来三条边了。

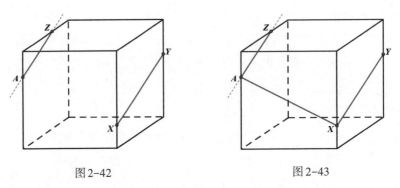

图 2-42　　　　　　　　　　　　图 2-43

左、右侧面上已经画出了边,前侧面上也已经画出了边,所以可以考虑画后侧面上的交线了。观察图 2-43,前侧面上有一条线段 AX,后侧面上有一点 Y,所以,我们可以过点 Y 作直线与 AX 平行,从而得到后侧面上位于四边形面上的那段线段 BY,如图 2-44 所示。

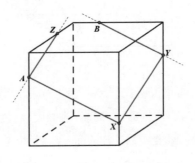

图 2-44

最后,连接点 B 和点 Z,得到线段 BZ,它位于上底面上。最终,我们得到一个五边形截面 $XYBZA$,如图 2-45 所示(注意,所得截面不与下底面相交)。为了清晰展示,所以把五边形内部填充了颜色,如图 2-46 所示。

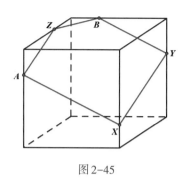

图 2-45

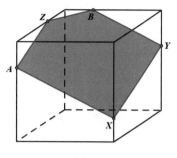

图 2-46

在进行下面讲解之前,需要做些准备。我们可以把正方体的 12 条棱分成三组:第一组为上底面的四条;第二组为中间垂直于底面的四条;第三组为下底面的四条。我们已经在上一例中学会了画三点中有两点位于一个面上的截面多边形。所以,如果三个点中没有两个点位于某个面上(这是可能的),过这样三个点的截面多边形该如何画? 我们具体分析一下这三个点可能的位置。如果上述分组的第一组中没有点,则在其他两组中必然有一组同时至少有两个点,如果它们在下底面中,就成为上例的情况了,如果它们位于第二组,则这两个点必须位于相对的两条棱上才不至于同时位于同一个面上(这里所说的"面"是指六个正方形面中的某个面)。这时,不管第三个点位于第二组中还是位于第三组中,它都将与第二组中的那两个点中的某个点位于同一个面上。所以,每一组中必须有且只有一个点。这三组中的三个点的位置也需要适当调整,使它们每两点都不会位于同一个面上。其实,这样的三个点所在的三条棱两两都是异面直线。图 2-47 所示是一种可能的情况。

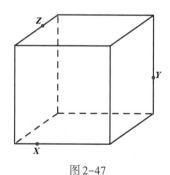

图 2-47

那么如何画过这样三个点的截面多边形呢? 我们知道,过 X、Y、Z 三点的平面,一定包含过其中某两点的直线,具体来说,必然包含直线 YZ。我们特别关注直线 YZ,是因为点 Y 和点 Z 一高一低,过这两点的直线一定不会与下底面平行,即直线 YZ 必定与下底面相交。交点一旦做出,交点与点 X 都位于截面上,它们又都在下底面所在平面上,于是,过交点与点 X 的直线就可以作出来了。

从而下底面上就可以得到截面多边形的边。

具体步骤：

(1)作过点 Y 和点 Z 的线段 YZ。

(2)过点 Z 作点 Y 所在棱的平行线,与下底面交于点 Z'。再标记出点 Y 在下底面的投影点 Y'(正方体的一个顶点)。连接 $Z'Y'$。其实, $Z'Y'$ 就是 ZY 在下底面所在平面上的投影。所以,延长 ZY 和 $Z'Y'$,它们必相交于某一点,记为点 P。则点 P 就是所求的直线 ZY 与下底面所在平面的交点,如图 2-48 所示。上述求作点 P 的过程利用了"平面内两条不平行直线相交于一点"这一性质。这里,因为一条直线(ZY)与一个平面(下底面所在平面)的交点不好确定,所以我们就想到了先作出 ZY 在下底面的投影,于是斜线与它的投影这两条位于一个平面上的直线的交点就容易作出来了。

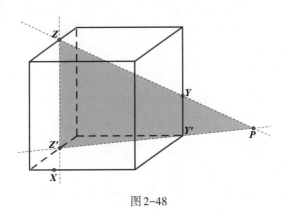

图 2-48

(3)作过点 P 和点 X 的直线 PX,它与下底面的棱交于点 A。则 XA 为所求作截面多边形中的一条边,如图 2-49 所示。

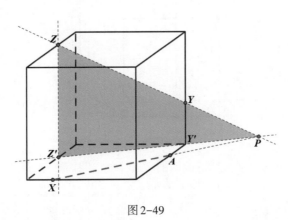

图 2-49

(4)作出点 A 之后,问题就变得简单了。下面就相当于作过 X、A、Z 三点的截面,而点 X 和点 A 在同一个面上,所以,这就归结为上面那个例子了。具体来说,过点Z作XA的平行线,与上底面的棱交于点B,连接ZB。再连接BY和AY,如图2-50所示。

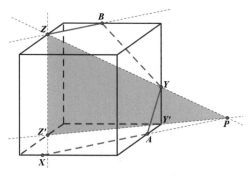

图2-50

(5)最后,过点Z作直线平行于AY,得到线段CZ。连接CX,最终得到六边形$XAYBZC$,如图2-51所示。

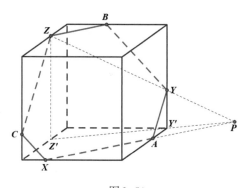

图2-51

去掉多余辅助线,并把六边形填充颜色,最终的截面多边形就作出来了(见图2-52)。

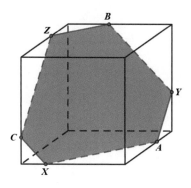

图2-52

至此，我们已经将正方体的截面图形及空间作图问题讲清楚了。

📖 趣味题

能盛多少升水？

图2-53所示均为一个能盛1升水的立方体形状封闭容器。不计容器壁的厚度。

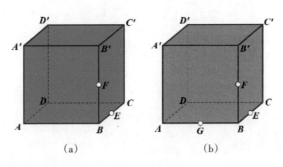

图2-53

（1）在相邻的两条棱的中点各开有一个小口，如图2-53（a）所示。问这个容器最多能盛多少升水？

（2）在有公共顶点B的三条棱的中点各开有一个小口，如图2-53（b）所示。问这个容器最多能盛多少升水？

答案：（1）1升（面$BCC'B'$朝上）；（2）$\dfrac{47}{48}$升（从点B把正方体吊起来，最高水平面是经过E、F、G三点的平面）。计算出三棱锥$BEFG$的体积为$\dfrac{1}{8} \times \dfrac{1}{3} \times \dfrac{1}{2} = \dfrac{1}{48}$，用整个容量1减去$\dfrac{1}{48}$，得$\dfrac{47}{48}$。

五、空间解析几何解题很有效

空间中有一个单位正方体，求相邻两个面不共面的对角线之间的距离。

解答：先给出下面的图形，请大家先感觉一下空间中相邻两面不共面的两条面对角线大概是怎样的位置关系。请从图2-54中找出这种关系的线段。图中蓝色线段为面对角线，哪条与哪条分别位于相邻面中又不共面？

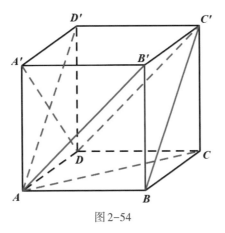

图 2-54

笔者找出了下面这些：

$$AB' 与 BC', AB' 与 DA', AC 与 BC'$$

$$AC 与 DC', AC 与 DA', AD' 与 DC'$$

所有这些成对直线之间的距离都是相等的。那么，我们怎么求出这个距离呢？本节给出两种方法。

解法一：

不失一般性，我们把这样的两条直线放在了如图 2-55 所示的位置。一条是 OD，位于左侧面上。另一条是 BC，位于后侧面上。

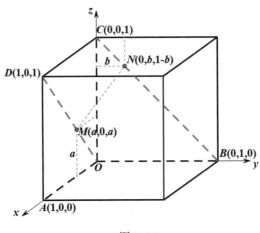

图 2-55

假设 M 位于 OD 上，N 位于 BC 上，MN 与 OD 和 BC 都垂直，MN 就是两条直线的公垂线。这条公垂线的长度就是两条直线之间的距离，也就是我们要求的。

按图 2-55 所示建立直角坐标系，可以很容易写出 OD、BC 和 MN 这三个向量的坐标表示。

$$\overrightarrow{OD} = (1, 0, 1) - (0, 0, 0) = (1, 0, 1)$$

$$\overrightarrow{BC} = (0, 0, 1) - (0, 1, 0) = (0, -1, 1)$$

$$\overrightarrow{MN} = (0, b, 1 - b) - (a, 0, a) = (-a, b, 1 - b - a)$$

由 OD 与 MN 垂直和 BC 与 MN 垂直，得

$$\overrightarrow{OD} \cdot \overrightarrow{MN} = (1, 0, 1) \cdot (-a, b, 1 - b - a) = 0$$

$$\overrightarrow{BC} \cdot \overrightarrow{MN} = (0, -1, 1) \cdot (-a, b, 1 - b - a) = 0$$

即

$$-a + 1 - b - a = 0$$

$$-b + 1 - b - a = 0$$

解得 $a = \dfrac{1}{3}, b = \dfrac{1}{3}$。所以

$$\overrightarrow{MN} = (0, b, 1 - b) - (a, 0, a) = (-a, b, 1 - b - a) = \left(-\frac{1}{3}, \frac{1}{3}, \frac{1}{3} \right)$$

$$\left| \overrightarrow{MN} \right| = \sqrt{\left(-\frac{1}{3} \right)^2 + \left(\frac{1}{3} \right)^2 + \left(\frac{1}{3} \right)^2} = \frac{\sqrt{3}}{3}$$

解法二:

如果能够找到两个互相平行的平面,使得这两条直线各位于一个平面内,则这两个平面之间的距离就是这两条直线之间的距离。

这样的平面可以找到。如图 2-56 所示,取一条体对角线 AF。过与点 A 最近的三个顶点 O、D、E 作一个平面 ODE。再过与点 F 最近的三个顶点 B、C、G 也作一个平面 BCG(图中都标以阴影)。则这两个平面互相平行,且都与体对角线 AF 垂直,并且,重要的是,这两个平面把体对角线 AF 截成相等的三段。则中间那段就是两个平行平面的公垂线,长度就是两个平行平面之间的距离,也就是那两条直线 OD 和 BC 之间的距离。体对角线的长度为 $\sqrt{3}$,所以 OD 和 BC 之间的距离等于 $\dfrac{\sqrt{3}}{3}$。

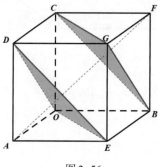

图 2-56

下面举个高考题的例子,用上述两种方法都可以求解。

拓展阅读

高考题(2021年普通高等学校招生全国统一考试天津卷·数学)

如图2-57所示,在棱长为2的正方体$ABCD—A_1B_1C_1D_1$中,E为棱BC的中点,F为棱CD的中点。第(Ⅲ)问:求二面角$A—A_1C_1—E$的正弦值。

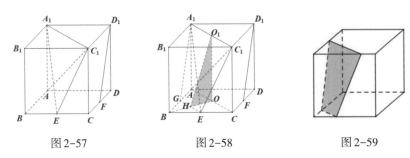

图2-57   图2-58   图2-59

解析:如图2-58所示,二面角$A—A_1C_1—E$就是由矩形AA_1C_1C所表示的平面与等腰梯形GA_1C_1E所表示的平面的夹角,即$\angle HO_1O$。求正弦值就是求比值,所以,可以不必考虑题设中的"棱长为2"。设$HO=1$,则$OO_1=2\sqrt{2}$,$HO_1=3$,所以,$\sin\angle HO_1O=\dfrac{1}{3}$。简洁!心算完全可以算出!(但注意,这需要用到前面所讲的一个知识:如图2-59所示的阴影梯形的一条边在上底成为正方体的上侧面对角线即图2-58所示的A_1C_1时,它一定成为等腰梯形。)但经常不太容易看出这种几何上的关系,所以,解析几何方法就显得非常有用:建立空间直角坐标系,写出点的坐标表示,写出两点确定的直线的方向向量,通过向量平行、垂直等关系,列出方程进行求解。这是通用方法,必须要掌握。越往深学,比如大学数学课程,可掌握的方法越多,这些方法是为了解决问题,尤其是解决实际问题。但我们也不应忽视数学的本质规律。基础知识和基本方法都很重要。

六、如何作出球内接正方体?

我们分两步进行(只许用尺规作图法)。步骤一:先确定球的直径。步骤二:确定球内接正方体的棱长,并在球面上画点。

步骤一:先确定球的直径

我们首先用直尺和圆规在白纸上作出一条与球直径长度相等的线段。(这是一个非常著名的数学问题。)

(1)在球上任取一点 O,以这点为圆心在球面上画一个圆,圆的半径任意,设其为 r。在所画圆上取三个点 A、B、C。这三个点可以确定一个三角形(注意,虽然这三个点位于球面上,但我们知道三点可以唯一确定一个三角形,而三角形是平面图形,故下面第(2)点的做法才可以办到)。不失一般性,我们假设这个三角形为锐角三角形。

(2)把一张白纸放到平整的桌面上。在白纸上作出一个与三角形 ABC 全等的三角形,设为 $A'B'C'$(这个作图过程属于基本作图,就不在这里讲解了)。

(3)作三角形 $A'B'C'$ 的外接圆,这个作圆过程其实就是作出某两条边的中垂线,它们的交点就是外接圆的圆心,设为 O'(图2-60是用GeoGebra软件制作的,已经作出了点 O',过程不具体讲解了)。

(4)连接外心 O' 与三角形 $A'B'C'$ 某一顶点(比如 A'),得到线段 $O'A'$(这条线段将成为下面所要作的直角三角形的一条直角边)。然后,过外心 O' 作线段 $O'A'$ 的垂线,如图2-60所示。

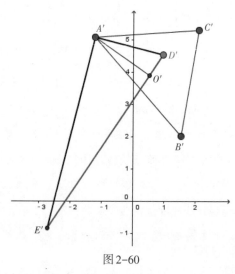

图2-60

(5)用圆规在球上截取出从点 O 到点 A 之间的长度,设其为 a。

(6)在白纸上,以点 A' 为圆心,以这个长度 a 为半径作圆,与刚才所作的垂线相交于点 D'(可能还有一个交点,我们只取一个即可)。那么,这个交点 D' 与外心 O' 及点 A' 构成一个直角三角形 $O'A'D'$。

(7)过点 A' 作 $A'D'$ 的垂线,与 $D'O'$ 的延长线交于点 E'。连接 $D'E'$。得到直

角三角形 $A'D'E'$。

(8)$D'E'$ 的长度就是球的直径的长度。

为何这样的作图过程可以得到球的直径呢?

请看下面这个用 GeoGebra 软件所作的 3D 图形(见图 2-61)。笔者用鼠标拖动图形旋转,并抓了几个不同角度的视图。

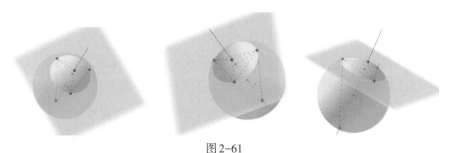

图 2-61

图 2-61 的第 3 个图放大后如图 2-62 所示。

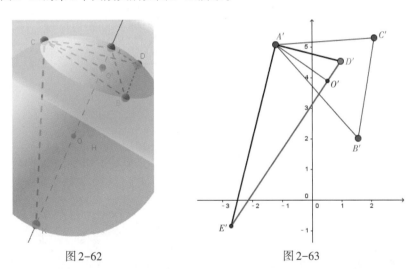

图 2-62   图 2-63

观察图 2-62。三个蓝点与球面上的那个红点是一个三棱锥的四个顶点。三个蓝点构成的三角形的外心与锥顶的连线一定通过球心。由红点(上边的)、蓝点(左边的)和粉点(下边的)这三点构成的三角形位于过这三点的大圆上,它是以球的大圆直径为斜边的直角三角形。这个位于球内部的直角三角形与前面在白纸上作出的那个直角三角形 $A'D'E'$ 全等。图 2-63 所示的线段 $D'E'$ 就成为球的一条直径。

在上面这一大段叙述中,我们绕了一个大弯,把无法在空间中画出的球的直径,等长度地画在了平面上。有了平面上的这个等于球直径的线段,下面的工作就好处理了。

步骤二：确定球内接正方体的棱长，并在球面上画点

（1）球内接正方体的体对角线（正方体最远的两个顶点之间的连线段）就是球的直径。设球的直径为 d，内接正方体的棱长为 e。于是，d 与 e 之间存在下面的关系。

$$e^2 + e^2 + e^2 = d^2, \quad \sqrt{3}\,e = d, \quad e = \frac{\sqrt{3}\,d}{3}$$

（2）下面我们要在白纸上作出长度等于 e 的线段。如何作呢？我们作一个边长为 $2d$ 的正三角形 ABC，并找出它的重心 G，如图 2-64 所示。点 G 到一边的距离（比如 DG）的长度就等于 e。如下面的公式。为了下面作图方便，还需要用到 $\sqrt{2}e$ 这一长度，我们也一同画了出来（图 2-64 中的蓝色线段）。

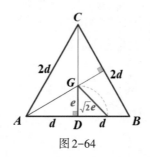

图 2-64

$$DG = \frac{1}{3} \cdot CD = \frac{1}{3} \cdot (\sqrt{3}\,AD) = \frac{\sqrt{3}\,d}{3} = e$$

（3）最后，我们要在球表面上标出符合要求的八个点。首先在球表面上取一点 P，以点 P 为圆心，以长度 e 为半径作弧，在弧上取一点 Q。把点 P 和点 Q 作为八个点中的两个，线段 PQ 就是球内接正方体的一条棱。以 P 为圆心，以 e 为半径作圆弧，再以 Q 为圆心，以 $\sqrt{2}e$ 为半径作圆弧，两弧相交于点 R 和点 S。点 R 和点 S 为第三个和第四个顶点。PR 和 PS 都是棱。同理可以作出其他四个顶点。这样作出的八个点必定是球内接某正方体的八个顶点。

 拓展阅读

用向量及向量积（叉乘）的方法证明立体几何问题

在第 1 章中，我们讲到过行列式，其中两个向量的向量积可以用行列式表示，简洁美观。

例题：有正方体 $ABCD$-$A'B'C'D'$（见图 2-65）。点 E、F、G 分别为棱 AA'、BC、$A'D'$ 的中点。求证体对角线 DB' 与过 E、F、G 三点的平面垂直。

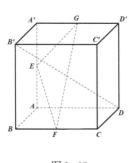

图 2-65

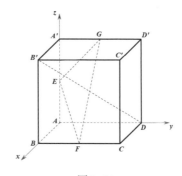

图 2-66

解析:如图 2-66 所示建立空间直角坐标系 $Axyz$。设正方体边长为 2。则点 E、F、G 的坐标分别为 $(0,0,1)$、$(2,1,0)$ 和 $(0,1,2)$。所以向量 $\overrightarrow{EF} = (2,1,-1)$，向量 $\overrightarrow{EG} = (0,1,1)$。则这两个向量的向量积就是与平面 EFG 垂直的向量。

$$\overrightarrow{EF} \times \overrightarrow{EG} = \begin{vmatrix} \boldsymbol{i} & \boldsymbol{j} & \boldsymbol{k} \\ 2 & 1 & -1 \\ 0 & 1 & 1 \end{vmatrix} = 2 \cdot \boldsymbol{i} + (-2) \cdot \boldsymbol{j} + 2 \cdot \boldsymbol{k} = (2, -2, 2)$$

而向量 $\overrightarrow{DB'} = (2,0,2) - (0,2,0) = (2,-2,2)$。所以，向量 $\overrightarrow{DB'}$ 垂直于平面 EFG。(另有一种方法，空间想象力强的话，可直接看出结果。提示:考虑平面 $A'BC'$ 和平面 ACD'，而平面 EFG 正好介于这两个平面正中间，三个平面平行。)

七、在空间中解决平面问题

下面举两个例子，一个比一个神奇！

1. 第一个例子

如图 2-67 所示，有一个正方形 $ABCD$。在 BC 和 CD 边上各取一点 M 和 N，使得 $CM+CN$ 等于正方形的边长 AB。连接 AM 和 AN，再连接对角线 BD，BD 与 AM 和 AN 分别相交于点 P 和点 Q。对角线 BD 被分为三段 BP、PQ 和 QD。试证明 BP、PQ 和 QD 三条线段一定可以构成一个三角形，并且这个三角形中一定有一个角等于 $60°$。

证明:本题采用把这个平面图形放入空间中的方法来证明比较简单和直观。作一个正方体，让这个正方形为正方体的一个面，比如让它成为正方体的上底面，如图 2-68 所示。

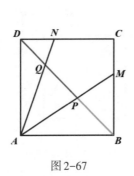

图 2-67

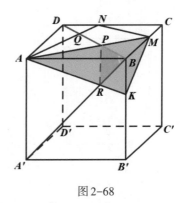

图 2-68

首先，在棱 BB' 上取点 K，使 $BK=DN$。连接 AK，连接 $A'B$，两线交于点 R。连接 PR。于是我们在空间中得到一个三角形 BPR。我们只需要证明这个三角形的三条边长度就是 BP、PQ 和 QD 的长度。显然，BP 无须证明。下面先来证明 $BR=QD$。

因为 $BK=DN$，所以，三角形 ABK 与三角形 ADN 全等。而 $A'B$ 和 BD 是两个全等正方形的对角线，所以，$BR=QD$ 是必然的。

下面只需再证明两条红色线段相等，即证明 $PR=PQ$。因为直角三角形 BMK 与直角三角形 CMN 全等，所以有 $MK=MN$。再来观察三角形 AMK 与三角形 AMN。显然，它们的三组对应边分别相等，所以它们全等，所以 $\angle PAR=\angle PAQ$。而 $AR=AQ$，所以，三角形 APR 与三角形 APQ 全等，所以 $PR=PQ$。

在上面的推导过程中，我们在空间中找到了一个三角形，它的三边长度就是对角线 BD 被分成的三段的长度，所以，本题结论成立。

另外，因为正方体中任意两条相交于顶点的面对角线的夹角是 $60°$，所以三角形 BPR 中的 $\angle PBR=60°$，所以 BD 被分成的三段构成的三角形一定有一个角是 $60°$。

2. 第二个例子

德萨格定理有一种立体几何证明法。

德萨格定理：如果两个三角形三组对应顶点的连线交于一点，那么两个三角形三组对应边的延长线的交点共线。

具体来说，有两个三角形 ABC 和 $A'B'C'$。AA'、BB' 和 CC' 所在直线交于一点 H。两个三角形对应边 AB 和 $A'B'$ 所在直线相交于点 X；对应边 AC 和 $A'C'$ 所在直线相交于点 Y；对应边 BC 和 $B'C'$ 所在直线相交于点 Z。那么，点 X、Y、Z 三点共线，如图 2-69 所示。

下面是对德萨格定理的证明。我们把 AC 边和 $A'C'$ 边改成虚线，并给两个三角形涂上颜色，如图2-70所示。大家是不是觉得整个图形有空间感了。对，我们就把三角形ABC和$A'B'C'$想象为空间三角形，三角形$A'B'C'$与点H构成一个三棱锥，三角形$A'B'C'$是三棱锥的底面，三角形ABC是某个平面切割这个棱锥所得的切痕。如图2-70中红色和蓝色三角形所示。德萨格定理并没有规定只在平面内成立。所以，我们可以在空间中证明德萨格定理。

由A、B、C三点可以确定一个平面，下面简称平面ABC。

因为点X在线段AB的延长线上，而点A和点B在平面ABC内，所以，直线AB在平面ABC内，而点X在平面ABC内。同理，点X在平面$A'B'C'$内。所以，点X一定在两个三角形所确定的平面的交线l上。同理，点Y和点Z也都位于直线l上。所以，X、Y、Z三点共线。

空间中德萨格定理的证明很简单。而实际上，图2-70却是画在平面内的。我们证明任何立体几何定理时，从来都不搭建立体图形，我们只把立体图形画在平面上。其实，画在平面上的立体图形就是我们用眼睛所看到的立体图形的样子，这是一种中心投影方式，投影到我们的视网膜上。中心投影的一个性质就是直线在投影后仍然是直线，即直线的"直"的性质在投影过程中是保持不变的。那么，我们上面证明了空间中的德萨格定理，是不是也就同时证明了平面内德萨格定理！

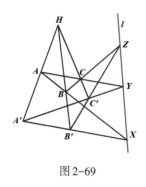

图2-69

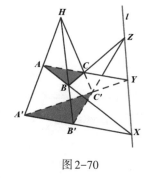

图2-70

 拓展阅读

几何

本书中的几何相关内容涉及平面几何、立体几何、仿射几何、射影几何、拓扑（橡皮几何）、解析几何……听到"几何"一词，我们第一反应是数学中的分科——几何。我们初中学习的平面几何和高中学习的立体几何内容，主要来自欧几里得的《几何原本》。中国最早的译本《几何原本》出版于1607年，是由利玛窦和徐光启翻译，底本是克拉维乌斯校订增补的拉丁文译本《欧几里得原本》（15卷），但只译出了前6卷。汉语很早就有"几何"一词，它是一个疑问词，是"多少"的意思。比如名句"对酒当歌，人生几何"。再如，《孙子算经》中有一道名为"物不知数"的题目："今有物不知其数，三三数之剩二，五五数之剩三，七七数之剩二，问物几何？"这个题目涉及数论中四大定理中的中国剩余定理（孙子定理），为什么有人认为《几何原本》中"几何"的意思是"多少"呢，这就不得不提中国数学的传统，中国数学更加关注数和代数，"几何"的意思"多少"不就是研究数量吗！这样，"几何"一词就既有从图形研究数学的几何本意，又有"多少"这一研究数量关系的意思。这其实很好，因为数学本身就是"研究形和数的科学"！并且，世间事物都不是那么绝对的，西方数学不只有纯几何学，中国数学也不都为计算与代数。西方的丢番图的代数研究造诣很高，而中国的《墨经》中也有很多几何学的内容。《几何原本》这部伟大著作，后9卷由英国人伟烈亚力和中国数学家李善兰共同译出。虽然依据的底本不同，但终归有了一个基本上完整的译本。

 拓展阅读

空间想象力

把图2-71左边平面图形变成右边平面图形，至少需要做多少次图2-72所示的基本变换？

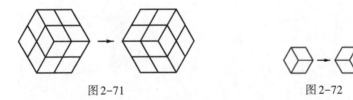

图2-71　　　　　　　　　　　　图2-72

数学中经常有用空间图形解决平面问题的例子。我们可以把图2-72中左边图形想象成一个正方体，图形的中心是一个向着我们眼睛方向凸出的顶点。于是，三个菱形就是这个正方体的3个面。设想它倚靠在墙角。然后把这个正方体拿开，那么，拿开之后，被正方体盖住的部分就露了出来，就是图2-72中右图的样子。于是，平面上的基本变换就转化成为移开正方体这种简单的动作。把图2-72中的正方体视为单位正方体，则我们要把这样的8个单位正方体摞在一起拼成一个边长为2的正方体，如图2-71中的左图。我们仍然把图2-71中的左图看成是一个正方体而不是墙角。那么，我们能不能通过把这8个单位正方体一个个拿掉的办法,把左图变换到右图呢? 如果行,则变换次数就是8。显然有 $8 = 2 \times 2 \times 2$。

八、正方体可以从同样大小正方体上的洞中穿过

能否在正方体上挖出一个洞,让一个同样大小的正方体从中穿过?

答案是肯定的。笔者所知道的方法有两种,此处介绍其中一种。如图2-73所示,在上表面 $ABCD$ 的 AD 边和 CD 边上各取一点 E 和 F,使它们到点 D 的距离都为四分之三边长。同样地,在下表面 $A'B'C'D'$ 的 $A'B'$ 和 $B'C'$ 上分别取点 H 和点 G,使它们到点 B' 的距离也都等于四分之三边长。于是,容易看出,EF 平行且等于 HG,这说明 $EFGH$ 是一个平行四边形。又由于四边形 $EFGH$ 关于平面 $BB'D'D$ 是镜像对称的,所以,平行四边形 $EFGH$ 是一个矩形。下面我们证明它甚至是一个正方形,当然只要证明两邻边相等即可。我们可以进行简单的计算得到。

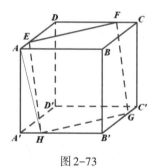

图2-73

如图2-73所示,连接 AH,设正方体棱长为 a。于是有

$$EH = \sqrt{EA^2 + AH^2} = \sqrt{EA^2 + AA'^2 + A'H^2}$$

$$= \sqrt{\left(\frac{a}{4}\right)^2 + a^2 + \left(\frac{a}{4}\right)^2} = \sqrt{\frac{1}{8}a^2 + a^2} = \frac{3\sqrt{2}}{4}a$$

而

$$EF = \sqrt{ED^2 + FD^2} = \sqrt{\left(\frac{3a}{4}\right)^2 + \left(\frac{3a}{4}\right)^2}$$

$$= \sqrt{\frac{9}{8}a^2} = \frac{3\sqrt{2}}{4}a$$

所以我们就证明了四边形 $EFGH$ 为正方形。下面的式子说明这个正方形比正方体一个面大一点。

$$\frac{3\sqrt{2}}{4}a \approx 1.06066\,a$$

确实如此。虽然只大一丁点，但从理论上，我们完全可以做到沿着与 $EFGH$ 所在平面垂直的方向开凿出一个边长比 1.06066 小但比 1 大（比如说 1.03033）的正方形截面的洞，同时也可以让一个同样大小的正方体从中穿过。开凿后原正方体八个顶点中，有两个顶点（比如图 2-73 中的点 D' 和点 B）将消失，而其他六个顶点仍然保留着。

如果要做相关实验，最好用金属材料制造，因为金属结实，并且，最好将实验立方体制造得大一些，这样在最薄弱的地方（点 E、F、G、H 处）可以更加结实一些。比如说，若棱长为 $a=10$ cm，这时 $0.03a$ 约为 3 mm，有些薄弱。但棱长若为 50 cm，则 $0.03a$ 大约为 15 mm，就会比较结实一些。这只是个估计，不是很精确的，因为在点 E、F、G、H 处被开凿正方形截面的边长与正方体的棱还有一个角度，这又降低了结实程度。

九、数学探究活动（共有多少种六色正方体）

本节内容考验大家的空间想象力和逻辑推理能力。

现在有 6 种不同的颜色，从这 6 种颜色中选取颜色，给正方体的六个面涂色，要求每个面涂一种颜色，但各个面所涂颜色不能相同。那么，一共能得到多少种不同的六色正方体？（两个六色正方体不同是指不管怎么平移和旋转，它们各个面颜色的相对位置不可能完全一样。如果两个六色正方体是镜像关系，那它们是不同的六色正方体。）

可以通过以下步骤进行思考。

（1）我们先把某个面涂以某种颜色，并把它固定。然后研究怎么给其他五个面涂色，使得所得的六色正方体是不同的。

（2）具体来说，设我们选取的六种颜色是：红、橙、黄、绿、蓝、紫。假设我们先给某个面涂以红色，并把它当作底面（下面）固定在水平桌面上，这样的话，这个正方体就有了一对相对的面：朝上和朝下（红色）。然后在水平面内以垂直的直线为轴转动它，使得另外两组相对的面一组朝向左和右，一组朝向前和后（这样做是为了看着方便），如图 2-74 所示。

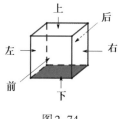

图 2-74

（3）因为要求一个正方体六个面上所涂颜色都不同的方法数量，所以，如图 2-74 所示，若把与红色面（下面）相对的面（上面）分别涂以另外五种颜色，则所得五种情况，不管其他四个面如何涂色，它们都将是不同的六色正方体。并且，这五种情况包括了全部的不同六色正方体。所以，最终所得的不同六色正方体的总数应该是每种情况下的可能性的 5 倍。

（4）下面针对某一种情况进行讨论即可。比如说，把"上"面涂以紫色。于是，接下来的任务就是把橙、黄、绿、蓝四种颜色分别涂在四个侧面上，研究有多少种可能性。

（5）我们随便选取四种颜色中的某两种，比如橙和黄，讨论它们的位置。存在三种可能的情况：橙与黄相对，橙与黄顺时针相邻，橙与黄逆时针相邻。每种情况下，所剩最后两种颜色（绿和蓝）都有两种可能的位置（调换）。所以，这四种颜色一共有六种可能的排列方式。

（6）根据前面的假设，"上"面的涂色有五种情况，每一种情况下都存在六种可能性。所以，一共有 5×6=30 种可能性。也就是说，我们最终可以得到 30 种不同的六色正方体。

完全通过空间想象和逻辑思维就可以确定出有多少种不同六色正方体，这就是数学的魅力所在。这也是数学的逻辑之美！

几点说明：

首先，在讨论五种情况中的具体某一种时，我们把侧面颜色顺时针相邻和逆时针相邻算作不同情形。因为我们把红色涂在"下"面，把紫色涂在"上"面，这就意味着现在的这种放置是有方向的。如果本题改为只有五种颜色且每种颜色都要出现，那么必然有且只有一种颜色出现两次。比如说，红色出现两次，那么，红、红相对是必然的一种情况，于是另外四种颜色的位置就只剩下三种可能性了：橙与黄相对是一种（绿与蓝也相对，但对调位置不产生新的一种，因为将正方体水平旋转 180° 就是对调位置后的结果）；另外两种是橙与绿相对和橙与蓝相对。其实这三种就是顺时针（从下看）的"橙绿黄蓝""橙黄绿蓝"和"橙黄蓝绿"。如果我们从"上"面看的话，这三种情况就成为"橙蓝黄绿""橙蓝绿黄"

和"橙绿蓝黄"。红、红相对六种可能性减半后剩三种。

其次，我们在讨论那四种颜色的位置时，根本没有提及前面、后面、左面、右面。因为正方体水平旋转后面的位置也改变了。这反映出，我们讨论颜色的位置时，只关注它们之间的相对位置。

思考题：对正四面体来说，进行类似上面针对正方体的讨论。准备四种颜色。如果每面涂一种颜色，那么共有多少种不同的四色正四面体？

十、蜂房结构与菱形十二面体

我们大概知道一些关于蜂房的知识，比如它的截面是正六边形。但有时又听说蜂房是菱形结构，这就有些让人疑惑。这一节就来讲清楚蜂房到底是怎样的。先来看一张图片（见图2-75）。

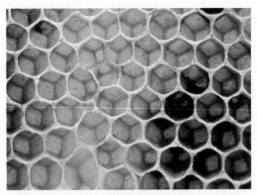

图2-75

很明显，正对着蜜蜂巢穴开口看，它是由一个个截面为正六边形的蜂房互相紧挨在一起构成的。蜂房与蜂房之间起分隔作用的"墙壁"是由蜂蜡制成的，正六边形结构的蜂房使蜂巢的空间得到充分利用。再仔细观察图中每个蜂房的内部，大致可以看出，底部是由三个大小相同的菱形组成。如果我们真正拿到一个蜂房，就可以发现蜂房的底部的三个菱形并不在一个平面上。实际上蜂房底部的三个菱形的交会点更深一些，是一个更加向下延伸的尖点。科学家对这三个相同的菱形进行过实际测量，法国学者马拉尔奇测得这个菱形的钝角等于109°28′，锐角等于70°32′。法国数学家克尼格和苏格兰数学家马克洛林通过数学方法计算出了这两个角度。中国数学家华罗庚也对蜂房结构进行过深入细致的研究，他用微积分的方法，得出菱形锐角内角的余弦等于$\frac{1}{3}$，从而得出这个锐角约等于 70°32′。华罗庚的方法是正确的,得出的结论也是正确的。微积分方法比较复杂,一般来说中学生可能所学微积分不多,没有学到用微积分解决蜂房问题的程度,所以本节将用初等数学的方法求出藏于蜂房底部的这三个神秘菱形的内角的度数。

本章第一节讲过菱形十二面体。那么,菱形十二面体的菱形与蜂房底部的菱形有什么关系吗? 它们是同一种菱形,即它们是相似的菱形。于是,我们只要计算出菱形十二面体中菱形内角的度数即可。我们先来看一看菱形十二面体的图形(见图2-76)。

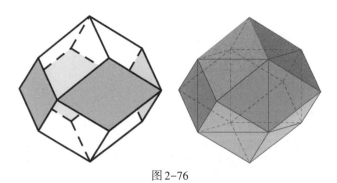

图 2-76

菱形十二面体的顶点有两种:四面角和三面角(注意,菱形十二面体肯定不是柏拉图体,因为柏拉图体的面全是一种正多边形且大小相同,菱形的面是菱形,不是正多边形;菱形十二面体也不是阿基米德体,因为阿基米德体虽然不像柏拉图体那样要求面都是一种正多边形,但也是要求面至少都是正多边形,而菱形不是正多边形)。菱形十二面体有两种类型的顶点。我们前面讲过如何把菱形十二面体填满整个空间,那里是把相对的四面角尖顶放置于垂直线上,然后构造无数多相同的层,再把这些层"错位对插"在一起从而铺满整个空间。如果我们对它的三面角顶点也实施以类似的操作,那么我们也可以构造出无数多的层(与前者的层不同),再把层"错位对插"(是三面角的错位对插而不是四面角的对插),则同样可以铺满整个空间。其实,两种铺放方式的结果是相同的,只是观察角度不同而已:从四面角看菱形十二面体,看到的是正方形截面,而从三面角看菱形十二面体,看到的是正六边形截面。这个正六边形就与我们本节要讨论的蜂房产生了联系。图2-77左图是相对着的两个三面角顶点位于上下垂直位置时的菱形十二面体,把它拦腰截断,截面是个正六边形;保留下半部分,再把竖面向上拉长,就得到如图2-77右图所示的结构,这个结构就是"蜂房"大致的样子。蜂房的底部是由三个菱形构成的三面角。

那么,如果我们能够计算出菱形十二面体中的菱形面的内角,我们也就计

算出了蜂房底部三个全等菱形面的内角。下面进行计算，看一看结果与数学家
得到的结果是否一样。

如图2-78所示。因为菱形十二面体是在正方体各个正方形面上扣上一个
侧面倾斜角为45°的正四棱锥而得，所以，我们把其中一个正四棱锥单独拿出来
研究。正四棱锥的每个侧面都是菱形十二面体菱形面的一半。我们补充了菱
形的另一半，得到一个完整的菱形，如图2-78中的菱形ASBT所示。这个菱形
的短对角线的长度就是正方体的棱长或正方形面的边长。我们来计算这个菱
形的内角∠ASB的度数。

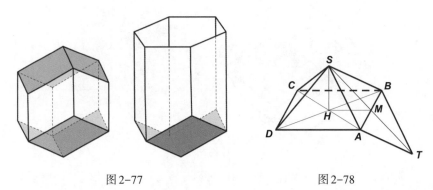

图2-77   图2-78

因为扣在正方体上的四棱锥的斜面与底面的夹角是45°。所以这体现在
图2-78中就是∠SMH = 45°。设正方形ABCD的边长为2a，则图中三角形SHM
是等腰直角三角形，所以，SH = HM = MA = a。从而有

$$SM = \sqrt{2}\,a$$

于是，在直角三角形SAM中，可以求出SA

$$SA = \sqrt{3}\,a$$

设∠ASB = 2α，则∠ASM = α。可以求出

$$\sin\alpha = \frac{1}{\sqrt{3}}, \qquad \cos\alpha = \frac{\sqrt{2}}{\sqrt{3}}$$

所以有

$$\cos2\alpha = \cos^2\alpha - \sin^2\alpha = \left(\frac{\sqrt{2}}{\sqrt{3}}\right)^2 - \left(\frac{1}{\sqrt{3}}\right)^2 = \frac{1}{3}$$

所以，可以求出

$$\angle ASB = 2\alpha = 70.52877937° = 70°31'43.61'' \approx 70°32'$$

菱形的钝角等于180°减去这个锐角，结果大约为109°28′。

蜂房的底部应该是很多这样的尖顶。这些尖顶之间形成一个个的"空穴"。这些"空穴"的形状也是同样的由三个菱形构成的尖顶。所以,两层这样的蜂房错位相插,就严丝合缝了。两层蜂房互相以对方的底为依托。

还可以看出,在由无数多相同菱形十二面体铺满的整个空间中,分别属于四个菱形十二面体的四个三面角共用一个尖顶。也可以说,这个尖顶处连接有四条棱。这四条棱正好还是一个正四面体中心与四个顶点的连线。我们又把蜂房结构与正四面体联系了起来。蜂房底部菱形的内角分别为109°28′和70°32′并不是偶然的。如图2-79所示,可以计算出$\angle BOC = \angle COD = \angle DOB = \angle BOA = \angle COA = \angle DOA = \arccos\left(-\dfrac{1}{3}\right) \approx 109°28′$。三面角$O$–$BCD$就是蜂房底部的三面角,如图2-79所示。

还有另一种方法。我们知道,正方体中包含着正四面体。于是,如图2-80所示,求$\angle AOB$。

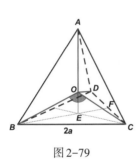

图 2-79

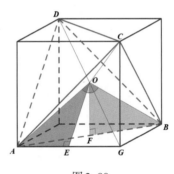

图 2-80

不失一般性,设正方体的棱长即正方形面的边长为1,于是有

$$\cos\angle AOB = \cos(2\angle AOF) = \cos^2\angle AOF - \sin^2\angle AOF$$

$$= \left(\dfrac{\frac{1}{2}}{\frac{\sqrt{3}}{2}}\right)^2 - \left(\dfrac{\frac{\sqrt{2}}{2}}{\frac{\sqrt{3}}{2}}\right)^2 = \dfrac{1}{3} - \dfrac{2}{3} = -\dfrac{1}{3}$$

即

$$\cos\angle AOB = -\dfrac{1}{3}$$

所以

$$\angle AOB = \arccos(-\frac{1}{3}) \approx 109.47°$$

以上所讲,就把蜂房底部菱形、菱形十二面体、正四面体及正方体都联系起来了。挖掘数学中图形之间的关系及数学与现实中存在的联系,是一件非常有意义也非常有趣的事情。数学的学习应该这样!

十一、从中国古代对正方体的切割想到完全数

1. 正方体 = 鳖臑 + 阳马 + 堑堵

其实,下面关于"鳖臑,阳马,堑堵"的定义,对长方体都是成立的,但出于简化,我们就以正方体来加以说明。以等腰直角三角形为底,以该三角形腰长为高,锥顶位于底面等腰直角三角形非直角顶点正上方的三棱锥叫作一个鳖臑(biē nào),如图2-81所示。因图2-81所示的直观图不易分辨出直角,所以还画了它的三视图。从而确认立体中的∠ABC为直角。其实从斜二测画法可以看出直观图上∠ABC=135°,说明图所代表的立体中这个角为90°。(特别注意,锥顶一定是位于过非直角顶点且与底面垂直的直线的正上方。如果锥顶位于底面直角顶点的正上方,则这时的三棱锥称为"墙角"在正等测画法中,"墙角"是容易产生视觉二重性的,即这个"墙角",也可以看成"正方体顶角"。)

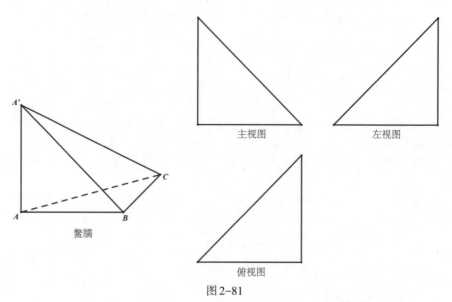

主视图

左视图

鳖臑

俯视图

图2-81

以正方形为底,以正方形边长为高,有一侧棱与底面垂直的四棱锥,叫作一

个阳马,如图2-82所示。这个四棱锥的四个侧面都是直角三角形。若设底面边长为1,则其中两个是腰长为1的等腰直角三角形,另外两个是三边分别为1,$\sqrt{2}$,$\sqrt{3}$的直角三角形。

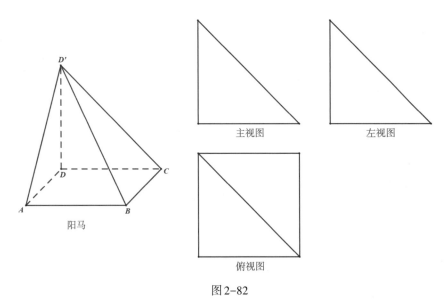

图 2-82

以等腰直角三角形为底,以该三角形腰长为高的直三棱柱叫作一个堑堵(qiàn dǔ),如图2-83所示。

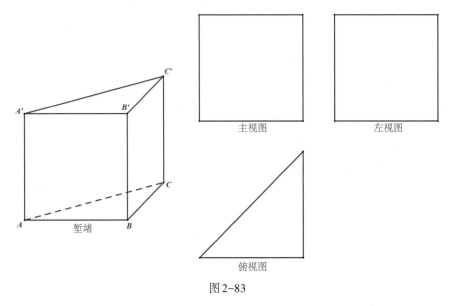

图 2-83

这三种东西可以从一个正方体中正好各切割出一个,切完后正方体没有任何剩余。图2-84所示展示了具体切法:斜对角平面切一刀;拿开一个堑堵,对剩下的另一半堑堵再斜切一刀。

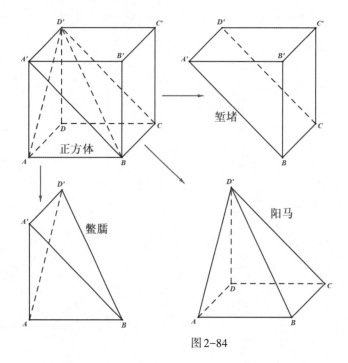

图2-84

若被切正方体体积为1个单位,则鳖臑为$\frac{1}{6}$,阳马为$\frac{1}{3}$,堑堵为$\frac{1}{2}$。所以

$$鳖臑 + 阳马 + 堑堵 = \frac{1}{6} + \frac{1}{3} + \frac{1}{2} = 1$$

2. 完全数

上面这个简单式子有什么不同寻常之处吗?那就需要深入挖掘。在数学的海洋中航行了多年后,可能就会想到,它与完全数的知识有关联。我们知道,所谓完全数是指其非本身的所有因数之和等于其本身的数。完全数是指其所有因数之和是其本身2倍的数。第一个完全数是6,因为6有四个因数:1,2,3和6,而$1 + 2 + 3 = 6$或$1 + 2 + 3 + 6 = 2 \times 6$。第二个完全数是28,因为$1 + 2 + 4 + 7 + 14 = 28$。

把1+2+3=6两边同时除以完全数6本身,得$\frac{1}{6} + \frac{2}{6} + \frac{3}{6} = 1$,即$\frac{1}{6} + \frac{1}{3} + \frac{1}{2} = 1$。这不就是"鳖臑 + 阳马 + 堑堵 $= \frac{1}{6} + \frac{1}{3} + \frac{1}{2} = 1$"!

对其他完全数,也有这个性质,即完全数是非本身的因数除以这个完全数所得真分数之和等于1的数。比如28是完全数,因为$\frac{1}{28} + \frac{2}{28} + \frac{4}{28} + \frac{7}{28} +$

$\dfrac{14}{28} = 1$。化简后得 $\dfrac{1}{28} + \dfrac{1}{14} + \dfrac{1}{7} + \dfrac{1}{4} + \dfrac{1}{2} = 1$。所以也可以说,完全数是除1以外的所有因数的倒数之和等于1的数。对6来说,非1因数是2,3和6,三者的倒数之和为 $\dfrac{1}{2} + \dfrac{1}{3} + \dfrac{1}{6}$,它等于1,也正是"鳖臑 + 阳马 + 堑堵 = $\dfrac{1}{6} + \dfrac{1}{3} + \dfrac{1}{2} = 1$"。

3. 单位分数

分子为1,分母为大于1的正整数的分数叫作单位分数。例如,$\dfrac{1}{2}, \dfrac{1}{15}, \dfrac{1}{100}$ 等。把1写成单位分数之和是值得研究的,更值得研究的是把1写成不同单位分数之和。显然,任何一个完全数,其全部非1的因数的倒数之和等于1。这就是一种把1表示成不同单位分数之和的方式。如果能证明完全数有无穷多,那么把1表示成不同单位分数之和的方式也就无穷多。但完全数是否无穷多,目前还没有证明其是,也没有证明其否。

十二、三个视图都一样的立体

如果会画正方体的直观图,那么,正八面体及与正方体相关的立体的直观图也就都可以画出来了。有了它们的直观图,它们的三视图也就可以画出来了。反之,有了它们的三视图,我们也就可以画出它们的直观图,甚至制作出它们的实物。

1. 正方体

正方体的三个视图都是一样的,都是正方形,且这个正方形大小就是正方体六个正方形面的大小,如图2-85所示。

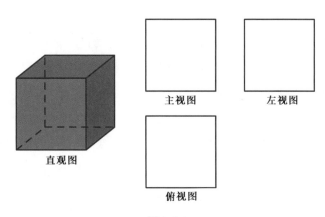

图 2-85

2. 正八面体

正八面体是正方体的对偶多面体。在这里,正方体6个面每相邻两面中心的连线正好构成正八面体,反之亦然。所谓对偶多面体,是指以一个立体每相邻两面中心连线为棱的立体。在5种正多面体中,正十二面体与正二十面体也是互为对偶的。正四面体是自对偶的。互为对偶的两个多面体的对称性是一样的。所以,正八面体也是3个视图完全一样的立体,如图2-86所示。

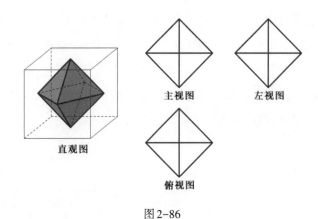

主视图　　左视图

直观图

俯视图

图2-86

3. 其他相关立体

由切割正方体(或正八面体)而得到的半正多面体(阿基米德体)也是3个视图完全一样的立体。比如,截角正方体、截半正方体、截角八面体、小斜方截半立方体、大斜方截半立方体和扭棱立方体。

(1)截角正方体。这个立体是从正方体8个顶点处各截去1个同样的正三棱锥,使得原来正方体的6个面都成为正八边形。截角正方体有6个正八边形面,8个正三角形面。一共14个面。注意,正八边形位于原正方体一条棱上的两个顶点不是这条棱的三等分点。截角正方体的三个视图均为一个正方形"砍"掉四个角,使中间成为一个正八边形,但砍下的直角三角形要保留。如图2-87所示(左侧为直观图,右侧为三视图)。另外,可以算一算截角正方体的棱数和顶点数:每个正八边形面有8条边,每个正三角形面有3条边,那么本应该有 $6 \times 8 + 8 \times 3 = 72$ 条边(棱),但每条棱由两个面共用,所以,一共有 $72 \div 2 = 36$ 条棱;也可以这样算:原正方体有12条棱,被切掉8个顶点后,原来的棱仍在(虽然变短了),但又增加了 $8 \times 3 = 24$ 条棱,所以一共是36条。因为每条棱连接着两个顶点,又因为一个顶点连接着三条棱,所以一共有 $36 \times 2 \div 3 = 24$ 个顶点。$V - E + F = 24 - 36 + 14 = 2$。欧拉示性数也是对的。

数学之美

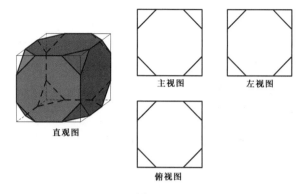

主视图　　　左视图

俯视图

直观图

图 2-87

（2）截半正方体。上面截角正方体是"砍"掉一定大小的正三棱锥。如果这一"砍"砍大一些，大到使得切割面经过棱的中点，那么就得到截半正方体。这时原来截角正方体的正八边形面就缩小为菱形面（其实是正方形面），如图 2-88 所示。它共有 6 个正方形面，8 个正三角形面，一共 14 个面。顶点数为 12，棱数为 24。截半正方体的直观图和三个视图如图 2-88 所示。

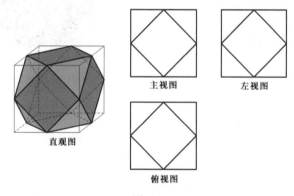

主视图　　　左视图

俯视图

直观图

图 2-88

已给出了两个由正方体切割而得到的半正多面体，我们不妨停下来研究一下这两个半正多面体的特征。首先，它们虽然不像正多面体那样所有面都是形状和大小完全一样的正多边形，但却是由两种或两种以上的正多边形构成，并且，这两种半正多面体的每个顶点是一样的。比如截角正方体，它的每个顶点都连接着一个正三角形和两个正八边形，所以，我们可以用"3-8-8"表示截角正方体。那么同理，截半正方体就应该表示为"3-4-3-4"，即每个顶点处连接着相对的两个正三角形和两个正方形。我们后面会讲到其他的半正多面体，到时大家看一看顶点是不是全都一样。

（3）截角八面体。它是从正八面体中截去六个角所得。正八面体与正方体有相同的对称性，所以截角八面体的三个视图一定一样，如图 2-89 所示。

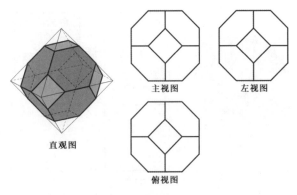

主视图   左视图

直观图

俯视图

图2-89

（4）小斜方截半立方体。如图2-90所示是达·芬奇设计制作的木结构小斜方截半立方体。

图2-90

图2-91

2019年高考数学全国卷中有一题把中国古代的一枚印信"挖掘"了出来。这枚印信是南北朝时期官员独孤信使用的印信，称为"独孤信的印信"，现藏于陕西历史博物馆，如图2-91所示。这枚印信是一个数学立体，这个立体在数学上的正式称谓是小斜方截半立方体。用顶点处连接着的多边形面的情况表示，就是"3-4-4-4"（即一个三角形，三个正方形。注意，一定要按顺序写，从边数小的正多边形开始）。

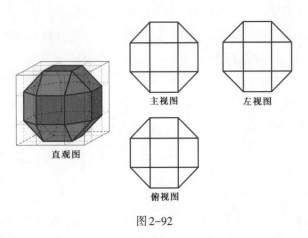

主视图   左视图

直观图

俯视图

图2-92

小斜方截半立方体的三个视图也都完全一样，外轮廓为正八边形，但中间有连线(因为有看得见的棱)，如图2-92所示。同样可以数一数它的顶点数、棱数和面数，并计算它的欧拉示性数：$V - E + F = 24 - 48 + 26 = 2$。

拓展阅读

一枚被高考题带红了的古代物件——独孤信的印信

2019年全国高考卷数学题(第16题)：中国有悠久的金石文化，印信是金石文化的代表之一。印信的形状多为长方体、正方体或圆柱体，但南北朝时期的官员独孤信的印信形状是"半正多面体"(见图2-93)。半正多面体是由两种或两种以上的正多边形围成的多面体。半正多面体体现了数学的对称美。图2-94是一个棱数为48的半正多面体，它的所有顶点都在同一个正方体的表面上，且此正方体的棱长为1。则该半正多面体共有＿＿＿个面，其棱长为＿＿＿。

图2-93　　　　　图2-94　　　　　图2-95

解析：第一空答案很简单，数一数即可，填26。第二空稍微复杂一点，观察图2-95，设半正多面体的棱长为a，则a满足$a+2(a/\sqrt{2})=1$(题中所说棱长为1的正方体)，求得$a=\sqrt{2}-1$。注意，图2-95所示的轮廓是一个正八边形，内部由中间一个正方形、四边四个矩形和四角四个等腰直角三角形组成。有关$\sqrt{2}$矩形的知识，我们下一章会详细讲解。半正多面体也称为阿基米德体，共13种。其中有两种"扭棱"的，其他11种虽然有的易理解，有的难理解，但还算比较"规整"，而这两种"扭棱"的，要理解则需要一点技巧。

我们可以从一个正方体切割出这个小斜方截半立方体(独孤信的印信想必应该是由正方体切割出来的；上面高考题中也说"它的所有顶点都在同一个正方体的表面上")。在正方体的每个面上画出一个最大的正八边形，有两种画法，如图2-96所示。

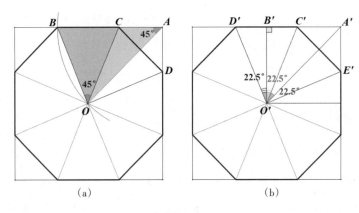

图 2-96

如图 2-96(a) 所示是一种画法。等腰三角形 *BOC* 与三角形 *BAO* 相似，所以得知 *AB=AO*。而 *AO* 是正方形对角线长度的一半，所以，用圆规找点 *B* 很容易。同理可以在正方形四条边上确定出八个点，这八个点就是所作正八边形的八个顶点。如图 2-96(b) 所示是另一种画法。连接中心 *O'* 与一个顶点 *A'*。过 *O'* 作一边的垂线，比如 *O'B'*，其中点 *B'* 为垂足，则角 *A'O'B'* 为 45°。作这个 45° 角的平分线 *O'C'*。则角 *B'O'C'* 的度数为 22.5°。作这条角平分线 *O'C'* 关于 *O'B'* 的对称线段 *O'D'*。则角 *C'O'D'* 等于 45°，线段 *C'D'* 为正八边形的一边。

以一对相对面上的正八边形为底面，切割出一个正八棱柱。然后，对另外两对相对的面也进行类似的切割。这时的结果离"独孤信印信"（小斜方截半立方体）还有一步之遥。现在的结果如图 2-97 所示（局部）。图中有三个斜面（红色），它们都是一种类似旅游景点指示牌的样子。

三个这样的"指示牌"的尖角形成一个正三棱锥（图 2-97 中三条线 *BC*、*CF* 和 *FB* 是这个正三棱锥的底面三角形的三边，锥顶向外突出）。把角上的正三棱锥切掉。八个角都这么做，最终就得到了小斜方截半立方体。

还可以延伸出下面的知识：小斜方截半立方体的八个正三角形逐渐变小，最终消失时，小斜方截半立方体就演变为正方体（其中与正三角形有共用棱的 12 个正方形也随之变为棱，剩下六个正方形面）；反之，正三角形不变，让那 6 个与正三角形只有顶点相连的正方形变小，最终消失，12 个斜着的正方形随之变为棱，则小斜方截半立方体演变为一个正八面体。请看着图 2-98 想象一下这个变化过程，这可以锻炼大家的空间想象能力。以上的过程也可以反过来。

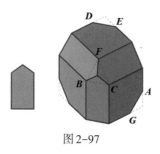
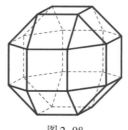

图 2-97 图 2-98

（5）大斜方截半立方体。这个图形不是很好画，建议购买小磁性棒，将其搭建出来。这个立体用顶点连接的多边形面表示就是"4-6-8"。欧拉示性数 $V-E+F=48-72+26=2$，如图 2-99 所示。

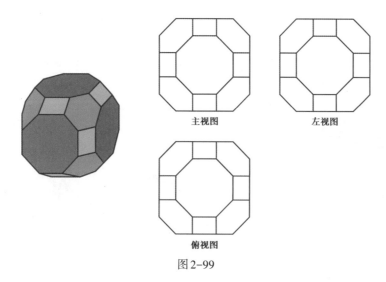

主视图　　　　左视图

俯视图

图 2-99

与从正方体切出小斜方截半立方体一样，大斜方截半立方体一般也是从正方体切出的。切之前需要事先进行计算。如图 2-100 所示，先在正方体每个正方形面上画出一个正八边形（蓝色的）。

$$\sqrt{2} \cdot \left(\frac{4-\sqrt{2}}{14} \cdot \overline{BA} \right) = 1.33$$

$$\frac{4-\sqrt{2}}{14} \cdot \overline{BA} = 0.94$$

$$\overline{BA} = 5.11$$

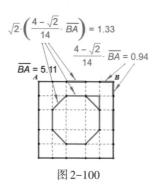

图 2-100

把正方形每条边分成五段：

$$\frac{4-\sqrt{2}}{14}AB, \frac{4-\sqrt{2}}{14}AB, \frac{2\sqrt{2}-1}{7}AB, \frac{4-\sqrt{2}}{14}AB, \frac{4-\sqrt{2}}{14}AB$$

三视图就是为了制作立体而发明的平面图。所以，观察大斜方截半立方体的三视图，便可以明白如何切割了。我们顺着棱的方向"切棱"，切去的是一个底面为等腰直角三角形（腰长为图2-100中红色线段的长度）、高为棱长的直棱柱。但最后需要再切掉8个六棱锥。于是，大斜方截半立方体便制造出来了，如图2-101所示。

可以想象正方体原来在顶点处相会的三个正方形，它们各有一个顶点被锁在一处并重合了。现在把锁打开，但每两点之间被拴一根长度等于正方形边长的绳子。锁一被打开，正方体的六个正方形面就开始分别朝着与各自垂直的方向向外作匀速直线运动。那么运动到三根绳子都绷紧时，就生成8个正三角形和12个正方形，加上原来的6个正方形，便得到了由18个全等正方形和8个全等正三角形围成的小斜方截半立方体，如图2-102所示。

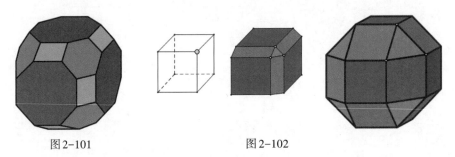

图2-101　　　　　　　　图2-102

下面用类似的方法来创造大斜方截半立方体！在正方体基础上，我们继续把每个正方形的顶点进一步想象成是两条边的交会处，一条边的一个端点与另一条垂直边的一个端点被锁在了一起并重合。我们这时再想象这两个端点也被一根长度等于边长的绳子拴在一起。三个正方形都作如是想象。于是，在正方体的一个顶点处拆分出来了六个端点，每个端点连接着一条边。我们还需把原本重合在一起但分属不同正方形的两条边的重合端点也用长度等于边长的绳子拴在一起，就像把一双筷子夹菜端分别用一根绳子两头拴上那样，更像抖空竹时两根空竹棒和中间的连线。结果如图2-103左图所示。图中已经有一个小六边形了。

正方体八个顶点都这样做。于是，准备工作做好了，马上就要成功了。还是像生成"小斜方截半立方体"那样，让正方形面的中心带动着四条边沿着与面垂直的方向向外做直线运动（四条边仍然要保持对边平行、邻边垂直）。运动到

动不了为止（绳子都绷紧了）。图2-103右图给出了运动停止后一个顶点处的
情况。

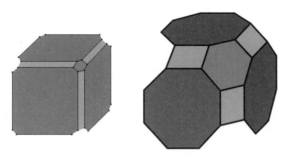

图2-103

阿基米德体（半正多面体）

　　阿基米德体也叫作半正多面体、阿基米德多面体。与柏拉图正多面体类
似，它们也都是凸多面体，每个面都是正多边形，并且所有棱的长度也都相等。
但不同之处在于阿基米德体的每个面的形状不全相同。阿基米德体也像正多
面体那样，每个顶点所接多边形都是一样的。一共有13种阿基米德体，如图2-
104所示。它们是：(1)截角四面体(3-6-6)，(2)截角正方体(3-8-8)，(3)截角
八面体(4-6-6)，(4)截角十二面体(3-10-10)，(5)截角二十面体(5-6-6)，(6)
截半正方体（截半八面体）(3-4-3-4)，(7)截半二十面体（截半十二面体）(3-5-
3-5)，(8)小斜方截半立方体(3-4-4-4)，(9)大斜方截半立方体(4-6-8)，(10)
扭棱立方体(3-3-3-3-4)，(11)小斜方截半二十面体(3-4-5-4)，(12)大斜方
截半二十面体(4-6-10)，(13)扭棱十二面体(3-3-3-3-5)。

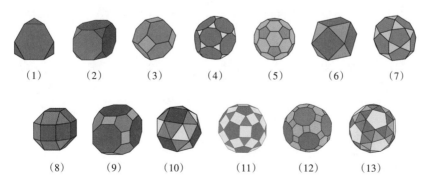

| (1) | (2) | (3) | (4) | (5) | (6) | (7) |

| (8) | (9) | (10) | (11) | (12) | (13) |

图2-104

其中的第(10)种扭棱立方体,可以通过第(8)种小斜方截半立方体得到。在之前不久讲的有关独孤信的印信那道高考题中,提到小斜方截半立方体的顶点全都位于一个大正方体上。这相当于小斜方截半立方体有六个正方形面分别位于大正方体的六个面上。我们让小斜方截半立方体的这六个正方形面"固定",即保持正方形不变。而与这六个正方体顶点相连接的棱则是活动的。这时,把斜着的正方形面的一对顶点拉近,并用同长的一条新棱连接。上层四个斜着的正方形面都一样处理。侧面和底层各四个斜正方形面会连带着"扭动",同样用新的等长棱连接它们的相对顶点。于是,全部12个斜着的正方形面都被两个正三角形面(已不处于同一个平面内了)替代。最终就得到了扭棱立方体。它有8+24=32个正三角形面,6个正方形面。注意,这13个半正多面体中,除截角四面体外,其他12个中有6个都与正方体和正八面体相关。另外6个则与正十二面体和正二十面体相关。两个系列的生成过程是类似的。

(6)扭棱立方体。若把扭棱立方体6个正方形面中的一个面水平放置在桌面上,则它的主视图和左视图一定是一样的。俯视图则一定与主视图和左视图全等,但若使俯视图看上去方向也与主视图和左视图一样,则需要沿着与水平面垂直的轴转动一个角度,这样就可以找到一个位置,这个位置从主视图方向看去,左右两个侧面正方形面所在的平面正好与视线平行了。最终便使得

图2-105

三个视图完全一样。图2-105所示为主视图照片(手机拍摄的,只能说很接近了。要想拍摄出一些更好的,需要用专业摄影机,且用长焦镜头)。

以上6种三个视图都一样的半正多面体,都与正方体相关。13种半正多面体中的其余7种不会有三个视图一样的情况发生。这个是很自然的,因为三个视图的三个方向互相垂直,这正与正方体三个方向的棱互相垂直的关系一致。

4. 球

球的三个视图当然是一样的,都是与球的大圆一样的圆,不再画图。

应该还有其他一些立体,也存在三个视图一样的这种情况。这里不给出它的直观图是什么,而给出它的三个完全一样的视图(见图2-106),请猜一猜它的直观图是什么样子的。

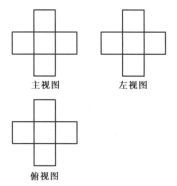

主视图　　　　左视图

俯视图

图2-106

若要放宽一点点的要求,鲁班锁(见图2-107左图)所示的三个视图(不管内部)是全等的,如图2-107右图所示。所以,也可以说它的三个视图"一样"。

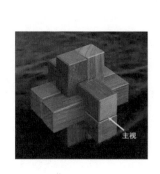

主视

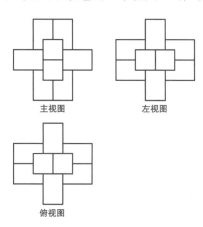

主视图　　　　左视图

俯视图

图2-107

 拓展阅读

鲁班锁

鲁班锁,也称作孔明锁。传说是春秋时代鲁国工匠鲁班所发明。最基本的鲁班锁由6根上面有开槽的1×1×4正四棱柱形木条拼装而成,可拼可拆。它的构成体现了中国古代建筑中首创的榫卯结构的特征。

十三、超立方体与完全幻方

1. 三阶幻方

为何三阶幻方只有一种?

如图2-108所示就是三阶幻方。九个方格中，分别填入1，2，3，4，5，6，7，8，9这九个数字，使得每行、每列、两条对角线上的三个数之和都等于15。下面我们要证明，这种三阶幻方只有一种。我们从下面几个方面来证明。

6	1	8
7	5	3
2	9	4

图2-108

（1）中间方格中只能填"5"。图2-108所示是满足条件的。如果中间方格中填"5"，那么它的上、下、左、右、左上、右下、左下、右上这8个方格中的数字之和为：

$$(1+9)+(7+3)+(6+4)+(2+8)$$

$$= 10 + 10 + 10 + 10$$

$$= 40$$

如果中间不填"5"，比如填"4"，这时，为了满足行、列、对角线上的三个数都等于15，就一定会有下面的式子成立

上+下=11（因为 15 − 4=11）

左+右=11

左上+右下=11

左下+右上=11

它们加起来等于44。而上、下、左、右、左上、右下、左下、右上这8个方格中的数字应该是除"4"以外的那八个数字：1，2，3，5，6，7，8，9，这八个数之和等于41。而一个数不可能既等于44又等于41。于是，中间方格填"4"是不可能成立的。同理可以证明，中间方格填1，2，3，6，7，8，9也都是不可能成立的。所以，中间方格只能填"5"。

（2）"9"这个数字必须填在"边"的位置。我们从"9"开始讨论，是因为"9"这个数最大，可能更容易得到我们的结论。除5之外的数所填位置有两种可能性，一个是填在角上，一个是填在边上，如图2-109所示。由对称性，"9"填在哪个角上都是一样的。比如图2-109所示的左图中，"9"是填在了左下角，但如果把它填在左上角，那么，我们把书逆时针旋转90°，则看到的效果是一样的。同样，"9"填在哪个边上也是不影响我们讨论的。

先讨论"9"填在角上的情况，如图2-109左图所示。那么，右上角必须填"1"，如图2-110左图所示。下一步，我们要看"8"填在什么地方。显然，如图2-110左图所示，A、B、C、D这四处都不能填"8"，因为9+8大于15。只有M和N两个位置可以填"8"。由对称性，在M和N填"8"的效果是一样的。所以，我们只讨论在M处填"8"。这又导致C处只能填"2"（见图2-110右图）。

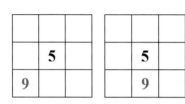

图2-109   图2-110

这时，可以推知，左上角处必须填6（使第一行的三个数相加得15），但这样一来，从第一列（最左一列）来看，"5"左边的方格就只能填"0"，但根本就没有"0"这个数参与其中。所以，我们证明了"9"不能填在角上。

(3)那么，"9"就只能填在边上了。我们就假设"9"填在了下边上。从而上边就只能填"1"，如图2-111所示。

从最下面一行来看，"9"左右两侧所填数字之和必须为6，存在三种可能：第一种情况是1+5，但1和5都已经被使用；第二种情况是3+3，但3不能出现两次，所以也不行；第三种情况是2+4，这个可以，也只能是这一种可能了。至于左填"2"右填"4"，还是左填"4"右填"2"，因对称性，所以是等价的。我们就以"左2右4"继续往下说，如图2-112所示。

下面就很好处理了，左上角必须填"6"，右上角必须填"8"。从而左边必须填"7"，使第一列三个数相加得15成立（6+7+2=15）。右边必须填"3"，使第三列三个数相加得15成立（8+3+4=15）。经验证，第一行三个数相加也得15（6+1+8=15）。第二行三个数相加也得15（7+5+3=15）。最终结果如图2-113所示。

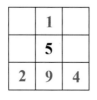

图2-111   图2-112   图2-113

以上证明过程是严格的。所以，三阶幻方只有一种。

中国的洛书是最早的三阶幻方

最低阶的幻方是三阶幻方,它最早出现在中国,称为洛书。洛书记忆口诀:"戴九履一,左三右七,二四为肩,六八为足,以五居中。"这样,每行、每列、两条对角线上的三个数之和就都等于15。这个15称作幻和(1 + 2 + 3 + 4 + 5 + 6 + 7 + 8 + 9 = 45,45 ÷ 3 = 15)。

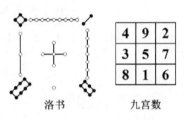

洛书　　　　　　九宫数

图2-114

洛书出现在金庸的武侠小说《射雕英雄传》中——黄蓉中了裘千仞的铁砂掌之后,郭靖带着黄蓉来到了瑛姑的住所。瑛姑打算为难他们,便出了一道题,对瑛姑来说,这是一道极难的题目,她思考了很多年也没有找到答案。蓉儿听后,淡然一笑,脱口而出:"二四为肩,六八为足,左三右七,戴九履一,五居中央。"于是,瑛姑服了。

2. 四阶完全幻方与超立方体

如图2-115所示的这个幻方称为完全幻方,因为是四阶幻方,所以它的幻和等于34(1+2+3+···+16=136,136÷4=34)。四阶幻方不仅具有横、竖、对角线形式的幻和,还有很多其他不易察觉的幻和,比如"田"型。如图2-115所示就是一个完全幻方,而图2-116所示就不是。图2-115中红框框出的四个数之和是34,而图2-116中黄框框出的四个数之和则不等于34。图2-116中的幻方出现在丢勒的名画《忧郁I》中,如图2-117所示。

1	8	13	12
14	11	2	7
4	5	16	9
15	10	3	6

图2-115

图2-116

把这个完全幻方与超立方体（见图 2-118）对应起来，很有意思。超立方体共有 24 个面，每个面的四个顶点上的数字之和都等于 34，等于上面四阶幻方的幻和。请试着在下面的超立方体中找到这 24 个面，并把每个面上四个顶点上的数字相加，看一看是不是等于 34。与图 2-119 所示四阶完全幻方相对照。提示：大正方体有 6 个面，其中的 (1, 8, 13, 12) 是一个面。小正方体有 6 个面，其中的 (4, 14, 11, 5) 是一个面。还有 12 个面，比如 (1, 14, 4, 15)、(8, 11, 2, 13)、(3, 16, 9, 6)。

图 2-117

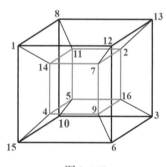

图 2-118

1	8	13	12
14	11	2	7
4	5	16	9
15	10	3	6

图 2-119

34 是两个 17 相加，而 17 是这个超立方体对极上两个数字之和，比如 15+2 和 8+9。超立方体中共有 8 对对极，相信大家能够找到它们。也请大家在完全幻方中找到与每组对极对应的那对数字。有了对极，幻方中又会增加许多组幻和。主对角线上四个数字之和等于 34 只是其中一组。

请大家尝试把上面的完全幻方卷起来，使之成为一个圆柱。再把圆柱两头对接，使之成为一个圆环。那么，环面上任何"田"字形中四个数字之和都等于幻和（一共能找到 16 个"田"字形，分别对应超立方体的 16 个面），任何"环"形排列的四个数字之和也等于幻和（共有 8 个"环"形，横 4 纵 4，分别对应超立方体的 8 个面）。

表 2-2 所示是 0、1、2、3 和 4 维立方体顶点数、棱数、面数、体数……及它们之间的关系。

表2-2　0到4维立方体元素数量对比

维数 n	n维立方体	顶点数 V	棱数 E	面数 F	体数 B	…	关系 $V-E+F-B+\cdots=1$
0	点	1					1=1
1	线段	2	1				2−1=1
2	正方形	4	4	1			4−4+1=1
3	正方体	8	12	6	1		8−12+6−1=1
4	超立方体	16	32	24	8	1	16−32+24−8+1=1

　　形成过程：一个点拉伸出一条线段，原来的点还在，又增加出一个点，产生一条棱。所以是(2,1)。一条线段拉伸出一个正方形，原来的两个点还在，又增加两个点，原来的一条棱还在，拉伸出一个面，又产生一条棱，原来的两个点还拉伸出两条棱，所以是(4,4,1)……照此进行归纳，得到一个 n 维立方体某一元素(点、棱、面、体……)的数量等于其正上方的数(表2-2中)乘以2后再加上左上方的数。比如超立方体的面数24是由2×6+12得来的。

　　我们用数学归纳法证明关系 $V-E+F-B+\cdots=1$ 的正确性。首先 n 为0至4的情况在表2-2中已证明其正确。下面证明如果对 $n=k$ 关系式正确，我们可以得出对 $n=k+1$，关系式也正确。

　　从 $V-E+F-B+\cdots$ 出发，按上面的规律，得

$2V-(V+2E)+(E+2F)-(F+2B)+\cdots$

$=2V-V-2E+E+2F-F-2B+\cdots$

$=V-E+F-B+\cdots$ 得证。

　　在三维正方体情况下，顶点数 V − 棱数 E + 面数 $F=8-12+6=2$ (本章前面所讲的"欧拉示性数=2")是这里的一种特殊情况。$V-E+F-B=1$。

　　四维超立方体的元素情况由表2-2可知。由此类推，五维超立方体，就一定有32个顶点，80条棱，80个面，40个正方体和10个超立方体。

十四、在正方体内构造正八面体

　　本章第一节讲述互为对偶的正方体与正八面体。那么，我们再以这两个正多面体为主题，结束本章。

　　互为对偶的正方体和正八面体，它们的对称轴是重叠的。本节内容要在正

方体内找出一个其对称轴与正方体对称轴不重合的正八面体,我们可以通过计算进行证明。

正方体 $ABCD$—$A'B'C'D'$ 有 12 条棱长为 4 的棱,选取其中 6 条棱,每条棱上取一点,使这 6 个点正好成为正八面体的 6 个顶点。

可以从某顶点出发,比如就从点 A 出发,来进行构建。在与点 A 相邻的三条棱上分别取一点,使其到点 A 的距离都为棱长的四分之三,得到 3 个点:E、F、G。同理,对与点 A 相对的点 C' 进行类似的操作,得到另外 3 个点:E'、F'、G',如图 2-120 所示。显然,位于正方体外表面上的 6 条线段相等,即 $EF=FG=GE=E'F'=F'G'=G'E'$。从正方体内部穿过的线段也有六条:EF'、EG'、FE'、FG'、GE'、GF'。这样一共得到 12 条线段,它们就是所要构建的正八面体的 12 条棱。下面我们来计算它们的长度,只有它们全都相等,才能证明构建的是正八面体。

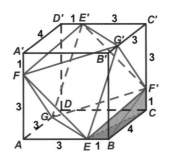

图 2-120

首先,求第一类线段的长度。以 EF 为代表。在三角形 AEF 中求 EF 的平方:

$$EF^2 = AE^2 + AF^2 = 3^2 + 3^2 = 18$$

其次,求第二类线段的长度。以 EF' 为代表。在四面体 $EBCF'$ 中求 EF' 的平方:

$$EF'^2 = EC^2 + CF'^2 = EB^2 + BC^2 + CF'^2 = 1^2 + 4^2 + 1^2 = 18$$

所以,$EF=EF'$。从而所得的 12 条线段全都相等,从而构建出了正八面体。

一共能作出 4 个这样的正八面体。除上面从点 A 出发所作正八面体之外,其他三个可以分别从顶点 B、C、D 出发,大家可以试一下。

那么,反之怎么做? 也就是说,不用对偶的方法,如何从一个正八面体出发,构建一个正方体?

观察图 2-120,可以发现,正方体的体对角线(比如 AC')一定经过正八面体某相对两界面中心,并且,经过对图 2-120 的分析,发现正方体的体对角线的长度是正八面体相对三角形面中心连线长度的两倍。于是,我们可以进行下面的分析。

我们先任意画一个正八面体 *ABCDEF*，如图 2-121 所示。选取某两个相对的正三角形面，比如三角形 *ABF* 和三角形 *CDE*。作出它们的中心点 *P* 和点 *Q*。连接这两个中心点得线段 *PQ*。向 *PQ* 两端均延长出 *PQ* 长度的二分之一，得到两个端点 *S* 和 *U′*。分别连接 *SA*、*SB* 和 *SF*，并延长出它们长度的三分之一，得到点 *S′*、点 *T* 和点 *V*。则线段 *SS′*、*ST* 和 *SV* 就是所求作的正方体的三条互相垂直且相等的棱。点 *A*、*B* 和 *F* 分别是这三条棱上远离点 *S* 的四等分点。于是，从三条棱 *SS′*、*ST* 和 *SV* 出发，就可以作出一个正方体了。如图 2-121 所示，其中 *STUV—S′T′U′V′* 就是所作的正方体。

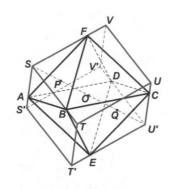

图 2-121

下面这幅图没有标图号，因为将在第 6 章最后才对它进行详细研究。请先观察一下图的背景，看一看它是由什么图形构成的。试着想象把它横着卷成柱面，再竖着卷成柱面。然后你会发现，你可能找不到接缝了。

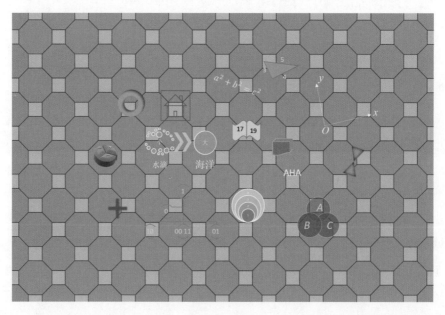

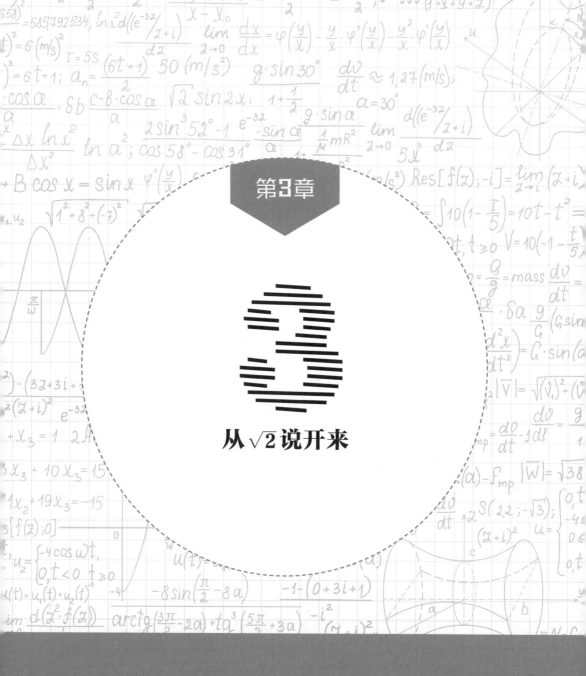

第3章

从 $\sqrt{2}$ 说开来

数学教育需要发展,应以一种新的观点来认识作为教育的数学和数学学习。归根到底,数学是一项人类活动,所以作为教育的数学也要作为一项人类活动来看待。

——弗赖登塔尔

本章从人类日常活动中使用的A4纸出发，引出$\sqrt{2}$矩形，然后证明单位正方形的对角线这一实实在在的线段，其长度竟然不可公度，这一发现引发第一次数学危机。与$\sqrt{2}$相关的趣味题有很多，相信它们将让你感到耳目一新。尽管有了计算机、计算器，但涉及$\sqrt{2}$的近似计算的方法仍然需要了解、理解甚至掌握。数学是研究数与形，即代数与几何及它们之间关系的科学，本章将给出从代数到代数，从代数到几何及从几何到代数的一些经典例子，让我们徜徉在数学知识的海洋中，流连忘返。

一、$\sqrt{2}$矩形

1. A4纸的特点

　　大家知道我们用于打印或复印的A4纸的尺寸吗？是210 mm×297 mm。再看一看A3纸的尺寸是297 mm×420 mm。大家可以试一下，把两张A4纸，长边与长边对在一起并排放置，与一张A3纸作比较，会发现大小正好一样，如图3-1所示。

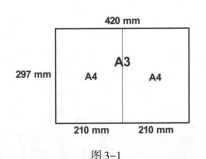

图3-1

　　而有一次，笔者本打算打印一页文件到A4纸（纵向），但不小心打到A3纸上了（也是纵向），结果字大了许多。笔者不想重新打印了，这台打印机也是复印机，笔者就将这张A3纸缩印在A4纸上。发现缩印的效果与直接打印到A4纸上的效果完全一样。这说明A3与A4是相似矩形。

　　于是，若设A4纸的短边长度为x，长边长度为y的话，则A3纸的短边长度就是y，长边长度就是$2x$。根据两个矩形对应边成比例有：$\dfrac{x}{y} = \dfrac{y}{2x}$，即$2x^2 = y^2$，

所以 $\frac{y}{x} = \sqrt{2}$。这种长边与短边之比为 $\sqrt{2}$ 的矩形被称为 $\sqrt{2}$ 矩形。要想使整张、对开、4开、8开、16开、32开的纸全都相似，一定要把整张纸设计成大致为 $\sqrt{2}$ 矩形。

A4纸的长边长与短边长的比值为297:210，近似等于 $\sqrt{2}$。A3纸的长边长与短边长的比值为420:297，也近似等于 $\sqrt{2}$。A3纸横放，中间竖直切开，就得到两张与A3纸相似的A4纸。

 拓展阅读

根号"$\sqrt{}$"的来历

法国数学家笛卡儿第一个使用了根号"$\sqrt{}$"。比如2的算术平方根，就写作 $\sqrt{2}$。"$\sqrt{}$"来自root的首字母r。类似由字母演变而来的数学运算符号还有积分符号"$\int$"，它是"Sum"（和）的首字母"S"的拉长。注意，中文"积"字其实就是求和的意思，比如积累、垛积术。"$\sqrt{}$"是一种数学运算符号。笛卡儿对数学最大的贡献是把代数与几何联系起来从而创建了解析几何。我们现在常用的直角坐标系与斜坐标系一起统称为笛卡儿坐标系。有一个关于心形线（如图3-2所示）的美丽传说，与笛卡儿有关。名言"我思故我在"是笛卡儿说的。

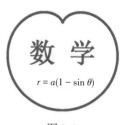

$$r = a(1 - \sin\theta)$$

图3-2

有一个简单易行的办法可以检验A4纸是 $\sqrt{2}$ 矩形：先把A4纸的短边折叠到长边上，这时折痕就是矩形中一个直角的角平分线，即45°线。然后，把矩形的不被折痕所截的长边折叠到折痕上，这时一定会发现，长边与折痕一样长。

图3-3中给出了 $\sqrt{2}$ 矩形的"眼"（大矩形对角线与小矩形对角线的交点）。图中点 E 就是 $\sqrt{2}$ 矩形的"眼"。它位于矩形对角线的三等分点处，所以，这个矩形一共有四个"眼"。大矩形绕眼 E 顺时针旋转90°并同时宽和长都缩小到原来的 $\sqrt{2}$ 分之一，就是图3-2中左右对开后右边的那个矩形。

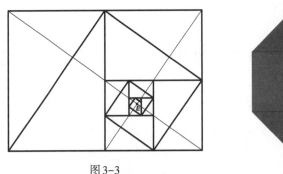

图3-3   图3-4

正八边形与 $\sqrt{2}$ 有联系。图3-4中有四个 $\sqrt{2}$ 矩形。它们的面积和与八边形中除这四个矩形外剩余部分的面积和之比是 $\sqrt{2}:1$。图中红色区域的面积和与蓝色区域的面积和之比是

$$4(\sqrt{2} \times 1):(2+\sqrt{2} \times \sqrt{2}) = \sqrt{2}:1$$

2. 有趣的折纸

下面简单讲一下如何用正方形折出 $\sqrt{2}$ 矩形。如图3-5所示，最后一步结果一定是一个 $\sqrt{2}$ 矩形。

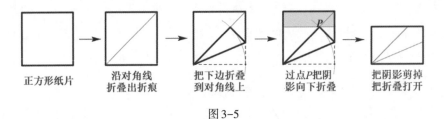

正方形纸片   沿对角线折叠出折痕   把下边折叠到对角线上   过点P把阴影向下折叠   把阴影剪掉把折叠打开

图3-5

上面折纸过程中，第一步用到了正方形对角线是正方形的对称轴之一这一性质；第二步相当于作一个角的角平分线，然后用到全等三角形的概念把边长移动到对角线上；第三步相当于过一点作一边的垂线。另外，从一般的矩形出发，如何折出 $\sqrt{2}$ 矩形？请大家思考。

 拓展阅读

折纸数学与折纸教学

折纸用于数学教学有时会起到意想不到的良好效果。折纸的数学原理很有意思，它主要涉及平面几何学的相关知识，但仔细想想，有时又会与立体几何知识产生美妙的联系。比如，要想得到一条与水平桌面垂直的直线(直线段)，就可以把一条直边分成两部分，然后折叠到一起并压平，便得到一条折痕。把

折纸适当打开一些,便明显看到一个"二面角"。把被折了的直边两翼放于水平桌面上(见图3-6),则折痕就必定与桌面垂直。用此原理可以检测一根立于地面的直杆是否确实与地面垂直。这涉及立体几何的一个判定定理:一条直线与一个平面内的两条相交直线都垂直,则这条直线就与这个平面垂直。

图 3-6

3. 平分巧克力

小马与小朱是好朋友,他们买了一块三角形的巧克力,小朱要考一考小马的数学水平,他说:"你必须把这块三角形巧克力沿一条与一边平行的直线切开,且切开后两块的面积大小必须相等。"在厚度相等时,面积相等代表了体积也相等。那么,小马应该怎么切呢?

下面要讲如何把三角形面积分割为相等的两部分,但不是过顶点或边上确定的某点进行直线切割,而是沿着与三角形某一边平行的直线切割。如果要求的分割线只与某一确定的边平行,那么所求分割线一定是唯一的,如图3-7所示。

方法一: 分析一下,要使上面的三角形与下面的梯形面积相等,其实就是使上面的三角形的面积是整个三角形 ABC 面积的二分之一。这两个三角形是相似的,而面积之比是 $1:2$,说明相似比是 $1:\sqrt{2}$(相似比可以是两个三角形对应边的比值,也可以是三角形对应高线、中线或角平分线的比值)。我们还知道,若正方形的边长为1,则对角线长度就是 $\sqrt{2}$。那么,我们能否在图3-7中作出一个正方形,使它的边长和对角线分别就是小、大三角形的高呢? 我们试一试。

如图3-8所示,过三角形顶点 A 作对边 BC 的垂线 AD,点 D 为垂足。以点 A 为圆心,AD 长为半径作四分之一圆弧 $\overset{\frown}{DE}$。连接 AE。过点 A 作直角 $\angle DAE$ 的角平分线 AF,其中点 F 为角平分线与圆弧 $\overset{\frown}{DE}$ 的交点。过点 F 作 BC 的平行线,与三角形 ABC 的边 AB 和 AC 分别相交于点 B_1 和点 C_1,与 AD 相交于点 G。再过点 F 作 AE 的垂线,垂足为 H。则 $AGFH$ 为正方形。所以,AG 与 AD 的比值等于 AG 与 AF 的比值,这个比值正是 $1:\sqrt{2}$。所以,三角形 AB_1C_1 的面积与三角形 ABC 的面积的比值为1:2。所以,三角形AB_1C_1的面积等于梯形B_1C_1CB的面积。(利用大三角形的边,也可类似地进行。)

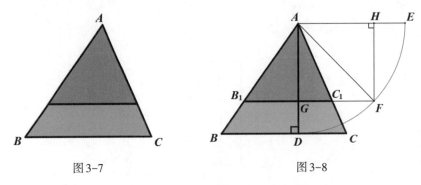

图3-7　　　　　　　　　　　　　　　图3-8

方法二:这个方法很特别,先说一下作图方法(见图3-9)。

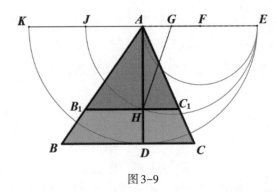

图3-9

(1)以顶点A为圆心,以BC边的垂线为半径,作半圆,半圆直径KE与BC边平行。以半径AE为直径,在三角形一侧作半圆,圆心为F。注意,以点F为圆心的这个小半圆经过垂线AD的端点A,而以点A为圆心的大半圆与垂线AD相交于另一端点D。

(2)关注两个圆心F和A之间的线段FA,取它的中点G,那么以这个中点G为圆心,以GE为半径作半圆,它与垂线AD相交于点H。

(3)过点H与BC平行的线段B_1C_1就是我们要求的分割线,它一定把三角形ABC分割成面积相等的两部分:三角形AB_1C_1和梯形BCC_1B_1。

(4)证明其实很简单:考查图3-9中的半圆JHE,则根据相交弦定理,有$JA \cdot AE = AH^2$,即

$$\frac{AD}{2} \cdot AD = AH^2, \quad AD = \sqrt{2}\,AH$$

(5)用这一方法可以把三角形水平分割成面积相等的n等分,只要把图3-9中线段FA进行n等分。图3-10所示是$n = 5$的情况。

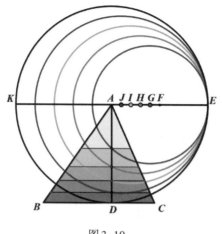

图 3-10

 拓展阅读

几何直观与逻辑推理

在整数网格中画圆,要求圆的内部没有网格点(以下称为"整点"),那么这样的圆的直径的取值范围是: $0 < d \leqslant \sqrt{2}$。即一个圆,如果它的直径范围是 $0 < d \leqslant \sqrt{2}$,那么通过移动这个圆,是可以做到让它不包含任何整点的。下图中的圆为可以做到不包含整点的直径最大的圆。直径等于 $\sqrt{2}$。但若直径大于 $\sqrt{2}$,则不管怎么放置这个圆,它都要包含至少一个整点。请看着图 3-11 想一想。

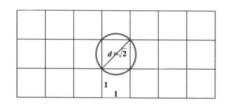

图 3-11

二、神秘的对角线

1. $\sqrt{2}$ 是无理数的严格证明

图 3-12 所示是边长为 1 的正方形。

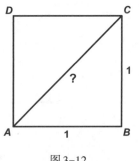

图 3-12

那么，它的对角线 AC 的长度是多少？根据勾股定理，$AC^2 = 1^2 + 1^2 = 2$，所以 $AC = \sqrt{2}$。但那个根号看上去有些诡异。对角线就在那里摆放着，它真实存在着，长度是一定的，我们自然就会认为它是一个能明确写出来的、我们通常所见的那种"数"，哪怕这个数是一个小数点后有很多位的小数。比如说 1.23456789，我们可以把它写成分数的形式：

$$\frac{123456789}{100000000}$$

上面的分式可以这样理解：如果把一条线段等分成 100000000 份，那么 123456789 就表示线段长度为 123456789 份，是确定的，也就是说两者有一个共同尺度——1 份。但实际上，人类花费了成百上千年，发现不管把正方形的边等分成多少份，也不能把对角线的长度表示成 1 份的正整数倍。人们为此大伤脑筋，并慢慢开始觉察这个对角线的长度不是通常我们所说的有理数。

后来，人们渐渐接受了这一事实，给像 $\sqrt{2}$ 这样的不能表示成分数的数取名为无理数（有关有理数和无理数名称的由来，在第 1 章中有介绍）。数轴上再密集的有理数，它们之间也能插入其他的有理数，但在密密麻麻的有理数之间，也密密麻麻地存在着无穷无尽的无理数。

下面介绍 4 种不能把 $\sqrt{2}$ 这个无理数写成两个整数之比的严格证明。这些证明都不难，前 3 种证明方法都是反证法，但又各有不同，第 4 种是用辗转相除法来证明。

证法一：设 $\sqrt{2} = \dfrac{a}{b}$，其中 a 和 b 为正整数且无 1 以外的公因数，即 a 和 b 互素。于是，由勾股定理有 $\left(\dfrac{a}{b}\right)^2 = 1^2 + 1^2 = 2$，即 $a^2 = 2b^2$。右端为偶数，所以 a 为偶数。设 $a = 2k$，则由 $a^2 = 2b^2$ 可得 $4k^2 = 2b^2$，即 $2k^2 = b^2$，所以推出 b 为偶数。但 a 和 b 都为偶数，与假设 a 与 b 互素矛盾。

证法二：设 $\sqrt{2} = \dfrac{a}{b}$，其中 a 和 b 为正整数。于是有 $2 = \dfrac{a^2}{b^2}$，即 $a^2 = 2b^2$。不管 b 是奇数还是偶数，此式右端都有奇数个因数 2（不管 b 的因数中有几个 2，再加上等号右边已有的 2，就一定是奇数个 2），而左端一定含有偶数个因数 2。这就与 $a^2 = 2b^2$ 矛盾。

证法三：设 $\sqrt{2} = \dfrac{a}{b}$，其中 a 和 b 为正整数且无 1 以外的公因数，即 a 和 b 互素。于是有 $2 = \dfrac{a^2}{b^2}$，即 $a^2 = 2b^2$。我们知道，一个正整数的平方，其个位数一定是 0、1、4、5、6 或 9（$0 \times 0 = 0, 1 \times 1 = 1, 2 \times 2 = 4, 3 \times 3 = 9, 4 \times 4 = 16, 5 \times 5 = 25, 6 \times 6 = 36, 7 \times 7 = 49, 8 \times 8 = 64, 9 \times 9 = 81$），即左端 a^2 的个位数只能是 0、1、4、5、6 或 9。而右端 $2b^2$ 的个位数只能是 0,2 或 8（$2 \times 0 = 0, 2 \times 1 = 2, 2 \times 4 = 8, 2 \times 5 = 10, 2 \times 6 = 12$ 或 $2 \times 9 = 18$）。所以，为使 $a^2 = 2b^2$ 两端相等，等号两端个位上的数字只能是 0。所以 a 的个位数只能是 0，而 b 的个位数只能是 0 或 5。这说明 a 和 b 有 5 这个公因数，但这显然与 a 和 b 互素矛盾。

 拓展阅读

弦图证明勾股定理

2002 年第 24 届国际数学家大会在北京举行。本届大会的会徽采用了中国古代数学中一个著名的图形——弦图，如图 3-13 所示。

图 3-13

图 3-14

三国时期吴国的数学家赵爽曾给《周髀算经》作注（见图 3-14）。该注逐段解释经文，没有很精辟的见解，但首章注文中的"句股圆方图"说（句股即勾股），却有着极高的价值。赵爽对句（勾）股定理的解说为"句股各自乘，并之为弦实。

开方除之即弦"。

如图3-15所示,大正方形的面积(弦实)等于四个勾(句)股形("朱")的面积之和(朱实)加上小正方形的面积(黄实),可推导出勾股定理(句股定理)。

$$c^2 = 4 \times \left(\frac{1}{2}ab\right) + (b-a)^2 = a^2 + b^2$$

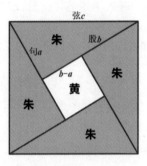

图3-15

证法四:图形法与辗转相除法相结合。

您认为证法一、二、三,从逻辑的角度看,哪种最美?是不是都很美妙!而从简洁的角度看,证法二更"美"一些。为此我们可以发现,数学有逻辑之美,还有简洁之美。

先讲一下如何寻找两个正整数的共同尺度,其实就是找它们的最大公约数。怎么寻找最大公约数呢?我们用例子来说明。比如,36和28。我们可以用辗转相除法。

36 = 1 × 28 + 8

28 = 3 × 8 + 4

8 = 2 × 4

那么,4就是36和28的最大公约数,即它们的共同尺度——36是4的9倍,28是4的7倍。当然,2和1也可以作为它们的共同尺度,但这里,共同尺度是什么没有关系,关键在于是否存在共同尺度。

再比如,77和12。我们用辗转相除法。

77 = 6 × 12 + 5

12 = 2 × 5 + 2

5 = 2 × 2 + 1

2 = 2 × 1

于是,1是它们的共同尺度。

我们也可以用图来说明什么是辗转相除法。比如,两个正整数29和12。如图3-16所示,可以看出,它们的最大公约数为1。

注意:对两个正整数来说,这个计算过程,一定能够结束。

第四种证法如图3-17所示,则

$a = b + EC$

$b = BF + FC = EF + FC = EC + FC = EC + CG + GF = 2EC + GF$

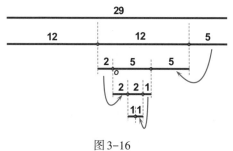

图3-16

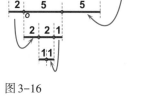

图3-17

下一步是用 FG 去截取 EC 即 EF,而 $FG=GH=HE$,从 EF 中截去等于 GF 的 HE 后,还需要用 FG 去截取斜边 FH,所以又变为在等腰直角三角形 FGH 中用直角边 FG 去截取斜边 FH,这就又回到了开始时的问题。所以,这样的几何上的截取即代数上的辗转相除,永远没有止境。所以,不可能存在一个公同尺度。所以 a 不能用分数表示,所以它不是有理数。

拓展阅读

《九章算术》与更相减损术

中国古代求两个数的最大公约数(最大公因数)的方法出自中国古代数学名著《九章算术》中的"更相减损术"。其实,这个"术"是用来给分数约分的,"可半者半之,不可半者,副置分母、子之数,以少减多,更相减损,求其等也。以等数约之。"比如,计算27和15的最大公约数,先把两个数放在一对括号中,中间用逗号隔开,即(27,15),然后用较大数27减去较小数15,用所得之差12代替上面括号中较大的数27,得到(12,15)。继续上面的操作,依次得到(12,3)→(9,3)→(6,3)→(3,3)。当出现括号中两数相同时,括号中的数就是所求的原来两数的最大公约数,这里,3就是27和15的最大公约数(27=9×3,15=5×3)。用辗转相除法(欧几里得算法)求27和15的最大公约数是这样的:27=1×15+12;15=1×12+3;12=4×3+0。所以27和15的最大公约数是3。本质上,更相减损术与辗转相除法是一回事,但有细微的差别,这从它们的名称中就可以看出。

"更相减损术"中有一个"减"字,而"辗转相除法"中却有一个"除"字。连续地"减"直到不能再减时,就相当于"除"。汉字中,"除"字本身就有"减"的意思。比如,珠算口诀"三下五除二",其中的"除"就是"减"的意思。

"更相减损术"简洁、实用、程序化,便于机械化求解。大家可以用 Excel 进行尝试(语句如图 3-18 所示,再分别向下拖动活动单元格 A2 和 B2 右下角的句柄来"复制"语句,直至出现两数相等为止)。

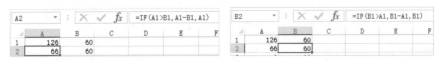

图 3-18

很有意思的是,辗转相除法也称为欧几里得算法,因为在国外,这个算法最早出现在欧几里得所著的《几何原本》中。《几何原本》是古希腊伟大的数学著作,《九章算术》则是中国古代伟大的数学著作。两部著作体现了两种截然不同的数学研究思路。《九章算术》以代数为主,《几何原本》以几何为主。《九章算术》是算法思维,侧重具体和实际应用,《几何原本》是演绎思维,侧重逻辑推理和严密体系。所以,无理数的发现是演绎思维的产物。在数学发展史上,由正数向负数的发展也是一个了不起的飞跃,但"中算家"(中国数学家的简称)们却理所当然地接受了负数,没有任何障碍。

 拓展阅读

吴文俊

吴文俊(1919—2017),中国著名数学家。他对数学的核心领域"拓扑学"作出了重大贡献,开创了数学机械化新领域,对数学与人工智能研究影响深远。他用算法的观点对中国古算做了分析,同时提出用计算机自动证明几何定理的有效方法,在国际上被称为"吴方法"。数学家陈省身先生介绍吴文俊的学术成就时,盛赞他"保持了历史上的许多大数学家对纯粹数学与应用数学都有贡献的传统",他的工作一般来说都是"独出蹊径,不袭前人,富创造性",他的机器证明理论"保持了中国数学的传统",并称"他是一个十分杰出的数学家!"

2. 生活中的 $\sqrt{2}$

音高与音波频率、长度有关系。音高是物理上机械波频率大小的体现。音程相差八度的两个音的频率是 2 倍的关系。比如钢琴键盘上的这两个键发出的音就是音程相差八度的两个音（见图 3-19），"高八度 C"的振动频率是"C"振动频率的 2 倍。

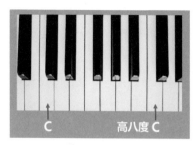

图 3-19

海燕同学读的书上说："鸿雁同学有一根管子，长度为 l_1，敲打它时，它正好发出中央 C 音。她想要用同样的管材制作另一根管子，让它发出的音比第一根管子发出的音高八度。鸿雁同学在一篇文章中发现'管子振动频率与管子长度的平方成反比'这一说法。"海燕同学正好与鸿雁同学有同样的想法。问第二根管子的长度是第一根管子长度的几分之一？

把鸿雁同学在那篇文章中看到的结论写成公式，就是

$$\frac{f_1}{f_2} = \left(\frac{l_2}{l_1}\right)^2$$

所以

$$l_2 = \sqrt{\frac{f_1}{f_2}} \cdot l_1 = \sqrt{\frac{f_1}{2f_1}} \cdot l_1 = \frac{l_1}{\sqrt{2}}$$

即

$$l_1 = \sqrt{2}\, l_2$$

这说明，第二根管子的长度是第一根管子长度的 $\dfrac{1}{\sqrt{2}}$。即 $l_1 : l_2 = \sqrt{2} : 1$。

也就是说，以 l_1 和 l_2 为两边的矩形是 $\sqrt{2}$ 矩形，如图 3-20 所示。

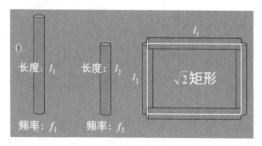

图 3-20

$\sqrt{2}$ 与数域

如果一个集合中的任意两个元素对加、减、乘、除运算是封闭的,就说这个数集为数域。有理数是数域,因为对有理数集合中的任意两个元素,它们的加、减、乘、除(除数不为0)的结果仍然是有理数。有理数域用 **Q** 表示。一切实数组成的集合是一个数域,称为实数域,记为 **R**。一切复数组成的集合是一个数域,记作 **C**。还有其他一些数域。形如 $a + b\sqrt{2}$ 的数组成的集合是一个数域,其中 a 和 b 为有理数。因为对其中任意两个元素 $a_1 + b_1\sqrt{2}$ 和 $a_2 + b_2\sqrt{2}$,它们的加、减、乘、除运算的结果仍然是这一形式:

$$(a_1 + b_1\sqrt{2}) \pm (a_2 + b_2\sqrt{2}) = (a_1 \pm a_2) + (b_1 \pm b_2)\sqrt{2}$$

$$(a_1 + b_1\sqrt{2})(a_2 + b_2\sqrt{2}) = (a_1a_2 + 2b_1b_2) + (a_1b_2 + a_2b_1)\sqrt{2}$$

$$\frac{a_1 + b_1\sqrt{2}}{a_2 + b_2\sqrt{2}} = \frac{(a_1 + b_1\sqrt{2})(a_2 - b_2\sqrt{2})}{(a_2 + b_2\sqrt{2})(a_2 - b_2\sqrt{2})} = \frac{a_1a_2 - 2b_1b_2}{a_2^2 - 2b_2^2} + \frac{(a_2b_1 - a_1b_2)}{a_2^2 - 2b_2^2}\sqrt{2}$$

三、任何小数形式的有理数都可以化为分数

有理数是有限小数或无限循环小数,我们用例子来说明如何把它们转化为分数,而这种方法对无理数则行不通。

(1)有限小数。比如 $0.29, 0.125$,很简单,把它们分别写成:

$$\frac{29}{100}, \quad \frac{125}{1000}\left(= \frac{1}{8}\right)$$

(2)无限循环小数。比如 $0.33333\cdots$ 即 $0.\dot{3}$,设它为 x。于是有

$$x = 0.333333\cdots$$

$$10x = 3.333333\cdots = 3 + x$$

$$9x = 3$$

$$x = \frac{1}{3}$$

再比如 $2.777777\cdots$ 设它为 x。于是有

$$x = 2.777777\cdots = 2 + 0.777777\cdots$$

$$x - 2 = 0.777777\cdots$$

$$10(x - 2) = 7.777777\cdots = 5 + 2.777777\cdots$$

$$10x - 20 = 5 + x$$

$$x = \frac{25}{9}$$

再举一个复杂一些的例子：$x = 2.\dot{2}8571\dot{4}$。

$$x = 2.\dot{2}8571\dot{4} = 2 + 0.\dot{2}8571\dot{4}$$

$$x - 2 = 0.\dot{2}8571\dot{4}$$

$$1000000(x - 2) = 285714.\dot{2}8571\dot{4}$$

$$1000000x - 2000000 = 285714 + 0.\dot{2}8571\dot{4}$$

$$1000000x - 2000000 = 285714 + x - 2$$

$$999999x = 2285712$$

$$x = \frac{2285712}{999999} = \frac{16}{7}$$

注意，上面最后一步对得到的分数进行了约分化简。公因数 2、3、5 容易看出，在公因数不容易看出时，就分别用 7、11、13、17、19 等一个个去试。

对 $\sqrt{2} = 1.41421356237309504880168\cdots$ 你无法用这种方法把它化成分数，这是否也间接说明了 $\sqrt{2}$ 是无理数？

这种方法"化无穷为有穷"，很神奇！类似的方法可以用在对无穷循环连分数的处理，很有意思。下一节会讲到。

四、$\sqrt{2}$ 的连分数表示及四年一闰是怎么回事？

1. $\sqrt{2}$ 的连分数表示

先讲一下连分数。连分数其实是辗转相除法的一种变化形式。比如，一个分数（有理数）可以写成连分数的形式。以 $\frac{69}{25}$ 为例：

$$\frac{69}{25} = 2 + \frac{19}{25} = 2 + \frac{1}{\frac{25}{19}} = 2 + \frac{1}{1 + \frac{6}{19}} = 2 + \frac{1}{1 + \frac{1}{\frac{19}{6}}} = 2 + \frac{1}{1 + \frac{1}{3 + \frac{1}{6}}}$$

简写成部分商的形式，即 $[2, 1, 3, 6]$。这个连分数的表达形式是唯一的。这是因为我们让每条分数线上的数字都为"1"。

但是，哪怕一个最简单的无理数 $\sqrt{2}$，它的连分数展开也是无穷无尽的。

$$\sqrt{2} = 1 + \cfrac{1}{2 + \cfrac{1}{2 + \cfrac{1}{2 + \cfrac{1}{2 + \cfrac{1}{\ddots}}}}}$$

$\sqrt{2}$ 简写成部分商的形式,就是 $[1,2,2,2\cdots]$。可以按照下面的方法把 $\sqrt{2}$ 展开为上面的连分数的形式。

$$\sqrt{2} = 1 + \frac{1}{x_2}$$

$$\Rightarrow x_2 = \frac{1}{\sqrt{2}-1} = \sqrt{2}+1 = 2 + \frac{1}{x_3}$$

$$\Rightarrow x_3 = \frac{1}{\sqrt{2}-1} = \sqrt{2}+1 = 2 + \frac{1}{x_4}$$

$$\cdots\cdots$$

$$\Rightarrow x_2 = x_3 = x_4 = \cdots$$

我们发现,在 $\sqrt{2}$ 的连分数中,除第一个部分商"1"以外,其他部分商都是 2,即 2 循环了起来,且循环到无穷。

我们不加证明地给出结论:一个有理数可以写成有限简单连分数的形式 ("有限"是指一定会在某一步后不能再分解。所谓"简单"是指分数线上的数字都是"1");一个二次无理数(含有开平方的数,比如 $\sqrt{2}$, $\frac{1+\sqrt{5}}{2}$,其中根号下的数不是完全平方数)可以写成无限循环连分数的形式(无限与上面的有限相对;"循环"是指部分商从某个部分开始产生循环节,有些类似小数循环节)。反之亦然。比如

$$\sqrt{3} = [\,1,\,1,\,2,\,1,\,2,\,1,\,2\cdots\,];$$

$$\sqrt{15} = [\,3,\,1,\,6,\,1,\,6,\,1,\,6\cdots\,];$$

$$\frac{5+\sqrt{37}}{3} = [\,3,\,1,\,2,\,3,\,1,\,2\cdots\,]。(这个从部分商的第一个部分就开始循环的连分数称为纯循环连分数。)$$

还有一些无理数,比如 e 和 π,它们是超越数,它们可以表示为无限不循环连分数。一个数在用小数表示时,有一个有趣的现象:如果这个数是有理数,表示为有限小数或无限循环小数;如果这个数是无理数(不管是代数数如 $\sqrt{2}$ 还是超越数如 e 和 π)都表示为无限不循环小数。而一个数在用连分数表示时,这

个数是有理数时表示为有限连分数,而这个数是无理数中的代数数时表示为无限循环连分数,这个数是超越数时表示为无限不循环连分数。

2. 无穷连分数与二次无理式

我们下面讲一个有趣的事情,它发生在数学的深层结构。设有一个纯循环连分数

$$a = \left[1, 2, 3, 1, 2, 3, 1, 2, 3 \cdots \right]$$

它肯定是一个二次无理数。但如何求出这个二次无理数呢? 想一想,如果一个连分数是有限连分数,那么我们可以从最远处,逆向一步步把这个连分数转变为一个分数。但是,纯循环连分数是无穷的,我们根本不可能从无穷远开始往回走,就像我们不可能先跳到未来再往回走。对无穷连分数进行任何截断,得到的都将是近似值。我们必须另想办法。试着写出这个连分数,便会有所发现。

$$a = 1 + \cfrac{1}{2 + \cfrac{1}{3 + \cfrac{1}{1 + \cfrac{1}{2 + \cfrac{1}{3 + \cfrac{1}{\ddots}}}}}} \Rightarrow a = 1 + \cfrac{1}{2 + \cfrac{1}{3 + \cfrac{1}{a}}}$$

这时,上式在形式上就变成了有限连分数。其实,它是含有一个未知量 a 的代数方程。为什么呢? 请看下面的式子。

$$a = 1 + \cfrac{1}{2 + \cfrac{1}{3 + \cfrac{1}{a}}} \Rightarrow a = 1 + \cfrac{1}{2 + \cfrac{a}{3a + 1}}$$

$$\Rightarrow a = 1 + \frac{3a + 1}{7a + 2} \Rightarrow a = \frac{10a + 3}{7a + 2} \Rightarrow 7a^2 - 8a - 3 = 0$$

这是一个整系数二次方程。(注意,不管上面的形式连分数有多长,连分数的右侧总能化为两个整系数一次式的比值,所以,连分数最终一定能化为一元二次方程。即"两头"为同一未知数的连分数一定等价于一个整系数一元二次方程。这也印证了前面那个未加证明的结论。)也可以说,a 是一元二次方程 $7x^2 - 8x - 3 = 0$ 的根。

由一元二次方程的求根公式可以求出二次方程的根 $a(a>1)$。

$$a = \frac{8 + \sqrt{64 - 4 \times 7 \times (-3)}}{2 \times 7} = \frac{4 + \sqrt{37}}{7}$$

再来看下面这个连分数

$$b = [\, 3, 2, 1, 3, 2, 1, 3, 2, 1\cdots\,]$$

它也是一个纯循环连分数,它的"循环节"正好与 a 的"循环节"顺序相反。对 b 进行类似的连分数运算。

$$b = 3 + \cfrac{1}{2 + \cfrac{1}{1 + \cfrac{1}{b}}} \Rightarrow b = 3 + \cfrac{1}{2 + \cfrac{b}{b+1}}$$

$$\Rightarrow b = 3 + \frac{b+1}{3b+2} \Rightarrow b = \frac{10b+7}{3b+2} \Rightarrow 3b^2 - 8b - 7 = 0$$

也得到一个一元二次方程。也可以说,b 是一元二次方程 $3x^2 - 8x - 7 = 0$ 的根。同样,可以利用二次方程求根公式求出 $b(b>1)$。

$$b = \frac{8 + \sqrt{64 - 4 \times 3 \times (-7)}}{2 \times 3} = \frac{4 + \sqrt{37}}{3} \qquad \text{①}$$

因为 $b > 1$,把 $3b^2 - 8b - 7 = 0$ 等式两边同时除以 b 的平方的相反数"$-b^2$",所以有

$$3b^2 - 8b - 7 = 0$$

$$-3 - 8\left(-\frac{1}{b}\right) + 7\left(\frac{1}{b}\right)^2 = 0$$

$$7\left(-\frac{1}{b}\right)^2 - 8\left(-\frac{1}{b}\right) - 3 = 0$$

从上式看出,"$-\dfrac{1}{b}$"是方程 $7x^2 - 8x - 3 = 0$ 的根。即,"$-\dfrac{1}{b}$"和 a 都是方程 $7x^2 - 8x - 3 = 0$ 的根,并且显然,$-\dfrac{1}{b} \neq a$,且 $a > 1$;$-1 < -\dfrac{1}{b} < 0$。一元二次方程最多有两个根,所以,"$-\dfrac{1}{b}$"和 a 就是方程 $7x^2 - 8x - 3 = 0$ 的两个根了。因为一元二次方程若有无理根,则两个根均为无理根,且两个无理根共轭。所以,由一个根为:

$$a = \frac{4 + \sqrt{37}}{7}$$

一定可以得出另一个根为:

$$-\frac{1}{b} = \frac{4 - \sqrt{37}}{7}$$

我们下面从上式解出 b，去验证它是不是就是我们前面①式中的 b。

$$b = \frac{7}{\sqrt{37} - 4} = \frac{7(\sqrt{37} + 4)}{(\sqrt{37} - 4)(\sqrt{37} + 4)} = \frac{4 + \sqrt{37}}{3}$$

是正确的。

从上面一系列操作我们发现，若两个纯循环连分数的"循环节"长度相等且顺序相反，则一个连分数所表示的二次无理数与另一个连分数所表示的二次无理数的负倒数正好就是某个整系数一元二次方程的两个根，且这两个根是共轭的。这两个根，一个大于1，另一个位于-1与0之间。上面的 a 与 b 就是这样的两个连分数。

反之，若一个整系数一元二次方程有两个无理根，一个大于1，另一个位于-1与0之间，则一个根的连分数形式与另一个根的负倒数的连分数形式都是纯循环连分数，且两个连分数的循环节长度相等，顺序相反。比如，一元二次方程

$$2x^2 - 2x - 1 = 0$$

它的两个无理根为：

$$x_{1,\,2} = \frac{2 \pm \sqrt{4 - 4 \times 2 \times (-1)}}{2 \times 2} = \frac{1 \pm \sqrt{3}}{2}$$

其中

$$x_1 = \frac{1 + \sqrt{3}}{2} > 1, \quad -1 < x_2 = \frac{1 - \sqrt{3}}{2} < 0$$

x_1 的连分数形式与 x_2 的负倒数的连分数形式如下所示，它们都是纯循环连分数，且循环节长度相等，顺序相反。

$$x_1 = 1 + \cfrac{1}{2 + \cfrac{1}{1 + \cfrac{1}{2 + \cfrac{1}{1 + \cfrac{1}{2 + \cfrac{1}{\ddots}}}}}}, \quad -\frac{1}{x_2} = 2 + \cfrac{1}{1 + \cfrac{1}{2 + \cfrac{1}{1 + \cfrac{1}{2 + \cfrac{1}{1 + \cfrac{1}{\ddots}}}}}}$$

这里把无穷连分数化为有穷分数的方法，与上一节把有理小数化为分数的方法有异曲同工之妙！这就是数学的方法之美！

3."四年一闰，百年少一闰"是怎么回事？

连分数形式有助于对"四年一闰，百年少一闰"的理解，并且"百年少一闰"

"四百年加一闰"等更加精准的调整,值得我们去研究。

首先说明何为1日(1天),何为1回归年。地球自转1圈所用时间为1天(1天有24小时,1小时有60分钟,1分钟有60秒)。地球绕太阳公转1圈回到初始位置所用时间为1回归年。但很不巧,1回归年并不正好是365天,而是365天5小时48分46秒。阳历的平年只有365天,所以,过了2022年12月31日24时,就是2023年新年了。但其实这时的地球还没有回归到2021年12月31日24时的位置,地球还要再行走5小时48分46秒才能回归这个位置。若我们任之不管,这个差值经过4年将达到近1天,那么经过400年这个差值就将达到近100天。这甚至会导致季节错乱(北半球四季主要是根据气候而定的,最冷的季节是冬季,最热的季节是夏季,从夏季到冬季的过渡季是秋季。而季节产生的原因是地球自转轴与地球公转轨道平面不垂直,参考图3-21)。

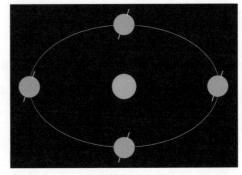

图3-21

所以需要调整,相差的5小时48分46秒积累4年约成1天,把它加到第4年的二月,使二月天数由28天增加为29天,这样4年时间下来,地球基本上回归到四年前的位置。称所加的1日为"闰日",有闰日的年为闰年。

若阳历平年与回归年的差距正好是6小时,则每4年一闰就彻底解决了这个问题。但实际上差值不到6小时。所以,含有一个闰年在其中的4年时间,其末尾时刻地球的位置超过了起始时地球的位置,即虽然回归了,但又超过了回归点。所以还需要再调整。于是有了每100年少闰一天的调整,即每100年闰24天而不是25天,然后继续有每400年加闰一天的调整。这样,每400年就一共增加了24×4+1,即97个闰日,也就是每400年中有97个闰年。据此,规定能被4整除的年份为闰年,但其中的逢百之年只有能被400整除的年份才为闰年。所以,公元1896年、1900年和1904年都能被4整除,但因逢百之年1900年不能被400整除,所以1896年和1904年都是闰年,而1900年不是闰年。公元2000年则是闰年。

下面借助连分数这一数学工具,精确地研究闰年设置问题。

把回归年365天5小时48分46秒写成连分数。

$$365 + \frac{5}{24} + \frac{48}{24 \times 60} + \frac{46}{24 \times 60 \times 60} = 365\frac{10463}{43200}$$

$$= 365 + \cfrac{1}{\cfrac{43200}{10463}} = 365 + \cfrac{1}{4 + \cfrac{1}{\cfrac{10463}{1348}}} = 365 + \cfrac{1}{4 + \cfrac{1}{7 + \cfrac{1027}{1348}}}$$

$$= 365 + \cfrac{1}{4 + \cfrac{1}{7 + \cfrac{1}{1 + \cfrac{321}{1027}}}} = 365 + \cfrac{1}{4 + \cfrac{1}{7 + \cfrac{1}{1 + \cfrac{1}{3 + \cfrac{64}{321}}}}}$$

$$= 365 + \cfrac{1}{4 + \cfrac{1}{7 + \cfrac{1}{1 + \cfrac{1}{3 + \cfrac{1}{5 + \cfrac{1}{64}}}}}}$$

上式分数部分的渐进分数依次为:

$$\frac{1}{4}, \ \frac{7}{29}, \ \frac{8}{33}, \ \frac{31}{128}, \ \frac{163}{673}, \ \frac{10463}{43200}$$

这 6 个渐进分数中第一个比连分数的分数部分大,第二个则小,第三个又大,即 6 个渐进分数"一大一小"交替在精准值 $\frac{10463}{43200}$ 两边振荡而振幅逐渐减小,最后停留在 $\frac{10463}{43200}$。

取第一个渐进分数 $\frac{1}{4}$,就有了四年一闰的调整。若取第二个渐进分数 $\frac{7}{29}$,则意味着 29 年 7 闰,可以采取 28 年中四年一闰共闰 7 次,然后停闰 1 年。若取第三个渐进分数 $\frac{8}{33}$ $\left(相当于 \frac{24}{99}\right)$,即 99 年闰 24 次。取 $\frac{1}{4}$ $\left(相当于 \frac{25}{100}\right)$ 时,即 100 年闰 25 次,显然闰多了。于是我们便有了"百年少一闰"的调整。还可以取 $\frac{31}{128}$,根据这个渐进分数可以采取"前 3 个 33 年每 33 年闰 8 次,后 29 年闰 7 次"来实现,但这个不太好实施。"四年一闰,百年少一闰"的调整方法,相当于"百年 24 闰",这样下来,到了 43200 年后,一共增加了 $432 \times 24 = 10368$ 天。这与 10463 天还相差 95 天。于是,又规定每 400 年加闰一次的调整,43200 年中有 108 次调

第
3
章

从
$\sqrt{2}$
说
开
来

137

整。这又比95多了13次。所以，最终需要在43200年内再减少13个闰年。怎么调整？可以思考一下，目标是使得43200年后地球的位置回归，完成一个大循环。

图说整数的算术平方根

$$\sqrt{2}, \sqrt{3}, \sqrt{4}, \sqrt{5}, \sqrt{6}, \sqrt{7}, \sqrt{8}, \sqrt{9}, \pi, \sqrt{10}\cdots$$

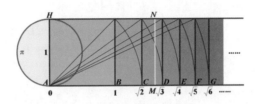

图 3-22

$$3 = \sqrt{9} < \pi < \sqrt{10} \approx 3.16227766$$

即 π 位于 3 和 $\sqrt{10}$ 之间。很显然，除了完全平方数外的一切正整数的开平方都是无理数，所以从这个方面来说，无理数比有理数多很多，尽管无理数和有理数都有无穷多！

第七届国际数学教育大会的会徽就是按照图 3-23 这种方式设计的。

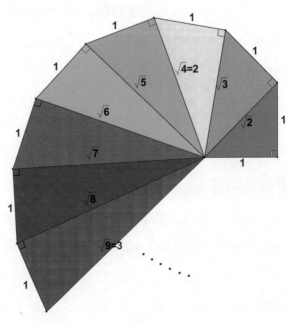

图 3-23

五、$\sqrt{2}$ 的近似计算

我们当然可以通过计算器方便地求得 $\sqrt{2}$ 的近似值。一般的计算器可以算出小数点后十位。但计算器能算出来,也是因为有算法在背后支撑着,我们还是需要对算法有所了解。下面我们就针对 $\sqrt{2}$ 来看一看,求一个正整数的平方根存在着什么算法。

我们知道 $\sqrt{2}$ 大于 1 且小于 2,即 $1<\sqrt{2}<2$,所以 $\sqrt{2}$ 应该是 1.…。通过简单计算,可以得到 $1.1^2 = 1.21, 1.2^2 = 1.44, 1.3^2 = 1.69, 1.4^2 = 1.96, 1.5^2 = 2.25$。因为 $1.96 < 2 < 2.25$,所以 $1.4^2 <(\sqrt{2})^2<1.5^2$。所以 $1.4 < \sqrt{2} < 1.5$。这说明 $\sqrt{2}$ 等于 1.4…。我们可以继续算出 $1.41^2, 1.42^2 \cdots$,从而把 $\sqrt{2}$ 的百分位确定下来。但这样做利于手工计算,不利于机器进行程序化运算,并且一次计算只确定一位,比较慢。所以需要找到一个通用的且更加快速的办法。

我们知道,$2 < \dfrac{9}{4} = \left(\dfrac{3}{2}\right)^2$,所以 $\sqrt{2} < \dfrac{3}{2}$。所以

$$1 < \sqrt{2} < \frac{3}{2} \Rightarrow 0 < \sqrt{2} - 1 < \frac{1}{2} \Rightarrow 0 < (\sqrt{2} - 1)^2 < \frac{1}{4}$$

$$\Rightarrow 0 < 3 - 2\sqrt{2} < \frac{1}{4} \Rightarrow 0 < \frac{3}{2} - \sqrt{2} < \frac{1}{8}$$

最后这个不等式可以说明用 1.5 作为 $\sqrt{2}$ 的近似值,误差小于 0.125。也就是说,十分位都还不正确(我们刚才用手工算法已得知 $\sqrt{2}$ 的十分位是"4")。我们可以继续对上面这个不等式进行平方,看看情况会怎样。

$$0 < \left(\frac{3}{2} - \sqrt{2}\right)^2 < \frac{1}{64} \Rightarrow 0 < \frac{17}{4} - 3\sqrt{2} < \frac{1}{64} \Rightarrow 0 < \frac{17}{12} - \sqrt{2} < \frac{1}{192}$$

计算分数 $\dfrac{17}{12}$,得 $1.4166666\cdots$,所以,由上式,$\dfrac{17}{12}$ 与 $\sqrt{2}$ 的误差肯定小于 $\dfrac{1}{100}$,从而 $1.4166666\cdots$ 中到小数点后的第一位即十分位是正确的,即 $\sqrt{2}$ 等于 1.4…。看似与前面的计算差不多。但我们可以对上述不等式继续平方。

$$0 < \left(\frac{17}{12} - \sqrt{2}\right)^2 < \frac{1}{192^2} \Rightarrow 0 < \frac{577}{408} - \sqrt{2} < \frac{1}{104448}$$

计算分数 $\dfrac{577}{408}$,得 $1.4142156862745\cdots$,所以,由上式,$\dfrac{577}{408}$ 与 $\sqrt{2}$ 的误差肯定小于 $\dfrac{1}{100000}$,从而 $1.4142156862745\cdots$ 中到万分位,即小数点后第四位都是正确的,即 $\sqrt{2}$ 等于 1.4142…。这已经很精确了,但可能科学计算还需要更加

精确,所以,我们再进行一次平方。

$$0 < \left(\frac{577}{408} - \sqrt{2}\right)^2 < \frac{1}{104448^2}$$

$$0 < \left(\frac{577}{408}\right)^2 + 2 - \frac{577}{204}\sqrt{2} < \frac{1}{104448^2}$$

$$0 < \frac{11319569}{8004144} - \sqrt{2} < \frac{1}{30856445952}$$

计算分数 $\frac{11319569}{8004144}$,得 1.4142135623746…,所以,由上式, $\frac{11319569}{8004144}$ 与 $\sqrt{2}$ 的误差肯定小于 $\frac{1}{10000000000}$,从而 1.4142135623746… 中到小数点后第九位都是正确的,即 $\sqrt{2}$ 等于 1.414213562…。实际上, $\sqrt{2}$=1.4142135623730…。我们得到的近似分数 $\frac{11319569}{8004144}$=1.4142135623746…,小数点后十一位都与 $\sqrt{2}$ 的实际值完全一致。

 趣味题

覆盖问题

把 51 只小虫放入一个边长为 1 米的正方形平台上,那么,一定有某 3 只小虫,我们可以用一个直径为 $\frac{2}{7}$ 米的圆形盖子将它们盖住。

证明:把边长 1 米的正方形平台平均分成 25 个边长为 $\frac{1}{5}$ 米的小正方形格子。51 = 2 × 25 + 1。由抽屉原理,一定存在某个小正方形格子,其中放入了至少 3 只小虫。经计算,一个边长为 $\frac{1}{5}$ 米的小正方形格子的对角线长度为 $\frac{\sqrt{2}}{5}$ 米,若要一个圆形盖子能将一个小正方形盖住,圆盖的直径不能小于小正方形的对角线长度。也就是圆盖的直径大于 $\frac{\sqrt{2}}{5}$ 米即可。经计算,得

$$\frac{\sqrt{2}}{5} < 0.28285 < 0.28571 < \frac{2}{7}$$

所以,直径为 $\frac{2}{7}$ 米的圆盖可以盖住某 3 只小虫。证毕。

1. 是正八边形吗?

图3-24(a)所示最小的方格都是边长为1个单位的正方形。请问图中红色区域的边界是正八边形吗? 或红色区域的面积是边长为10个单位长度的正八边形的面积吗?

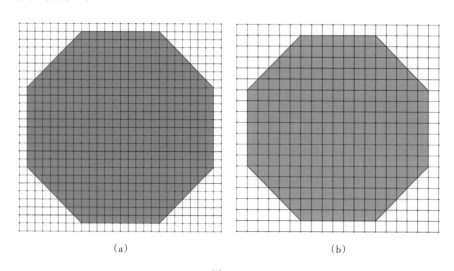

(a)　　　　　　　　　　(b)

图3-24

再请问,图3-24(b)所示橙色图形的边界是正八边形吗? 答案:红色和橙色图形的边界都不是正八边形,虽然很接近。

红色图形上下左右四条边的长度都为10,而倾斜的四条边的长度都为 $7\sqrt{2}$,$\sqrt{2} \approx 1.4142135623730$,所以,$7\sqrt{2} \approx 9.8994949366116$。绝对误差约为0.1005050633883。相对误差约为1%。**橙色图形**上下左右四条边的长度都为7,倾斜的四条边的长度都为 $5\sqrt{2}$,$5\sqrt{2} \approx 7.0710678118654$。绝对误差约为0.0710678118654。相对误差约为1%。

所以,两个图形看上去很像正八边形,但不是正八边形。其实,我们可以不用计算边长。对红色图形,因 $\sqrt{2}$ 是无理数,所以7倍的 $\sqrt{2}$ 也是无理数,它不可能等于整数10。对橙色图形也是同样的道理。

2. 这个自相似无穷根式等于几?

$$\sqrt{2+\sqrt{2+\sqrt{2+\sqrt{2+\sqrt{2+\sqrt{\cdots}}}}}}$$

自相似意味着部分等于整体。设上式等于x,

$$\sqrt{2+\sqrt{2+\sqrt{2+\sqrt{2+\sqrt{2+\sqrt{\cdots}}}}}}=x$$

所以

$$2+\sqrt{2+\sqrt{2+\sqrt{2+\sqrt{2+\sqrt{\cdots}}}}}=x^2$$

即

$$2+x=x^2$$

得

$$x=2$$

3. 勾股树

下图所示称为勾股树。它是毕达哥拉斯发明的,所以也叫毕达哥拉斯树。它是在一个个正方形的一边上画一个等腰直角三角形,正方形的边为斜边。再在这个直角三角形两个直角边上各画一个正方形。显然,小正方形的边长是原正方形边长的$\dfrac{1}{\sqrt{2}}$。如图3-25所示,一直无限地画下去,便得到一棵"树"。

图3-25

4. 三个"2"可以构成任意正整数

$$n=-\log_2\log_2\underbrace{\sqrt{\sqrt{\cdots\sqrt{\sqrt{2}}}}}_{n\text{层根号}}$$

以 $n=3$ 为例，则

$$-\log_2\log_2\underbrace{\sqrt{\sqrt{\sqrt{2}}}}_{3层根号}$$

$$= -\log_2\log_2\{[(2^{\frac{1}{2}})]^{\frac{1}{2}}\}^{\frac{1}{2}}$$

$$= -\log_2\log_2 2^{\frac{1}{8}} = -\log_2\frac{1}{8} = -\log_2 2^{-3} = -(-3) = 3$$

·七、对称多项式、一元二次方程、二元一次方程组—

观察下面这些二元多项式

$$x_1 + x_2 ，x_1 x_2 ，x_1^2 + x_2^2 ，x_1^2 + x_2^2 + x_1 x_2 ，x_1^2 x_2 + x_1 x_2^2$$

把 x_1 和 x_2 对换，多项式的值不变。这样的多项式称为对称多项式。显然，$x_1 - x_2$ 不是对称多项式。但 $(x_1 - x_2)^2$ 是对称多项式。我们把

$$\sigma_1 = x_1 + x_2$$
$$\sigma_2 = x_1 x_2$$

称为初等对称多项式。

一个对称多项式可以写成关于它的初等对称多项式的多项式。比如

$$x_1^3 x_2 + x_1 x_2^3 = (x_1^2 + x_2^2)x_1 x_2$$

$$= [(x_1 + x_2)^2 - 2x_1 x_2]x_1 x_2$$

$$= (\sigma_1^2 - 2\sigma_2)\sigma_2 = \sigma_1^2\sigma_2 - 2\sigma_2^2$$

上面使用的是拼凑的方法。对二元的对称多项式，使用拼凑方法简捷有效。但对三元甚至更多元的对称多项式，拼凑方法就不好用了。比如

$$x_1^3 + x_2^3 + x_3^3$$

这是一个三元的多项式，它的初等对称多项式是

$$\sigma_1 = x_1 + x_2 + x_3,$$

$$\sigma_2 = x_1 x_2 + x_2 x_3 + x_3 x_1,$$

$$\sigma_3 = x_1 x_2 x_3$$

我们先找到 $x_1^3 + x_2^3 + x_3^3$ 的首项（从第一元 x_1 的最高次方开始排列，类似英语字典排字法。比如某个对称多项式中有下面的几项：$x_1^4 x_2 x_3$，$x_1^3 x_2^4 x_3$，$x_1^4 x_2^2 x_3$，那么，$x_1^4 x_2 x_3$ 一定排在 $x_1^3 x_2^4 x_3$ 的前面，而 $x_1^4 x_2 x_3$ 就不能排在 $x_1^4 x_2^2 x_3$ 的前面。上面

我们讨论的对称多项式 $x_1^3 + x_2^3 + x_3^3$ 按这种方法排列的顺序是正确的）。

下面来讨论用通用方法把对称多项式 $f = x_1^3 + x_2^3 + x_3^3$ 写成关于 $\sigma_1, \sigma_2, \sigma_3$ 的多项式。

取 f 的首项 x_1^3，它相当于 $x_1^3 x_2^0 x_3^0$。用一个三元数组（因为是三元多项式）表示首项的幂次：$(3, 0, 0)$。于是得到 $\varphi_1 = \sigma_1^{3-0} \sigma_2^{0-0} \sigma_3^0$，即 σ_1 的幂次为幂次数组 $(3, 0, 0)$ 的第 1 个数减去第 2 个数，即 $3 - 0 = 3$。σ_2 的幂次为幂次数组的第 2 个数减去第 3 个数，即 $0 - 0 = 0$。σ_3 的幂次为幂次数组的第 3 个数，即 0。计算 φ_1。

$$\varphi_1 = \sigma_1^3 \sigma_2^0 \sigma_3^0 = \sigma_1^3 = (x_1 + x_2 + x_3)^3$$

再计算

$$f_1 = f - \varphi_1 = x_1^3 + x_2^3 + x_3^3 - (x_1 + x_2 + x_3)^3$$
$$= -3(x_1^2 x_2 + x_1^2 x_3 + x_2^2 x_3 + x_2^2 x_1 + x_3^2 x_1 + x_3^2 x_2) - 6x_1 x_2 x_3$$

不难看出，上式展成单项式的代数和后的首项为 $-3x_1^2 x_2$。对它做类似上面的工作：它的幂次数组为 $(2, 1, 0)$，计算 φ_2。

$$\varphi_2 = -3\sigma_1^{2-1} \sigma_2^{1-0} \sigma_3^0 = -3\sigma_1 \sigma_2 = -3(x_1 + x_2 + x_3)(x_1 x_2 + x_2 x_3 + x_3 x_1)$$
$$= -3(x_1^2 x_2 + x_1^2 x_3 + x_2^2 x_3 + x_2^2 x_1 + x_3^2 x_1 + x_3^2 x_2) - 9x_1 x_2 x_3$$

于是

$$f_2 = f_1 - \varphi_2 = 3x_1 x_2 x_3 = 3\sigma_3$$

再计算 φ_3

$$\varphi_3 = 3\sigma_1^{1-1} \sigma_2^{1-1} \sigma_3^1 = 3\sigma_3$$

所以

$$f = \varphi_1 + \varphi_2 + \varphi_3 = \sigma_1^3 - 3\sigma_1 \sigma_2 + 3\sigma_3$$

下面我们推导一元二次方程的求根公式。一元二次方程为：

$$ax^2 + bx + c = 0$$

设它的两个根为 x_1 和 x_2。由韦达定理得根与系数的关系：

$$x_1 + x_2 = -\frac{b}{a}$$

$$x_1 x_2 = \frac{c}{a}$$

设

$$\beta_1 = x_1 + x_2$$

$$\beta_2 = x_1 - x_2$$

则

$$x_1 = \frac{\beta_1 + \beta_2}{2}$$

$$x_2 = \frac{\beta_1 - \beta_2}{2}$$

$\beta_1 = x_1 + x_2$ 是对称多项式,它已经用一元二次方程的系数表示了,即 $\beta_1 = -\dfrac{b}{a}$。如果再把 β_2 也用系数表示,那么我们便可以求出用一元二次方程的系数表示的一元二次方程的求根公式。但是,$\beta_2 = x_1 - x_2$ 不是对称多项式,所以还需进一步处理。我们发现 $\beta_2^2 = (x_1 - x_2)^2$ 是对称多项式,所以 β_2^2 可以用初等对称多项式,即 $\sigma_1 = x_1 + x_2$ 和 $\sigma_2 = x_1 x_2$ 表示。具体来说

$$\beta_2^2 = (x_1 - x_2)^2 = (x_1 + x_2)^2 - 4x_1x_2 = \sigma_1^2 - 4\sigma_2$$

$$\beta_2 = \pm\sqrt{\sigma_1^2 - 4\sigma_2} = \pm\sqrt{\left(-\frac{b}{a}\right)^2 - 4\left(\frac{c}{a}\right)} = \pm\frac{1}{a}\sqrt{b^2 - 4ac}$$

于是,由 $\begin{cases} x_1 = \dfrac{\beta_1 + \beta_2}{2} \\ x_2 = \dfrac{\beta_1 - \beta_2}{2} \end{cases}$,得 $\begin{cases} x_1 = -\dfrac{b}{2a} \pm \dfrac{1}{2a}\sqrt{b^2 - 4ac} \\ x_2 = -\dfrac{b}{2a} \mp \dfrac{1}{2a}\sqrt{b^2 - 4ac} \end{cases}$,即

$$x_{1,2} = \frac{-b \pm \sqrt{b^2 - 4ac}}{2a}$$

其实,上面所讲的过程可以用一句很简单的话来概括:把一元二次方程变成同解的二元一次方程组(这个过程中,对称多项式起了很大的作用),即

$$ax^2 + bx + c = 0 \rightarrow \begin{cases} x_1 + x_2 = -\dfrac{b}{a} \\ x_1 - x_2 = \pm\dfrac{1}{a}\sqrt{b^2 - 4ac} \end{cases}$$

多么神奇呀!这是把一个代数问题转化为另一个较简单的代数问题。也许在这里,一元二次方程很简单,用"配方法"来解更简单,但这里借助对称多项式来解的方法有其通用性,这个方法还可以用来解决其他更多的和更复杂的问题。

数学研究代数与几何,从而有了解析几何。解析几何有两个主要方面:一

方面是把代数问题化为几何问题来求解;另一方面是把几何问题化为代数问题来求解。第五章"圆锥曲线面面观"中将有很多"几何到代数"的例子。

另外,从上面推导过程可以看出,求根公式中是必然出现开平方的。也就是说,一元二次方程的根不能保证是有理数,甚至很多时候不能保证是实数。由此,无理数的出现及复数的出现就显得比较自然了。

对称美在这个世界上到处存在着。中国古代建筑就以对称美著称,如图3-26和图3-27所示。

图3-26   图3-27

当下许多最新事物也具有对称性,比如图3-28所示的中国空间站"T"字形结构大体上是一个对称结构。问天实验舱和梦天实验舱在"T"字形平面内,关于天和核心舱所在直线对称。还有空间对称性:对称面是由天和核心舱、天舟四号货运飞船和神舟十四号载人飞船所决定的平面。问天实验舱和梦天实验舱关于这个平面对称。图3-28中伸展着的太阳能板也是关于刚才的对称面对称的。

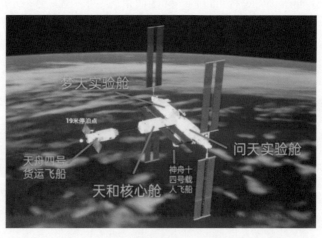

图3-28

根据数学剖分原理制作出来的餐桌很有趣。这种餐桌的桌面可以从一种形状变换为另一种完全不同的形状。图3-29所示是从正八边形到正方形的变换过程示意图(变换过程中,周围四块有颜色的五边形连接在一起不分开)。

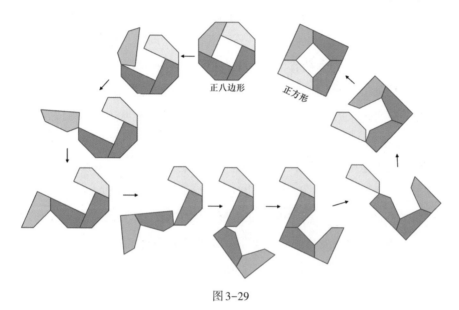

正八边形　正方形

图3-29

下面就讲一讲这个从正八边形到正方形的剖分。图3-30(a)所示为正八边形,它被切割为5块,然后拼成如图3-30(b)所示的正方形。

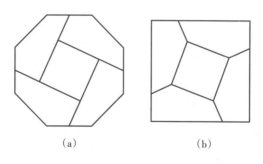

（a）　　　　　　　（b）

图3-30

剖分前后面积相等,这是必须满足的。从而可以看出,两图中间的小正方形一定全等。观察两图,可以看出,图3-30(a)所示的正八边形中,上、下、左、右边的中点是切割点。继续观察可以发现,正八边形外围的四块全等的五边形可以通过旋转拼接出如图3-30(b)所示正方形外围的四块五边形。图3-31涂了颜色，方便看出变化过程，正八边形中紫色五边形绕点B顺时针旋转$180°$，然后与正八边形的绿色五边形一同绕点A顺时针旋转$180°$；而正八边形的红色五边形则是绕点C逆时针旋转$180°$；黄色五边形不动。把正八边形中间的白色正方形移动到正方形中间空白正方形处并嵌入，我们便把一个正八边形剖分，并拼接成了一个正方形。

正八边形斜着的四条边（分属不同颜色的五边形）在旋转后成为正方形中间小正方形的边。正八边形剖分后（还没有移开）中间的小正方形与拼接后的正方形中间的小正方形，两者全等，且边长等于正八边形的边长（可以设为a）。

这个剖分很完美。但我们一定会问，怎么切割才能使正八边形中间正好留出一个边长为正八边形边长的小正方形？我们发现，从正八边形的上边、下边、左边、右边这四条边的中点分别向内部对称地引射线，可以围出无穷多的正方形。我们能不能用尺规作图法精确地画出某个确定的小正方形，使它的边长正好等于正八边形的边长？答案是肯定的。下面笔者就来讲一讲。

如图3-32所示，八边形中间的正方形是从八边形上、下、左、右四条边的中心任意向内部引射线所构成的，这时围出的小正方形不一定符合要求（边长为正八边形边长a）。连接正八边形一个边（这里取右侧的边）的中点C与中心O。过中心O（由对称性可知，它也一定是小正方形的中心）向小正方形的边（延长线过点C的边）引垂线，垂足为D。所以，三角形OCD为直角三角形。我们知道，有很多作图方法是通过分析结果倒推而来的。从上面所做分析，你是否可以想到作出边长正好是a的小正方形的作图方法呢？

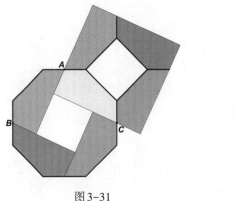

图3-31

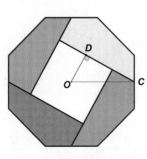

图3-32

如图3-33所示，我们先以OC为直径作一个半圆OFC。如图3-34所示，再以点O为圆心，以$\dfrac{a}{2}$为半径作圆弧，这个圆弧与半圆有个交点，不妨仍叫作点

D。这个交点一旦确定,作射线 CD。在射线 CD 的点 D 两侧各截取 $\frac{a}{2}$ 长度的线段,则这两条线段合成一条线段,它就是所求作的小正方形的一条边。于是,整个小正方形也就作出来了。最后把这个小正方形的四条边都各自向一端延伸,分别与正八边形的上、下、左三边相交于三个点(由对称性,因为点 C 为右边的中点,则这三个交点当然也是边的中点),如图 3-35 所示。

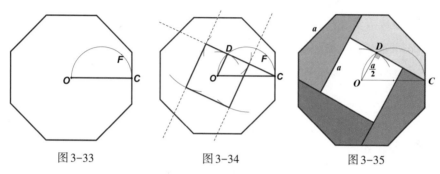

图 3-33 图 3-34 图 3-35

于是,得到四个五边形,再给五边形涂以不同颜色。加上中间的小正方形,正八边形一共被切割成五块,它们就可以重新拼接,构成一个正方形,如图 3-36 所示。

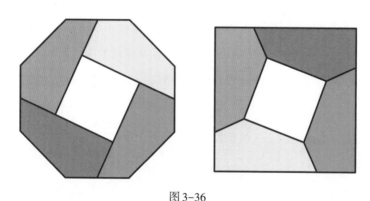

图 3-36

九、有趣的"幂塔"

图 3-37 所示这个由 $\sqrt{2}$ 构成的无穷"幂塔"有极限吗? 若有,这个极限等于多少? 怎么求它?

计算幂塔时会产生一个问题,即这个幂塔的运算步骤是怎样的呢? 我们以三层幂塔为例对其运算步骤给出明确规定,如图 3-38 所示。

$$\sqrt{2}^{\sqrt{2}^{\sqrt{2}^{\cdots\sqrt{2}^{\sqrt{2}}}}}$$

图 3-37

$$\sqrt{2}^{\sqrt{2}^{\sqrt{2}}} \text{ 一定是 } \sqrt{2}^{\left(\sqrt{2}^{\sqrt{2}}\right)}$$

$$\sqrt{2}^{\sqrt{2}^{\sqrt{2}}} \text{ 一定不能是 } \left(\sqrt{2}^{\sqrt{2}}\right)^{\sqrt{2}}$$

图 3-38

从运算的角度来看,幂塔不是像树一样从下往上长,而是先有"上"后有"下":把一个 $\sqrt{2}$ "插入"第二个 $\sqrt{2}$ 的指数位置,然后把它们整体再插到第三个 $\sqrt{2}$ 的指数位置,这样一直进行下去。这一运算步骤在数学上是不言自明的,但有时人们会产生错误的认知。所以,我还是在此特别强调了一下。以五层幂塔为例,其运算步骤如图 3-39 所示。

$$\sqrt{2}^{\left(\sqrt{2}^{\left(\sqrt{2}^{\left(\sqrt{2}^{\sqrt{2}}\right)}\right)}\right)}$$

图 3-39

好的,现在我们就可以研究本问题了。本问题用到了高中学习过的指数函数的知识,这里简单回顾一下指数函数。

形如 $y = a^x$ 的函数称为指数函数,其中 a 为常数,$a>0$,$a\neq1$。指数函数的定义域为全体实数 $\mathbf{R}$,值域为 $(0,+\infty)$。在 $a>1$ 时,指数函数在整个定义域内是单调递增函数;在 $0<a<1$ 时,指数函数在整个定义域内是单调递减函数。

$\sqrt{2}$ 大于 1,所以,指数函数 $y = \sqrt{2}^{x}$ 在定义域内是单调递增函数。所以有 $\sqrt{2} < \sqrt{2}^{\sqrt{2}}$。

把上式左右两边当成指数函数自变量的两个取值,所以又有

$$\sqrt{2}^{\sqrt{2}} < \sqrt{2}^{\left(\sqrt{2}^{\sqrt{2}}\right)}$$

即

$$\sqrt{2}^{\sqrt{2}} < \sqrt{2}^{\sqrt{2}^{\sqrt{2}}}$$

(前面强调的幂塔的运算次序在这里体现出来了)再次把上式左右两边当成指数函数自变量的两个取值,所以有

$$\sqrt{2}^{\left(\sqrt{2}^{\sqrt{2}}\right)} < \sqrt{2}^{\left(\sqrt{2}^{\sqrt{2}^{\sqrt{2}}}\right)}$$

即

$$\sqrt{2}^{\sqrt{2}^{\sqrt{2}}} < \sqrt{2}^{\sqrt{2}^{\sqrt{2}^{\sqrt{2}}}}$$

这已经可以说明"幂塔"随着层数的不断增加，其值也是单调增加的。我们可以把这个幂塔当成一个数列的通项，设 $a_0=1$，$a_1=\sqrt{2}$，$a_2 = \sqrt{2}^{a_1} = \sqrt{2}^{\sqrt{2}}$，$a_{n+1} = \sqrt{2}^{a_n}$。那么，只有一层的幂塔就是 a_1，有两层的幂塔就是 a_2，有 n 层的幂塔就是 a_n。于是幂塔就成为一个单调递增的数列（随着层数 n 的增大而增大）。下面我们要证明"幂塔"是有上界的。

再次由指数函数的单调性，得

$$\sqrt{2}^{\sqrt{2}} < \sqrt{2}^{2} = 2$$

与前面类似，把上式不等号左右两边当成指数函数自变量的两个取值，所以根据指数函数的单调性，又得到

$$\sqrt{2}^{\sqrt{2}^{\sqrt{2}}} = \sqrt{2}^{(\sqrt{2}^{\sqrt{2}})} < \sqrt{2}^{2} = 2$$

$$\sqrt{2}^{\sqrt{2}^{\sqrt{2}^{\sqrt{2}}}} = \sqrt{2}^{(\sqrt{2}^{\sqrt{2}^{\sqrt{2}}})} < \sqrt{2}^{2} = 2$$

于是，通过归纳，我们可以得到由 $\sqrt{2}$ 搭建成的幂塔有上界 2。

最后我们来证明这个幂塔的极限值就是 2。由

$$a_{n+1} = \sqrt{2}^{a_n}$$

因为 a_n 单调递增且有上界，所以数列 $\{a_n\}$ 必有极限。设这个极限为 u。让上式中的 $n \to \infty$，则有

$$u = \sqrt{2}^{u}$$

这个方程虽然有两个解 $u = 2$ 和 $u = 4$，但由于 a_n 有上界 2，所以 $u=4$ 不可能，所以 $u = 2$。最终，我们便得到了幂塔的极限值为 2。

十、超越数 π 的表达式的最内层是代数数 $\sqrt{2}$

圆内接正多边形随着边数的增加，它的周长越来越接近圆的周长，而圆的半径是固定的，所以，如果圆内接正多边形的边数趋于无穷时，它的周长与圆直径的比值将趋近于圆周率 π。

在讨论上述问题时，如果这个圆内接正多边形是从正三角形到正方形再到正五边形、正六边形，即边数每次只增加1，这样进行的速度太慢了。我们不如将要研究的多边形的边数每次加倍，比如正三角形到正六边形再到正十

二边形……从正方形到正八边形再到正十六边形……还可以从正五边形到正十边形……那么，我们来计算一下周长。为方便起见，我们设圆的半径为1。

如图3-40所示，设AB为圆O的内接正n边形的边，设它的长度为S_n。我们取每条边所对之弧的中点（比如图中AB弧的中点C），就把这个圆内接正n边形加大为正$2n$边形。我们的目的是求出当n趋于无穷时正$2n$边形的周长趋于什么值。再设正$2n$边形的边长$AC=S_{2n}$。

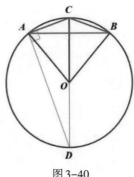

图3-40

在上图中作CO的延长线，与圆交于点D，则CD为圆的直径。连接AD，则AD垂直于AC。于是，四边形$OACB$的面积就等于两倍的三角形AOC的面积，也就等于直角三角形ACD的面积。三角形ACD的面积等于

$$\frac{1}{2}AC \cdot \sqrt{2^2 - AC^2}$$

四边形$OACB$的面积等于

$$\frac{1}{2}OC \cdot AB = \frac{1}{2}AB$$

以上两式相等，可以解出用AB表示的AC。

$$\left(\frac{1}{2}AB\right)^2 = \left(\frac{1}{2}AC \cdot \sqrt{2^2 - AC^2}\right)^2$$

$$AB^2 = AC^2 \cdot (4 - AC^2)$$

$$AC^2 = 2 - \sqrt{4 - AB^2}$$

$$AC = \sqrt{2 - \sqrt{4 - AB^2}}$$

$$S_{2n} = \sqrt{2 - \sqrt{4 - S_n^2}}$$

我们从$n=4$开始，S_4是正方形的边长，值为$\sqrt{2}$。从而有

$$S_8 = \sqrt{2 - \sqrt{4 - S_4^2}} = \sqrt{2 - \sqrt{2}}$$

$$S_{16} = \sqrt{2 - \sqrt{4 - S_8^2}} = \sqrt{2 - \sqrt{2 + \sqrt{2}}}$$

$$S_{32} = \sqrt{2 - \sqrt{4 - S_{16}^2}} = \sqrt{2 - \sqrt{2 + \sqrt{2 + \sqrt{2}}}}$$

$$\cdots\cdots\cdots$$

$$S_{2^n} = \sqrt{2 - \sqrt{2 + \sqrt{2 + \cdots + \sqrt{2}}}}$$

（n从2开始，有$n-1$层根号）

于是，正2^n边形的周长就等于

$$2^n S_{2^n} = 2^n \cdot \sqrt{2 - \sqrt{2 + \sqrt{2 + \cdots + \sqrt{2}}}}$$

在$n \to \infty$时，上述周长将趋近于圆的周长2π。所以有

$$2^n S_{2^n} = 2^n \cdot \sqrt{2 - \sqrt{2 + \sqrt{2 + \cdots + \sqrt{2}}}} \to 2\pi, \ n \to \infty$$

即

$$2^{n-1} \cdot \sqrt{2 - \sqrt{2 + \sqrt{2 + \cdots + \sqrt{2}}}} \to \pi, \ n \to \infty$$

（有$n-1$层根号）

设$n-1 = m$，则有

$$2^m \cdot \sqrt{2 - \sqrt{2 + \sqrt{2 + \cdots + \sqrt{2}}}} \to \pi, \ m \to \infty$$

（有m层根号）

于是，就可以通过加减乘除和开平方的运算，求出正2^n边形的周长，这个周长在n趋于无穷时将趋于π，且这个趋于π的过程很快，也很容易计算。比如在$m = 10$即正2^{11}边形时，它的周长为3.14159142，精确度已经很高了（小数点后五位都是正确的）。

 拓展阅读

可数与不可数

苹果可数，不管大小，不管多少。水本身不可数，但"杯水""瓶水"都可数，只不过数的不是水，是杯和瓶。有限的一些数，是可数的，比如3,7,2,10,1,21，共6个数，所以这6个数构成的集合可以用列举法表示：$\{3,7,2,10,1,21\}$。正整数一定是可数的：1,2,3,4…它们一个挨着一个，虽然数不完（可不可数，不

与所数对象有限还是无限相关)但却可数。所以正整数集合可以用列举法{1, 2, 3, $\cdots$, n, $\cdots$}表示。有理数可不可数呢？我们只考虑正有理数即可。正有理数可以表示成两个正整数的比值，即$\frac{a}{b}$(a,b都是正整数)。我们考虑分子、分母之和$a+b$。$a+b=2$时，得$\frac{a}{b}=\frac{1}{1}$。$a+b=3$时，$\frac{a}{b}$可以为$\frac{1}{2}$或$\frac{2}{1}$。$a+b=4$时，$\frac{a}{b}$可以为$\frac{1}{3}$,$\frac{2}{2}$或$\frac{3}{1}$……这个过程可以无限做下去。去除a与b有非1公因数的$\frac{a}{b}$，我们便可以一个个地把全部有理数排成一列。所以，有理数是可数的。这超出了我们的想象。注意，"可数"意味着可以找到一种方法，把被数对象一一列出且没有遗漏。

代数数是可数的。所谓代数数是指整系数n次方程的根的集合。证明代数数可数的方法类似证明有理数是可数的方法。先定义一个数h，称为整系数n次多项式的高度。h等于所有整系数的绝对值之和再加上次数n。那么，具有某一高度的多项式的个数就一定是有限的，而与其中任一多项式相应的n次方程的根也是有限的，从而任一高度的一元n次方程的根是有限的。有限的根当然是可数的(去掉重复出现的根后当然更可数)，高度也是可数的，从而代数数是可数的。但是，实数不可数。康托尔发明了一种方法(姑且称为对角线方法)可证明实数集合是不可数集。它是一种典型的反证法。假定实数可数，那么全体实数就可以一一排列出来。用十进制小数表示全体被排列出来的实数如下。

第一个数：$N_1 \cdot a_1 a_2 a_3 a_4 a_5 a_6 \cdots$

第二个数：$N_2 \cdot b_1 b_2 b_3 b_4 b_5 b_6 \cdots$

第三个数：$N_3 \cdot c_1 c_2 c_3 c_4 c_5 c_6 \cdots$

第四个数：$N_4 \cdot d_1 d_2 d_3 d_4 d_5 d_6 \cdots$

$\cdots\cdots\cdots\cdots$

可以构造出一个实数：让它的小数点后第一个数字α_1不等于a_1(也不等于0和9)，小数点后第二个数字α_2不等于b_2(也不等于0和9)……整数部分不妨取1。于是构造出来的这个实数就是

$1.\alpha_1 \alpha_2 \alpha_3 \alpha_4 \alpha_5 \alpha_6 \cdots$

显然这个数不等于第一个数，因为$\alpha_1 \neq a_1$。它也不会等于第二个数，因为$\alpha_2 \neq b_2$……所以，排列出来的"全体实数"并不是全部实数。从而反证出实数集合是不可数集。

十一、数学表达式的严谨之美

我们说话时使用的语言,不管是汉语还是英语,都可以说是一维的或线性的。所以,哪怕只调换两个字或词,意思就会完全不同。书面文字表达仍然是线性的,但单个文字本身却又是二维的,比如英语26个字母A,B,C,…,X,Y,Z,a,b,c,…,x,y,z。每个字母是二维平面图形,甚至我们还可以从中发现对称性。

A,H,I,M,O,T,U,V,W,X,Y是左右对称的;B,C,D,E,H,I,K,O,X是上下对称的;H,I,N,O,S,X,Z是中心对称的;F,G,J,L,P,Q,R则无上述三种对称性;H,I,O,X同时具有上述三种对称性。但这52个英语字母(大小写都算上)需要排列组合以构成单词。这样,对称性就消失了。

中文的对称性就更加丰富了。举例来说,中国的"中"字,左右、上下、中心三种对称全满足。再比如,"田"字,不仅三种对称兼备,而且还方方正正,用数学语言描述,"田"字还关于45°角和135°角的直线对称,如图3-41所示。

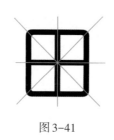

图3-41

汉字对称性举例如下。

左右对称:中、人、木、林、森、田、日、目、王、主、雨、大、小、吕、品、一、二、三、四、六、十、廿、丰、土、士、平、不、因、固、回、用、困、共、个、直、曲、里、甲、由、申、米、天、夫、吴、昊、英、立、其、火、业、亚、并、西、口、吉、羊、山、南、来、再、冉等,左右对称的字最多。

仅上下对称的汉字不多,但三种对称性兼备的不少:口、中、田、回、申、米、日、目、王、二、三、十、丰等。

自然语言是一维线性的,但线性表述不能满足数学的丰富性。因此人们发明了数学符号语言和数学表达式。数学符号语言突破了书面语言的一维性,是在二维平面(或曲面)展示数学的丰富含意。比如a除以b,用数学语言表示就是$a \div b$或a/b。数学上有复比的概念,是两个比值的比值。若第一个比值为a/b,第2个比值为c/d,那么它们的复比就是$(a/b)/(c/d)$或$(a:b):(c:d)$。两个表示都是一维的,很不直观,读或看起来有些困难,不如下面的繁分数表示好。

$$\frac{\dfrac{a}{b}}{\dfrac{c}{d}}$$

直观是因为将一维的表达在二维平面上进行了拓展,向四周延展。

一个漂亮又典型的数学表达式是一元二次方程 $ax^2 + bx + c = 0$ 的求根公式:

$$x_{1,2} = \frac{-b \pm \sqrt{b^2 - 4ac}}{2a}$$

若用自然语言如中文说出上式,大概是这样:二次项系数的相反数加上或减去二次项系数的平方减去四倍的一次项系数乘以常数项所得之差的算术平方根,以上作为一个整体再除以一次项系数的二倍,所得的商即为一元二次方程的两个根。这样表达好复杂,如果不看公式,你根本就读不懂它在说什么。换成其他语言表述也差不多。你一定记得余弦定理:"三角形一边的平方等于另外两边的平方和减去二倍的这两边的乘积乘以这两边夹角的余弦。"似乎还可以理解,但这已经到了用自然语言表达数学对象的极限了! 自然语言在表达更复杂的数学对象时,明显不够用了。

数学书纸面上印刷的数学表达式都不会产生歧义,这就是数学的严谨之美。数学表达式充分利用了二维平面的广阔——上角标、下角标、根号、分数线、小数循环节、函数、阶乘"!"、位制、取整"[ ]"、括号"( )"等。再使用符号"+""–""×""÷""∑""∏""∪""∩""∈""%""∫""≅""≡""≈""≠"等把表达式连接起来,构成更大的表达式。但意思是明确的,不会产生歧义。请你对照图3-42、图3-43和图3-44所示三个有趣的数学钟表,感悟理解数学表达式的伟大!

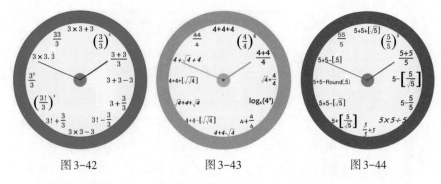

图3-42   图3-43   图3-44

考考你:在红色钟表中,$3 \times 3.\dot{3}$ 表示几点? 在绿色钟表中,$\log_4(4^4)$ 表示几点? 在蓝色钟表中,$5 + 5 + [\sqrt{5}]$ 表示几点?

如图3-45所示是另一个更加复杂一些的数学钟表,也很有趣,你读一读。

数学之美

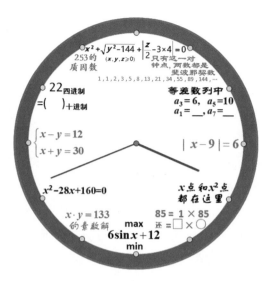

图 3-45

数学表达式更像是一个"大汉字"。汉字的变化充分利用了平面的"广阔",比如简单的汉字"一"是一维的"线","十"像是二维的直角坐标系,"口"像个正方形;笔画多一些的比如数学的"学"、函数的"函"、微积分的"积";笔画再多的字比如数学中用的最多的字"数"、微积分的"微"、集合的"集"(带"数"字的数学名词有:函数、代数、指数、对数、数列、自然数、整数、有理数、无理数、实数、复数、质数、因数等,你继续填一填。汉字像一幅画,公式也像一幅"画"。印度数学家拉马努金发明了很多复杂的大公式,比如下面这个

$$\frac{1}{\pi} = \frac{2\sqrt{2}}{9801} \sum_{k=0}^{\infty} \frac{(4k)! \times (1103 + 26390k)}{(k!)^4 \times 396^{4k}}$$

再比如下面这些式子。它们是不是很美!

$$\int_0^x e^{-u^2} du = \frac{\sqrt{\pi}}{2} - \cfrac{\frac{1}{2}e^{-x^2}}{x + \cfrac{1}{2x + \cfrac{2}{x + \cfrac{3}{2x + \cfrac{4}{x + \ddots}}}}}, \quad x > 0$$

$$\pi = 3.14159265358979323846\cdots$$

$$e = 2.71828182845904523536\cdots$$

$$\sqrt{2}^{\sqrt{2}^{\sqrt{2}^{\sqrt{2}^{\sqrt{2}^{\sqrt{2}^{\cdot^{\cdot^{\cdot}}}}}}}}$$

无穷小数、无穷级数、无穷乘积都是在一条"直线"上延伸到无穷远,连分数可以在一个角度内延展到无穷远,幂塔在45°角的方向上搭建起一座倾斜的"通天塔"。但它们的值可能是有限的。有限与无限在数学表达式中得到了完美的统一。这就是数学的统一之美!

数学表达式中一般少不了数学运算。代数中有七种数学运算,它们是:加、减、乘、除、乘方、开方和对数。

乘方的发明有其必然性。一个西瓜的质量大约为7千克;人的体重大约60千克,而太阳的质量为1989100000000000000000000000000克,数字很长。即使用吨表示也要写成1989100000000000000000000000吨。数学家就发明了乘方,比如$2 \times 2 \times 2 \times 2 \times 2 \times 2 \times 2$可以写成$2^7$,即7个2相乘。于是,$100 = 10^2$,$1000 = 10^3$,1后面有几个"0",就写成10的几次方。所以,上面的太阳质量以克表示,就是19891×10^{29}克。显然,这样的表示方法简洁,并且有利于运算,比如

$(19891 \times 10^{29}) \times (32 \times 10^{21}) = 19891 \times 32 \times 10^{29+21} = 636512 \times 10^{50}$。

那么,如果我们知道一个数x自乘α次后的得数是多少,反过来求这个数,这种运算就称为开方。比如一个数x自乘2次后得25,即$x^2 = 25$,我们知道$5^2 = 25$,所以,就把$x = 5$写成$x = \sqrt[2]{25}$(开2次方中的2可以省略不写,即$\sqrt[2]{25} = \sqrt{25}$)。开方可以理解成是乘方的一种逆运算。开方也可以写成分数指数幂的形式,即$\sqrt[\alpha]{x} = x^{\frac{1}{\alpha}}$。函数$y = x^{\alpha}$与$y = \sqrt[\alpha]{x}$是一对反函数,且它们都是幂函数,它们的图像关于直线$y = x$对称。

我们知道,对加法运算$a+b = c$,如果知道了和数c及被加数a(或加数b),我们就可以通过减法求出加数b(或被加数a)。所以,加法只有一种逆运算,即减法。乘、除法类似。但乘方运算却有两种逆运算。这是因为一般来说$a^b \neq b^a$(加法有交换律$a+b = b+a$,乘法也有交换律$ab = ba$)。前面刚刚讲的开方运算是乘方的一种逆运算,求底数a。乘方的另一种逆运算是求对数,即求指数b。如果设$N = a^b$,那么求对数就是$b = \log_a N$。从函数的角度来看,对数函数$y = \log_a x$与指数函数$y = a^x$是一对反函数。互为反函数的两个函数的图像关于直线$y = x$对称。

如图3-46所示是达·芬奇的作品《维特鲁威人》,基本上左右对称。

图3-47所示是对这幅画的解释。人体是这样摆姿的:先站直,两臂水平伸直。这时人体的身高为图3-47中的EF,臂展等于身高。分别过头顶E和脚底F作EF的垂线AB和DC,使点E和点F分别为AB和DC的中点。于是可作出正

方形*ABCD*。接下来,把两腿分开,这时头顶必然下降,让头顶降低的距离为身高的$\frac{1}{14}$。然后,把两脚踮起,人体也随之抬高,抬高到头顶达到站直时的高度。

这就相当于脚被抬高了身高的$\frac{1}{14}$,即$\frac{GF}{EF}=\frac{1}{14}$。接下来两臂上抬至两手指尖与头顶平齐。这时,四肢的指尖确定一个圆,圆心就是人体的肚脐(点*O*)。这时,两腿内侧区域与两脚点之间连线围出一个正三角形。若以"维特鲁威人"左脚脚尖为准(右脚本应该向外撇开的),则两脚趾尖之间的连线正好为圆的内接正五边形的一条边。手臂与圆的两个交点是这个正五边形的两个顶点,人体对称轴与圆的上交点为正五边形的第五个顶点。于是,这幅名为《维特鲁威人》的画作中,就包含着正方形(红色)、圆(黑色)、正三角形(绿色)、正五边形(蓝色)这四种最基本的平面几何图形。图中还画出了五角星(细蓝色)。

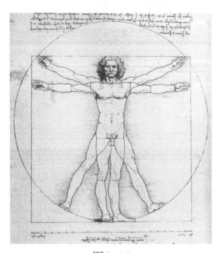

图 3-46

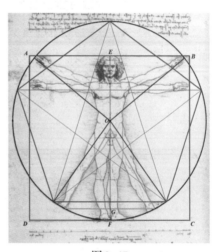

图 3-47

补充一点:正方形与$\sqrt{2}$相关,正三角形与$\sqrt{3}$相关,正五边形及五角星与$\sqrt{5}$相关,圆周率π当然与圆相关,如图3-48所示。

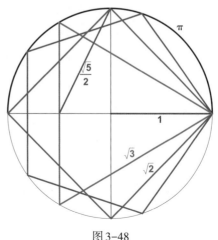

图 3-48

十二、数学对称美与带饰

图3-49中左边是编号1~7的七个带饰,右边是编号a~g的七个带饰。所谓带饰是指一个夹在两条平行线之间的无限长的带状图案。图案是周期性的,即可以通过一段图案沿平行线平移而得到全部图案。我们不能画出全部图案,但所画出来的一定可以说明这个图案所具有的一切性质。

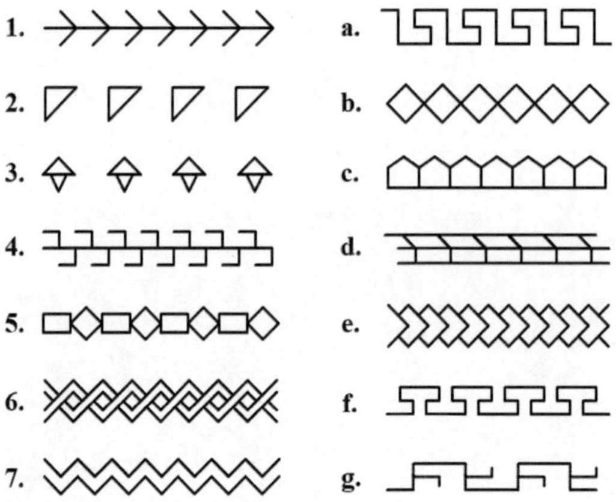

图3-49

那么,带饰有什么性质呢? 主要就是对称性。虽然平移也是一种对称性,但因为这里所介绍的全部带饰都具有平移的属性,所以,我们只考虑其他对称性。

(1)对于横轴的反射。用大写英文字母可以形象地说明各种对称性,比如字母B、C、D、E、K。

(2)对于纵轴的反射。比如字母A、M、T、U、V、W、Y。

(3)中心对称。即带饰绕对称中心旋转180°后与原图案重合,像是没有转动过似的,比如字母N,S,Z。

(4)以上三种对称性都具有,比如字母H、I、O、X。

(5)滑动反射。这种对称性稍微有些复杂。即先平移再对横轴作反射,结果与原来的图案重合。比如图3-49所示中编号为4的带饰。

我们做一个配对或连线游戏,把图3-49中左边七个带饰与右边七个带饰中具有完全相同对称性的带饰配对(当然这些带饰已经预先设计好了,肯定是一对一的)。注意,一个带饰可能具有不止一种对称性,我们要求的配对必须是两者具有完全一样多的对称性。比如编号3与编号c就具有相同的对称性(都有两种纵向对称轴:编号3中,小图形的中轴线是一种对称轴;两个小图形中间的纵线也是一种对种轴。同样,编号c中,相连小房子的公共墙面是一种纵向对称轴,每个小房子的中轴线也是一种对称轴)。所以,3和c可以配对。您把其他六对也配出来吧!

答案和分析:

1和**e**配对,如图3-50所示。它们都具有一条水平对称轴。没有其他对称性。水平对称轴可用h表示(h:horizontal,水平的)。

2和**d**配对,如图3-51所示。它们都不具有任何对称性。

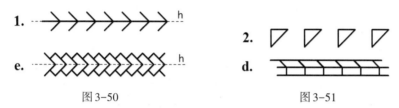

图3-50   图3-51

3和**c**配对,如图3-52所示。它们都具有两种类型的纵向对称轴:绿色虚线v和红色虚线v′(v:vertical,竖直的)。这两种对称轴的数量是无限多的。它们都不具有其他种类的对称性。

4和**g**配对,如图3-53所示。它们都具有平移反射对称性。编号4的图案向左或向右平移半个周期($\frac{T}{2}$)后沿水平中线上下翻转,将与原来图案重合。编号g的图案向左或向右平移$\frac{T}{2}$后沿水平中线上下翻转,将与原来图案重合。

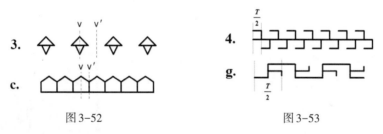

图3-52   图3-53

5和**b**配对,如图3-54所示。它们都是既具有平行对称轴h,又具有两种竖直对称轴v和v′,还都是中心对称图案,都具有两种对称中心c和c′(c:central,中心的)。注意,图案5和b的h就只有一个。而v和v′及c和c′都是无穷多个。

6和**a**配对,如图3-55所示。它们都是中心对称图案,对称中心有两种:c和c′。没有其他种类的对称性。

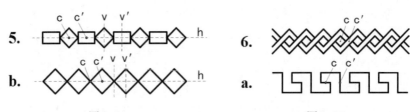

图 3-54   图 3-55

7和f配对，如图 3-56 所示。它们都具有平移反射对称性，平移距离为半个周期。具有两种竖直对称轴 v 和 v′，还都具有中心对称性，两种对称中心为 c 和 c′，但这两个对称中心很类似，说它们是一种对称中心似乎也可以。

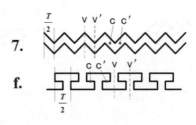

图 3-56

数学既具有美感，也不失严谨性。带饰在人类历史早期就存在，敦煌石窟中就有带饰图案。人类一直在追求美！

十三、用几何方法解决代数问题（花剌子米的成就）

阿拉伯数学家阿尔·花剌子米（图 3-57）（al-Khwārizmi，约 780—约 850）系统研究了一次和二次方程，并首次给出二次方程的求根公式。他开创了代数方法，被后人称为代数之父。英语代数一词 algebra 就来自他的著作《还原与对消计算概要》中的阿拉伯语一词 al-jabr，后人干脆就称他的这部著作为《代数学》。但他又用几何方法去验证公式解的正确性。

图 3-57

举例来说一说阿尔·花剌子米是怎样用几何方法解二次方程的。我没有引用他原来的例子，而是修改了二次方程的系数，这更能说明方法的通用性。解二次方程

$$x^2 + 35 = 12x$$

当然,对我们现代人来说,甚至可能一眼就看出它的根是什么。我们当然用的是代数方法,而代数方法是阿尔·花剌子米开创的。反倒他的几何方法大家不多见。数学的发展有一个过程,一个人学习数学的过程也是由浅入深的。所以,阿尔·花剌子米的几何解法还是很有意思的,借此感受一下他的创意。我们先做个铺垫,即平方差公式的图解。请对照着看下式和图3-58。

$$a^2 - b^2 = B + C = B + A = (a + b)(a - b)$$

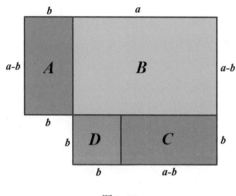

图3-58

下面用图形求解二次方程①。

(1)假设$x < 6$(这个6是位于方程右边一次项的系数的二分之一),于是先作一个边长为x的正方形$ABCD$,如图3-59所示。于是,方程中的x的平方项就以面积的方式在图形中出现了。

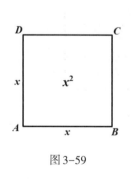

图3-59

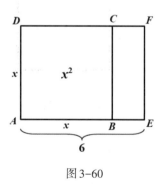

图3-60

(2)分别延长AB和DC到点E和点F,使得$AE = 6$,$DF = 6$。再连接EF,如图3-60所示。

(3)再分别延长AE和DF到点G和点H,使得$EG = FH = 6$。连接GH。这样做就使$12x$以矩形面积的方式出现,如图3-61所示。

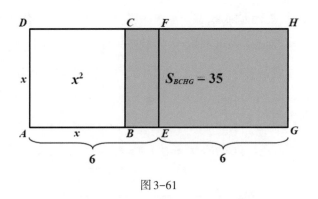

图3-61

于是

$$S_{ABCD} + S_{BCHG} = S_{AGHD}$$

即

$$x^2 + 35 = 12x$$

二次方程中的35与图3-61中绿色矩形的面积对应起来了。这样,二次方程中二次项、一次项和常数项就都与图形面积对应起来了。

(4)借鉴前面所说的平方差公式的图解,我们在图3-61的基础上作一个以FH为边的正方形$FHKJ$(涵盖$EFHG$),并在它的内部以EJ为边作一个正方形$EJMN$。显然,矩形$BCFE$与矩形$MNGK$全等,所以面积相等(两个深绿色矩形),如图3-62所示。

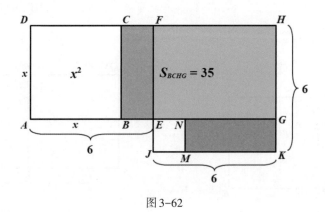

图3-62

所以可以求出小正方形$EJMN$的面积为:

$$S_{EJMN} = S_{FHKJ} - (S_{EFHG} + S_{MNGK}) = S_{FHKJ} - S_{BCHG} = 6 \times 6 - 35 = 1$$

所以$EJ = 1$,也就是$BE = 1$,从而求得$x = AE - BE = 6 - 1 = 5$。

我们之前说过,阿尔·花剌子米可以完全用代数的方法解二次方程,并给出了求根公式。他的上述几何求解方法是用来验证他的代数方法的正确性的。

下面我就把上述几何方法求解二次方程的过程与求根公式对应起来。

阿尔·花剌子米研究的二次方程可以统一写成：

$$x^2 + px + q = 0$$

求根公式为：

$$x = -\frac{p}{2} \pm \sqrt{\left(\frac{p}{2}\right)^2 - q}$$

那么，对于上面所求解的二次方程来说，相当于 $p = -12, q = 35$。

$$x^2 + 35 = 12x$$

代入求根公式，得

$$x = -\frac{-12}{2} \pm \sqrt{\left(\frac{-12}{2}\right)^2 - 35} = \frac{12}{2} \pm \sqrt{\left(\frac{12}{2}\right)^2 - 35}$$

我们先看取减号的情况，即

$$x = \frac{12}{2} - \sqrt{\left(\frac{12}{2}\right)^2 - 35} \qquad ②$$

把这个结果与我们刚才所画的几何图形对照看

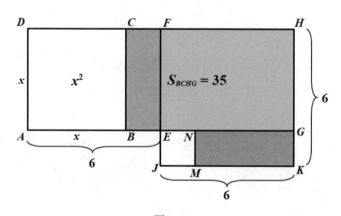

图 3-63

发现

$$x = AE - BE = AE - \sqrt{S_{JENM}} = AE - \sqrt{S_{FHKJ} - (S_{EFHG} + S_{MNGK})}$$

$$= AE - \sqrt{S_{FHKJ} - S_{BCHG}} = \frac{AG}{2} - \sqrt{\left(\frac{AG}{2}\right)^2 - S_{BCHG}} \qquad ③$$

比较②和③，代数方法与几何方法是一致的，殊途同归！

前面求解前提是假设 $x < 6$。若假设 $x > 6$，可以用类似的几何作图方法求出二次方程的另一个根 $x = 7$。这个结果正好对应求根公式取加号的情况。

阿尔·花剌子米做到了代数与几何的完美结合。二次方程的解法可能很简单，但这种代数与几何相结合的做法却为后来解析几何的产生奠定了思想方法上的基础。阿尔·花剌子米的做法就是我们现在经常说的数形结合！也可以说是把代数问题几何直观化。

另外，阿尔·花剌子米还研究算术，写过一本有关算术的也同样重要和伟大的著作。这部著作在欧洲广为传播，阿尔·花剌子米名字阿拉伯语al-Khwārizmi传到欧洲后，被译成algoritmi，它正是英语"算法"algorithm一词的来源。

阿拉伯数学家"阿尔·花剌子米"这个中译名，看起来和听起来都有些奇怪！还有译作"阿尔·花剌子模"和"阿尔·花剌子密"的。不管译成什么，他的成就确实很了不起！

十四、用几何方法研究代数问题（海亚姆的成就）

图3-64

图3-65

阿根廷作家豪尔赫·路易斯·博尔赫斯说，英国诗人爱德华·菲茨杰拉德把七百多年前波斯诗人奥玛·海亚姆的《鲁拜集》翻译成英文，但一点儿也不像是翻译的，反倒像是英国人用自己的母语英语写成的优美诗篇。菲茨杰拉德使

《鲁拜集》焕发出新的生命。诗集穿越七百多年的时空,以不同的语言形式又出现在19世纪的英国,找到它的新主人。七百年前的波斯诗人海亚姆以这种方式与七百年后的英国诗人菲茨杰拉德在19世纪相遇了。身为翻译家也是诗人的菲茨杰拉德像是被上天安排来完成这项伟大和崇高使命的。

在当今时代,诗集又以很多种不同语言和不同译本出现在世界的各个角落,让一些鲁拜迷们狂喜不已,他们争相购买和收集世界上《鲁拜集》的不同版本,如痴如醉,乐此不疲。它使我们的平凡生活增添了诗情画意,也让我们的心灵得到些许慰藉。

海亚姆以诗集《鲁拜集》闻名于世。但他还是一位哲学家、天文学家,尤其是数学家。他的数学著作《代数问题的论著》讨论了三次方程的分类,并给出了三次方程的圆锥曲线解法。常人对数学的理解相对来说就肤浅很多了。海亚姆除诗歌才能外,也挑战了自己的数学才能,这很了不起。他的数学才能没有被埋没,他在数学上的成就在任何一本数学史书上都会被提及。

下面举例讲解海亚姆是怎么通过求圆锥曲线的交点来求解一元三次方程的。首先我们要简单介绍一下一元三次方程的形式。我们知道一元一次方程和一元二次方程分别为:

$$ax + b = 0 \text{ , } ax^2 + bx + c = 0$$

于是,一元三次方程自然是

$$ax^3 + bx^2 + cx + d = 0$$

但是,我们深入思考一下,会发现三次方程可以简化为下面这种没有二次项的形式

$$x^3 + px + q = 0$$

这是为什么? 下面就慢慢讲解。数学阅读需要留出空间和时间,让内容自然而然有逻辑地展开,还要由浅入深。我们都知道两数差的立方及平方的展开式(我们用了 y 和 k 是为了不与其他字母相混淆)为:

$$(y - k)^3 = y^3 - 3y^2k + 3yk^2 - k^3$$
$$(y - k)^2 = y^2 - 2yk + k^2$$

比较上面两式,发现,其中各有一个有关 y 的二次项。那么,只需取 $k = \dfrac{1}{3}$,两式相加时这两个有关 y 的二次项就能够互相抵消。而其他项一定是 y 的三次项、y 的一次项和常数项。据此,我们把上面的做法应用于一元三次方程,也让二次项消失。在一元三次方程中,做一个简单的线性变换 $x = y - k$,即用 $y - k$

代替 x，过程如下：

$$ax^3 + bx^2 + cx + d = 0$$

$$x^3 + \frac{b}{a}x^2 + \frac{c}{a}x + \frac{d}{a} = 0$$

$$(y - k)^3 + \frac{b}{a}(y - k)^2 + \frac{c}{a}(y - k) + \frac{d}{a} = 0$$

$$y^3 - 3y^2k + 3yk^2 - k^3 + \frac{b}{a}(y^2 - 2yk + k^2) + \frac{c}{a}(y - k) + \frac{d}{a} = 0$$

$$y^3 + (\frac{b}{a} - 3k)y^2 + (3k^2 + \frac{c}{a} - \frac{2bk}{a})y - k^3 + \frac{b}{a}k^2 - \frac{c}{a}k + \frac{d}{a} = 0$$

取 $k = \frac{b}{3a}$，则上面二次项的系数等于 0，我们得到：

$$y^3 + (3k^2 + \frac{c}{a} - \frac{2bk}{a})y - k^3 + \frac{b}{a}k^2 - \frac{c}{a}k + \frac{d}{a} = 0$$

二次项已经被消除。习惯上还是把方程写成以 x 为未知数的方程，所以把上式中的 y 再替换成 x。再把上式中的一次项系数和常数项（它们都是一些常数的四则运算）分别用 p 和 q 代替，于是便得到：

$$x^3 + px + q = 0$$

所以，我们只需研究上面这种形式的一元三次方程即可。一元三次方程中少了二次项，形式变得简单很多，从而也就产生了一些很巧妙的解一元三次方程的方法。

$$4x^3 + 9x - 27 = 0$$

这个方程看上去不容易猜出它的解，所以，解方程方法很重要。先把它化成三次项系数为 1 的形式：

$$x^3 + \frac{9}{4}x - \frac{27}{4} = 0$$

我们把它变成下面两个圆锥曲线的联立方程（把下式中第一式平方后，将第二式代入，化简，就可以得回原一元三次方程）

$$\begin{cases} x^2 = \frac{3}{2}y \\ y^2 = x(3 - x) \end{cases}$$

这是两个圆锥曲线：第一个方程表示对称轴为 y 轴且焦点位于 x 轴上方的抛物线；第二个方程表示一个圆心在点 $(1.5, 0)$、直径为 3 的圆。但这两个圆锥曲线是怎么得来的呢？是这样的，第一个方程中的"$\frac{3}{2}$"是原方程中一次项系

$\dfrac{9}{4}$ 的算术平方根。第二个方程中的"3"是圆的直径,它是由常数项的绝对值除以一次项系数得到,即 $\left(\dfrac{27}{4}\right)\bigg/\left(\dfrac{9}{4}\right)=3$。

笔者用软件较精确地画出了这两条曲线,如图 3-66 所示。则它们的交点就确定了,软件可以给出交点的横坐标为 $x=1.5$。这就是原一元三次方程的一个解。

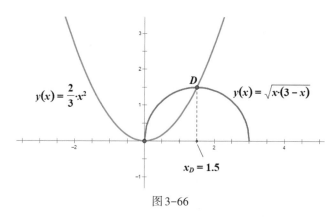

图 3-66

把 $x=1.5$ 即 $x=\dfrac{3}{2}$ 代回原方程验算,得知它确实是一元三次方程的一个解。

下面这幅图没有标图号,因为将在第 6 章最后才对它进行详细研究。请先观察一下图的背景,看一看它是由什么图形构成的。试着想象把它横着卷成柱面,再竖着卷成柱面。然后你会发现你可能找不到接缝了。

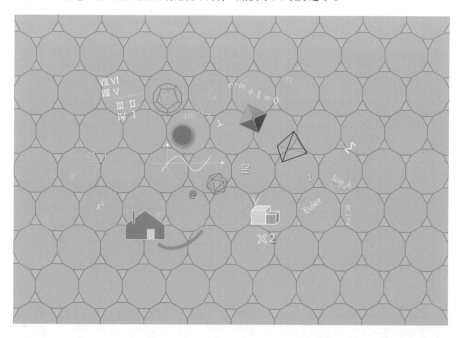

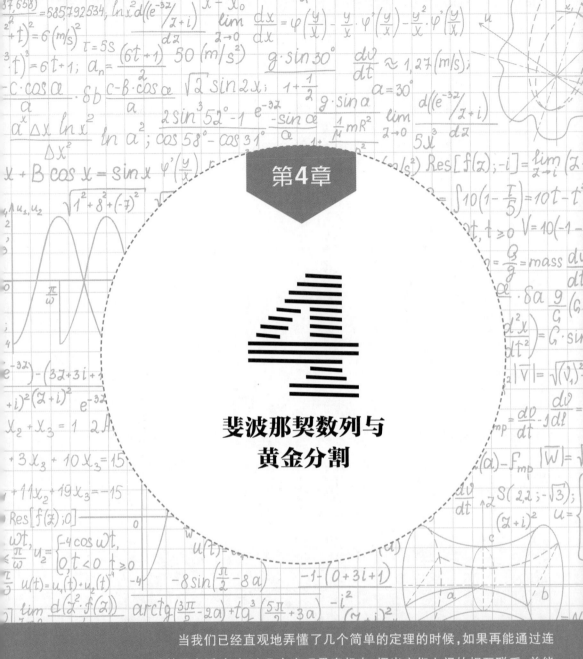

第4章

斐波那契数列与黄金分割

当我们已经直观地弄懂了几个简单的定理的时候,如果再能通过连续的思考活动,把这几个定理贯穿起来,悟出它们之间的相互联系,并能同时尽可能多地、明确地想象出其中的几个,那将很有裨益,如此,我们的知识无疑会增加,理解能力会显著提高。

——笛卡儿

本章从一个有趣甚至是精心设计的谬误出发,引出斐波那契数列。首先介绍斐波那契数列的由来——兔子繁殖问题,进而给出斐波那契数列的加法定理,并举出大量实例。然后介绍了斐波那契数列通项是由含$\sqrt{5}$的无理数表示的。$\sqrt{5}$则与正五边形有关,而正五边形中又隐藏着黄金分割和黄金比。黄金比又是斐波那契数列前后项比值的极限。黄金分割体现了大自然的和谐之美,也体现了数学之美。

一、面积少了1个单位——这个数学谬误是怎么产生的?

先观察图4-1和图4-2。

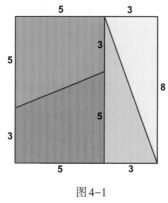

图4-1

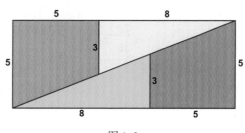

图4-2

图4-1中的正方形的面积是$8 \times 8 = 64$,而图4-2中的长方形的面积是$5 \times 13 = 65$。它们都是由面积分别相等的红、黄、紫、绿四块拼板拼接而成的,但面积却不相等。这显然是不对的,错在哪里?其实,图4-2中的长方形应该是图4-3中这样的,即中间有一条缝隙。

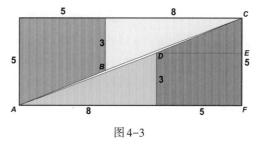

图4-3

A、B、C、D四点不在同一条直线上,但不通过精确画图,用眼睛是察觉不出来的。这个缝隙是一个平行四边形,即$ABCD$,其面积等于1。缝隙的存在可以通过比例关系证明:CD的斜率大于AC的斜率,从而点D位于AC的下方一点点。下面要把这个利用人眼视觉而产生的谬误,与斐波那契数列联系起来,从而说明斐波那契数列的一个性质。

斐波那契数列是这样的

$1,1,2,3,5,8,13,21,34,55,89\cdots$

其中第1项和第2项都是1,从第3项开始,每一项都等于前两项的和。图4-1中正方形的边长8是斐波那契数列中的第6项,是偶数项。图4-1中的正方形把边长8分成5和3两部分(3、5、8也是斐波那契数列中的第4~6项),我们简单地称它为(3,5,8)切割。

下面我们用5,8,13这三个连续斐波那契数来构造类似的切割:(5,8,13)切割,如图4-4所示。

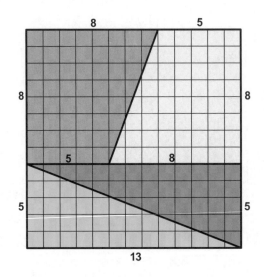

图4-4

如图4-4所示,这个正方形的边长为13,13是斐波那契数列的第7项,是奇数项。正方形面积为$13 \times 13 = 169$,把它的三个边都分成8和5两部分,进行类似图4-2所示的切割和拼接,应该会拼成一个8×21的长方形,但$8 \times 21 = 168$,这个面积却比原正方形的面积小1。也就是说,如果制作一个长和宽分别为21和8的框子,那么,把从13×13正方形切割下来的红、黄、紫、绿四块拼板放入框子中,拼板之间一定会有重叠。没有像图4-3所示那样出现缝隙,反而是有所重叠,这个重叠的面积也是1。

我们再做一个更大的切割:(8,13,21)切割。可以计算出,切割前,边长为21的正方形的面积为$21 \times 21 = 441$,切割后要拼成一个34×13的长方形,它的面积为$34 \times 13 = 442$。面积比原正方形面积增加了1。注意,21是斐波那契数列的第8项,是偶数项。长方形的面积比正方形的面积大1,说明这又与(3,5,8)切割类似,多出一个面积为1的平行四边形缝隙。这个缝隙比(3,5,8)切割的缝隙更长更窄,用肉眼更不易察觉。

可以归纳出,如果切割前的正方形的边长是斐波那契数列中的偶数项,那么,这种按斐波那契数列中的数进行切割后拼接成的长方形中间就会出现一个面积为1的平行四边形缝隙。而正方形的边长为斐波那契数列中的奇数项时,切割后拼接出来的是一个比原正方形的面积少1的长方形。

偶数项的情况可以从图4-5中清楚看出。

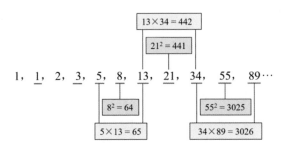

图4-5

我们下面用公式对其进行精确表示。设

$$F_1 = 1, F_2 = 1,$$

$$\cdots\cdots$$

$$F_n = F_{n-1} + F_{n-2}(n \geq 3)$$

于是有

$$F_{n-1}F_{n+1} - F_n^2 = \begin{cases} 1, n\text{为偶数} \\ -1, n\text{为奇数} \end{cases}$$

上式中"1"对应长方形中出现缝隙的情况,"-1"对应长方形面积比原正方形面积少1的情况。本节借助"谬误"研究了斐波那契数列众多性质中的一个。利用斐波那契数列的其他性质还可以制造出其他一些类似的谬误。学习数学的好处是能够分辨出谬误,看清问题的本质。

 拓展阅读

谬误与悖论

谬误和悖论有时很像,它们都让人觉得震惊,但谬误其实是把论证过程中存在的问题有意无意地隐藏起来。

举个例子,有个著名的理发师悖论(也叫"罗素悖论",由英国哲学家和数学家罗素提出):"小镇里的一位理发师宣布一条规定:只给镇上那些不给自己刮脸的人刮脸。那么,理发师应该给自己刮脸吗?"如果理发师给自己刮脸,那么,他就不属于"不给自己刮脸的人"，根据他的规定，他不应该给自己刮脸。如果理发师不给自己刮脸，那么，他就属于"不给自己刮脸的人"，根据他的规定，他应该给自己刮脸。矛盾出现了。从逻辑上看，一点问题都没有。是语言本身产生了这个悖论。

还有一个著名的阿基里斯悖论，是芝诺提出的四个悖论之一："阿基里斯和乌龟赛跑，起跑时乌龟位于阿基里斯前面 1000 m 处。假定阿基里斯的速度是乌龟的 10 倍。阿基里斯跑了 1000 m 时，乌龟跑了 100 m，领先阿基里斯 100 m；当阿基里斯跑完这个 100 m 时，乌龟领先他 10 m；阿基里斯跑完这个 10 m 时，乌龟又跑了 1 m，即仍然领先阿基里斯 1 m……虽然阿基里斯继续逼近乌龟，但绝不可能追上它。"其实，这个悖论的推理是有问题的，是自相矛盾的——阿基里斯能在有限时间里跑完 1000 m，就完全可以在有限的时间里跑完第 2 个 1000 m，而此时乌龟只爬了 200 m，阿基里斯已经位于乌龟前面 800 m 处了。这个悖论像是有意开的一个玩笑，芝诺本人当然知道阿基里斯很快就会超过乌龟，他只是觉得他想出的这个悖论不易被人驳倒！

图 4-6

数学历史上有过三次危机：第一次危机产生于以 $\sqrt{2}$ 为代表的无理数的发现（第 3 章中已有所涉及），那时也有人把"$\sqrt{2}$ 不能用分数表示"认为是悖论，也称为毕达哥拉斯悖论。有关"无穷小量是否为 0"的贝克莱悖论，引发了第二次数学危机。以罗素悖论为代表的一些悖论的提出酿成了集合论的危机。现在三次危机都已消除。

二、兔子繁殖问题与斐波那契数列

首先假设后面说到的每对兔子都是一雌一雄，一对幼兔一个月后长成一对成年兔，再一个月后成年兔生出一对幼兔。再假设所有兔子都不会死亡，成年兔每个月都要产下一对幼兔。

图4-7中白兔表示幼兔,黑兔表示成年兔。开始时只有一对幼兔,我们记这时为"月份1",图4-7为往后月份兔子繁殖的过程。

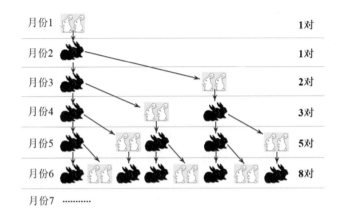

图4-7

如果按照图4-7中的方法继续生成下去,那么我们就可以得到以每个月份兔子对数组成的数列。但这样做太过烦琐。我们分析一下图4-7中兔子生成的过程,发现是有规律可循的。

比如,月份6有8对兔子,正好是前两个月份(月份5和月份4)兔子对数(5对和3对)的和。但怎么解释呢?

是这样的:

月份5共有5对兔子,它们当然都要活到月份6(8对中的5对);

而月份5中的成年兔一定是月份4中全部兔子(共3对),而月份5的兔子中只有它们才有生育能力,它们在月份6各生下一对幼兔(产生8对中的另外3对)(请观察图4-7中的箭头)。

所以,从月份3开始,每个月兔子的对数,都等于这个月之前两个月份兔子对数的和。

所以,按月计算,兔子的对数构成的数列即为斐波那契数列(只写出了前11项)

$$1,1,2,3,5,8,13,21,34,55,89\cdots$$

斐波那契数列相邻两项的后一项与前一项的比值的极限,用大写的 Φ(它约等于1.618)表示。比如

$$\frac{13}{8} = 1.625;$$

$$\frac{21}{13} \approx 1.61538462;$$

$$\frac{34}{21} \approx 1.61904762;$$

$$\frac{55}{34} \approx 1.61764706;$$

$$\frac{89}{55} \approx 1.61818182;$$

……………

Φ 的倒数就是小写的 φ，$\varphi = \dfrac{1}{\Phi} \approx 0.618$，就是我们常说的黄金比例 0.618。

 拓展阅读

斐波那契

斐波那契（见图 4-8）（1175—1250），意大利数学家。那时，欧洲还处于所谓的中世纪，后人认为缺乏科学和数学研究的大环境，导致斐波那契的数学才华没有得到充分发挥。斐波那契数列最早由斐波那契提出，故得名，它出现在他的著作《算法之书》中。斐波那契数列属于那个时代伟大的数学成就，对后世产生了巨大的影响。著名的希尔伯特第十问题就是借助了斐波那契数列解决的。后人对斐波那契数列兴

图 4-8

趣高涨，研究不断深入，甚至有所谓的斐波那契数列协会成立，专门研究、收集和整理斐波那契数列的相关知识和成果。需要指出的是，中国的百鸡术、盈不足术和《孙子算经》中的不定方程解法出现在斐波那契所著的《算法之书》中，说明那个时代虽然交通不便，但数学的交流仍然是存在的。

三、斐波那契数列与蛙跳问题及多个有趣的——生活实例

我们这里所说的蛙跳问题是数学问题，与斐波那契数列有关。

1. 蛙跳问题

如图 4-9 所示，有 1 到 n 个连成一排的格子，其中 n 为正整数。

图 4-9

一只青蛙蹲在第一个格子中,它一次最多可以跳两个格子,也就是说,它一次可以跳一格到邻近的格子中(比如从格子1到格子2),也可以跳过相邻格子直接跳到间隔着的格子中(比如从格子1到格子3),它只会往前跳,也就是朝格子编号大的方向跳,不会往回跳。问它从格子1跳到格子 n,共有多少种不同的方法?

打个比方,假设只有三个格子,即 $n = 3$。那么,青蛙要从格子1跳到格子3,它可以第一跳先从格子1跳到格子2,然后第二跳从格子2跳到格子3,这算是一种方法;它也可以一跳就从格子1跳到格子3,这也算是一种方法。两种方法都可以到达目的地。所以,它一共有两种不同的方法从格子1跳到格子3。你可以想一想从格子1最终跳到格子4,共有多少种不同的方法。

下面我们来研究青蛙从格子1跳到格子 n 的情况,如图4-10所示。

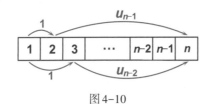

图 4-10

我们设这只青蛙从格子1跳到格子 n 共有 u_n 种方法。那么,它的第一跳可以跳一格,也可以跳两格。如果跳一格,之后它从格子2跳到格子 n 有 u_{n-1} 种方法。如果它第一跳从格子1直接跳到格子3,则之后它从格子3跳到格子 n 有 u_{n-2} 种方法。于是,按照分类计算原理,它从格子1跳到格子 n 的总方法数,就是上面两种情况下方法数的总和。即

$$u_n = u_{n-1} + u_{n-2}$$

我们也可以换个角度考虑这个问题,如图4-11所示。

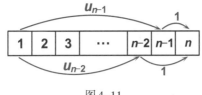

图 4-11

青蛙最后或是从格子 $n-1$ 跳到格子 n 中,或是从格子 $n-2$ 直接跳到格子 n 中,没有其他可能。所以,它从格子1跳到格子 $n-1$,有 u_{n-1} 种方法,从格子1跳

到格子 $n-2$，有 u_{n-2} 种方法。所以，一共有 $u_n = u_{n-1} + u_{n-2}$ 种方法。以上是两种研究思路。

我们具体计算一下对不同的 n，u_n 等于多少。

$n = 1$，相当于只有一个格子，那么我们规定青蛙跳到格子1中的方法数 $u_1 = 1$。

$n = 2$，即有两个格子。显然，方法数 $u_2=1$。

$n = 3$，即有三个格子。刚才说过，有两种方法，即 $u_3 = 2$。

$n = 4$，即有四个格子。可以每次跳一格；可以第一跳跳一格，再从格子2直接跳到格子4；还可以第一跳跳两格到格子3，再从格子3跳到格子4。一共有三种方法，即 $u_4=3$。

继续做下去，发现 u_n 竟然就是斐波那契数列！

我们还可以找到很多例子，这些例子都与斐波那契数列有联系。

2. 加法定理

有了以上解决简单蛙跳问题的铺垫，我们下面就可以来讨论更加复杂的蛙跳问题：有 $n+m$ 个排成一排的格子，如图4-12所示。

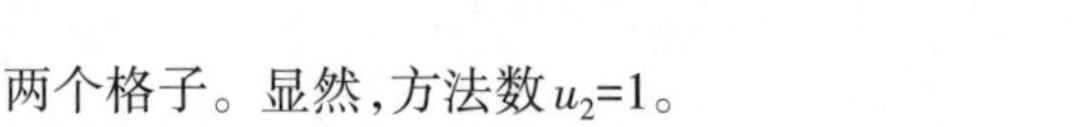

1
2
3
…
n-1
n
n+1
n+2
…
n+m-1
n+m

图4-12

我们证明，从格子1跳到格子 $n + m$，它的总方法数具有下面的性质。

$$u_{n+m} = u_{n-1}u_m + u_n u_{m+1}$$

我们称这一性质为斐波那契数列的加法定理。下面就来证明这个加法定理。

这是一种直观的证明，如图4-13所示。

un-1
1
um
1
2
3
…
n-1
n
n+1
n+2
…
n+m-1
n+m
un
um+1

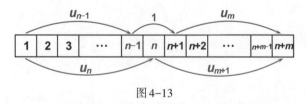

图4-13

观察格子 $n-1$、格子 n 和格子 $n+1$。我们把跳法分成两类：第一类是经过格子 n，第二类是不经过格子 n。经过格子 n 的跳法数如图4-13中下面两个弧形箭头所示。根据分步计数原理，经过格子 n 的跳法数为 $u_n u_{m+1}$。不经过格子 n 的所有跳法，一定都是先经过格子 $n-1$ 然后越过格子 n 直接跳到格子 $n+1$，如图4-13中上面的三个弧形箭头所示。同样根据分步计数原理，不经过格子 n 的跳法数

为 $u_{n-1}u_m$。这两类方法互不重叠,并且涵盖了所有跳法,没有遗漏。根据分类计数原理,把上面两类方法数加起来就得到全部可能的跳法数。所以上述斐波那契数列加法定理得以证明。这一性质非常重要,它在斐波那契数列的性质中占据重要地位。

拓展阅读

分类计数原理与分步计数原理

分类计数原理也称为加法原理,分步计数原理也称为乘法原理。最常用来解释这两个原理的例子就是计算乘坐交通工具从一地直接到达另一地及从一地先去到中间某地再去到目的地的走法。如图4-14所示,交通工具有汽车、高铁和飞机三种,则从甲地到达乙地的交通方式的总数就是1+1+1=3。如图4-15所示为从A地途经B地再去C地。没有从A地到达C地的直接交通工具,从A地到B地有汽车和高铁两种交通工具,从B地到C地有汽车、高铁和飞机三种交通工具。那么,从A地到C地一共有2×3=6种不同的交通方式。

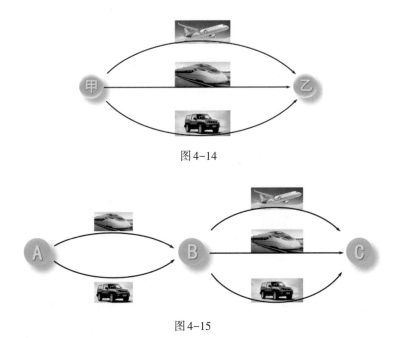

图4-14

图4-15

3. 斐波那契数列与覆盖问题

问题:平面上有大小为 $2 \times n$ 的网格,如图4-16所示。有无穷多 1×2 的纸片(有横有竖),用它们去覆盖这个网格,要求纸片边缘与网格线重合,纸片不超出网格,也不互相重叠,同时对网格进行全覆盖。问有多少种全覆盖方式?

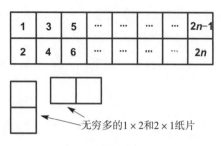

图4-16

解答:(1)先来看几个简单的情形。$n = 1$ 时,网格如图4-17左图所示。显然,只有一种覆盖方式,如图4-17右图所示。

图4-17 图4-18

(2)当 $n = 2$ 时,网格如图4-18左图所示。覆盖方式有两种,如图4-18右边两图所示。

(3)当 $n = 3$ 时,网格如图4-19左图所示。覆盖方式有三种,如图4-19的后三幅图所示。

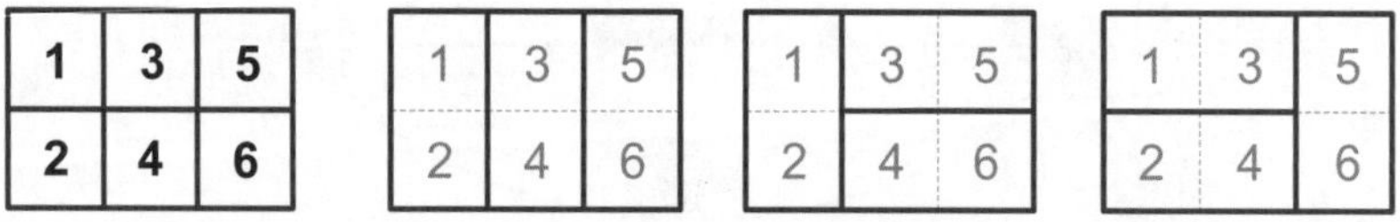

图4-19

(4)我们可以这样一直做下去,并从中发现规律。

(5)抽象地思考问题。设 $2 \times n$ 网格有 a_n 种覆盖方式。我们把第1号和第2号方格覆盖住,如图4-20所示。于是,所剩 $2 \times (n-1)$ 网格就有 a_{n-1} 种覆盖方式。

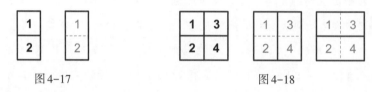

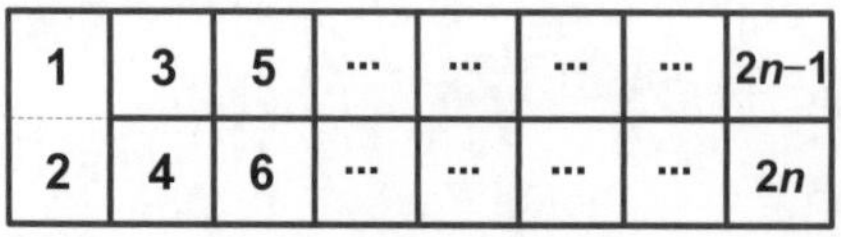

图4-20 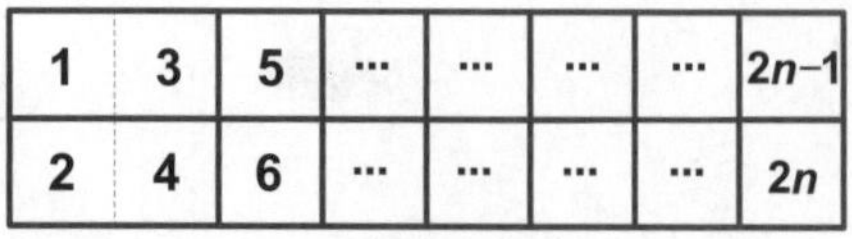 图4-21

(6)而如果我们用一张横纸片盖住1号和3号,用另一张横纸片盖住2号和4号,如图4-21所示,则剩下的 $2 \times (n-2)$ 网格就有 a_{n-2} 种覆盖方式。注意,图4-20与图4-21的覆盖方式互相独立,这点很重要。

(7)第(5)(6)两条合在一起,包括了所有的覆盖方式,即

$$a_n = a_{n-1} + a_{n-2}(n \geq 3)$$

显然,这就是斐波那契数列的递推关系式。初始条件为$a_1 = 1, a_2 = 2$。按此通项公式得出的数列与斐波那契数列有一项的错位。即它缺少斐波那契数列的第一项1。

$$\underline{1}, 1, 2, 3, 5, 8, 13, 21, 34, 55, 89, 144\cdots$$

补充定义:当$n = 0$时,$a_0 = 1$,于是,如果让n取自然数(0与正整数),就得到斐波那契数列了。

$$1, 1, 2, 3, 5, 8, 13, 21, 34, 55, 89, 144\cdots$$

(8)于是,$2 \times n$的网格能被多少种不同方式全覆盖的问题,便转化为计算斐波那契数列的第$n + 1$项。比如我们想知道2×5的网格($n = 5$时)有多少种覆盖方式,只需找出斐波那契数列的第$5 + 1$项即第6项。第6项为8,所以,2×5的网格有8种覆盖方式。

 趣味题

覆盖问题与染色法

图4-22所示为一个8×8的网格。设每个小方格都是1个单位面积的正方形,那么,我们可以用32块1×2的长方形瓷砖(面积总和是64,等于棋盘的面积)正好把它全部覆盖,瓷砖之间不重叠也无缝隙,瓷砖也没有超出棋盘的范围。那么,把它的一对相对对角的两个方格挖掉后(见图4-23),问还能用1×2的长方形瓷砖正好把它全部覆盖吗?

我们通过染色法可以轻松解决该问题。把图4-22染色成图4-24所示的国际象棋棋盘的样子,它由黑白相间的8×8的方格构成。我们的问题就变成:如果把一对相对对角的两个方格去掉(所剩面积是62),如图4-25所示或如图4-26所示,那么,我们能不能用31块1×2的长方形瓷砖(面积总和也是62)把去对角后的棋盘无重叠无缝隙不超出地覆盖?

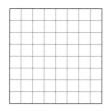

图4-22

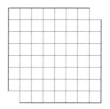

图4-23

图 4-24

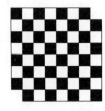

图 4-25

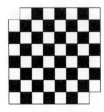

图 4-26

下面仔细分析一下。因为一块 1×2 瓷砖一定会覆盖一个黑色方格和一个白色方格,所以,31 块 1×2 瓷砖若按要求能覆盖棋盘,它们一定是覆盖 31 个黑色方格和 31 个白色方格。而问题中的棋盘去掉了相对对角的两个方格,而这样去掉的两个方格要么都是黑色,要么都是白色,那么所剩的方格要么是 32 个黑色方格和 30 个白色方格(见图 4-25),要么是 32 个白色方格和 30 个黑色方格(见图 4-26)。不管怎样,黑、白方格数量都不相等。所以,这个问题的答案是:不能。

4. 斐波那契数列与爬楼梯问题

有一段连续的楼梯,共 10 节台阶。小芳要从楼梯底部向上爬到楼梯顶部。她可以一次迈一节台阶,也可以一次迈两节台阶(但绝对不会向下退回)。比如她每次都迈一节台阶,十次可以爬到顶部,这算作一种爬楼梯方式,我们可以把它记作 (1,1,1,1,1,1,1,1,1,1);她也可以每次都迈两节台阶,这也算作一种爬楼梯方式,可记作 (2,2,2,2,2);当然还有很多种爬楼梯方式,比如 (1,2,2,1,1,2,1)。问她一共有多少种不同的爬楼梯方式?

若是只有少数几节台阶,比如 4 节,我们可以用画图的方式得到全部爬楼梯方式(见图 4-27)。

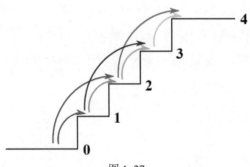

图 4-27

从 0 到 1,只有一种方式:如图中红色箭头所示。可以一般化:迈一节台阶有一种方式(不论处于整个楼梯的哪个位置,只要还有台阶可迈)。

从 0 到 2,有两种方式:①红+橙;②蓝。可以一般化:迈两节台阶有两种方式(不论处于整个楼梯的哪个位置,只要上面还有两节台阶可迈)。

从 0 到 3,有三种方式。第一步迈一节台阶:从 0 到 1(红),然后再从 1 到 3(褐)。从 1 到 3 是上了两节台阶,所以有两种方式。还可以第一步迈两节台阶:从 0 到 2(蓝),然后再从 2 到 3(绿),从 2 到 3 是上了一节台阶,所以有一种方式。所以一共是三种方式:①红+橙+绿;②红+褐;③蓝+绿。可以一般化:迈三节台阶有三种方式(不论处于整个楼梯的哪个位置,只要上面还有至少三节台阶可迈)。

从 0 到 4,有五种方式。

第一种方式:0→1→2→3→4

第二种方式:0→1→2→4

第三种方式:0→1→3→4

第四种方式:0→2→3→4

第五种方式:0→2→4

其实,前三种方式是第一步从 0 到 1(迈一节台阶),剩下三节台阶,即从 1 到 4,从 1 到 4 迈了三节台阶,有三种方式;后两种方式是第一步从 0 到 2(迈两节台阶),还剩下两节台阶,即从 2 到 4。从 2 到 4 是迈了两节台阶,有两种方式。所以一共是 3 + 2 = 5,即五种方式。可以一般化:迈四节台阶有五种方式(不论处于整个楼梯的哪个位置,只要上面还有至少四节台阶可迈)。

现在的情况是

1,2,3,5,?

你是否发现什么规律? 如果楼梯是 5 节,那么一共有多少种爬楼梯方式?

你可能猜出了吧! 对,与斐波那契数列有关。如果在第一个数前面补充数 1,则上述数列就归结为斐波那契数列的递推关系

1,1,2,3,5…

这就是斐波那契数列。那么,n 节台阶的楼梯的不同爬楼方式的种数这一问题,就转化为求斐波那契数列的第 $n + 1$ 项的问题。我们把斐波那契数列多写一些项出来

1,1,2,3,5,8,13,21,34,55,89,144…

当 $n = 10$,我们找到斐波那契数列的第 11 项。第 11 项是 89,所以 10 节台阶的楼梯一共有 89 种不同的爬楼梯方式。

$\dfrac{1}{89}$ 与斐波那契数列

看一看下面这个式子

$$\dfrac{1}{89} = 0.\dot{0}11235955056179775280898876404449438202247191\dot{9}$$

能写成分数形式的实数，当然是有理数，它是一个无限循环小数。这个数，小数点后共44位是循环体。笔者把前面22位与后面22位用不同颜色区分开，意思是说，后面的22位其实不用去算，不用去记，它们可以从前面的22位推出。规律是，第23位"9"与第1位"0"之和是9，第24位"8"与第2位"1"之和也是9，第44位的"1"与第22位的"8"之和也是9。我们知道斐波那契数列是：1，1，2，3，5，8，13，21，34，55，89，144，233，377，610，987，1597，2584，4181，6765，10946，17711，28657，46368，75025，121393……它的生成是非常有规律的。我们注意到，$\dfrac{1}{89}$ 中小数点后的第2位到第6位上的数字是11235，与斐波那契数列的前5项一模一样。我们可能会希望后面的数也一致，但很遗憾，小数点后第7位的"9"就比斐波那契数列中接下来的"8"多了1，以后更是混乱了。为了研究它们的关系，我们把斐波那契数列中从"13"这一项开始，按下面的方式进行错位相加。

    0.0112358
   + 0.00000013
    0.01123593
   (0.0112359550561797752808988764044943820224719 1)

这样一来，与 $\dfrac{1}{89}$ 小数部分增加了一位相同数字。我们继续做下去。把斐波那契数列中"13"之后的"21"这一项再进行类似上面的错位相加。

    0.01123593
   + 0.000000021
    0.011235951
   (0.0112359550561797752808988764044943820224719 1)

您看，又有一位对应上了。下面我们多加几个数，即把斐波那契数列中"21"后面的34，55，89，144，233，377，610，987一起错位加到前面得到的0.011235951中。

$$0.011235951$$
$$+\ 0.0000000034$$
$$+\ 0.0000000055$$
$$+\ 0.000000000089$$
$$+\ 0.0000000000144$$
$$+\ 0.00000000000233$$
$$+\ 0.000000000000377$$
$$+\ 0.0000000000000610$$
$$+\ 0.00000000000000987$$
$$0.01123595505617787$$

(　0.0112359550561797752808988764044943820224719 1)

（注意,错位相加时,是右边数字错一位。）继续加下去,最后得到的数与

0.0112359550561797752808988764044943820224719 1

一致的位数越来越多。

但是,很遗憾,经过计算,在加到第33个斐波那契数3524587后,小数点后数字相同的"增势"停止了,停留在了小数点后第27位的"6"处。后劲不足,加不出 $\dfrac{1}{89}$。

5. 斐波那契数列与男、女生站队问题(含方格染色问题)

有足够多的男生和女生,准备从左到右站成一排。但要求不能有两名女生挨在一起。问要10名学生站成一排,共有多少种不同的站法?(注意:这里站队的目的是防止两个女生挨在一起,所以,可以认为全部男生没有差别,全部女生也都没有差别。就像二进制数中的0和1,110与110是没有区别的)。

这个问题不难求解。设有 n 个空位,再设一共有 N_n 种符合要求的站队方法。如果左起第一个空位站男生,则对剩下的 $n-1$ 个空位就一共有 N_{n-1} 种符合要求的站队方法;如果左起第一个空位站女生,则左起第二个空位就只有一种选择,即站男生,于是剩下的 $n-2$ 个空位就一共有 N_{n-2} 种符合要求的站队方法。这样,我们就得到了一种递推关系式:

$$N_n = N_{n-1} + N_{n-2}（n\,\text{为大于2的正整数}）$$

这个递推关系式,就是斐波那契数列的递推关系式。我们只需再找到两个初始值 N_1 和 N_2 即可确定本问题的解。

当 $n=1$ 时,就是一个人站在那里,男生、女生都可以,所以有两种站队方

法,即 $N_1 = 2$。2 是斐波那契数列的第3项,即 F_3。所以, $N_1 = F_3$。当 $n = 2$ 时,两个人站队,有如下可能:

{男,男},{男,女},{女,男}

(注意,{女,女} 不可以)

所以,有三种站队方法,即 $N_2 = 3$。而 3 是斐波那契数列的第4项,即 F_4。所以, $N_2 = F_4$。

于是, $N_n = F_{n+2}$。回到原题目,要求一排站成10人的站法数,所以,我们是在求 N_{10}, $N_{10} = F_{12} = 144$,即一共有144种符合要求的站队方法。(表4-1中没有给出 F_{12}, $F_{12} = F_{10} + F_{11} = 55 + 89 = 144$。)

表4-1　斐波那契数列的前11项

序号	1	2	3	4	5	6	7	8	9	10	11
符号	F_1	F_2	F_3	F_4	F_5	F_6	F_7	F_8	F_9	F_{10}	F_{11}
F数	1	1	2	3	5	8	13	21	34	55	89

上述排队问题可以演变出一些类似问题,比如染色问题。有一个 $1 \times n$ 的网格。把每个方格染色,要求只许使用两种颜色,比如红色和白色(这就好比上面问题中的女生和男生),并且还要求染色的结果中不能有两个红色方格相邻(这就好比不能有两个女生挨在一起)。那么,一共有多少种不同的染色结果?如图4-28所示,一共有11个方格,所以 $n = 11$。所以就相当于求男女生站队问题中的 N_{11},也就是求 F_{13}。$F_{13} = 233$,所以,一共有233种符合要求的不同染色结果。图4-28所示是其中一种染色情况。

图4-28

6. 斐波那契数列与计数问题

各位数字是1或2且各位数字之和等于10的整数有多少个?

回想一下,上文中,我们曾经用 $(1,1,1,1,1,1,1,1,1,1)$ 表示每步都是迈一节台阶爬上10节台阶楼梯的一种爬楼梯方式;用 $(2,2,2,2,2)$ 表示每步都是迈两节台阶爬上10节台阶楼梯的另一种爬楼梯方式;而 $(1,2,2,1,1,2,1)$ 用来表示又一种爬上10节台阶楼梯的爬楼梯方式。这三种表示方式可以简写成

1111111111,22222,1221121

它们是三个正整数,每个数的各位数字是1或是2,且各位数字之和等于10。这三个数都满足本题的要求。这样的数还有很多,我们的目标是求出这样的数有多少个。很显然,这个问题与爬楼梯问题是同构的。我们要求的是 a_{10}

即 F_{11}，$F_{11} = 89$。即一共有89个满足要求的正整数。

7. 斐波那契数列与蜜蜂行走蜂房问题

如图4-29所示。左上角是一个空蜂房，一只蜜蜂打算从这里走到第12号蜂房。它只会向正右、右下和右上走。比如，它可以从空蜂房走到第0号蜂房，也可以走到第1号蜂房；从第4号蜂房可以走到第5号或第6号蜂房，但不会走到第3号或第2号蜂房。问这只蜜蜂走到第12号蜂房有多少种不同的方式？

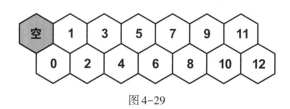

图4-29

我们设蜜蜂从空蜂房走到第12号蜂房共有 B_{12} 种不同方式。它要进入第12号蜂房，一定会经过第11号或第10号蜂房。那么，从空蜂房走到第11号蜂房有 B_{11} 种方式，从空蜂房走到第10号蜂房有 B_{10} 种方式。所以，$B_{12} = B_{11} + B_{10}$。这是与斐波那契数列同样的递推关系。我们只需确定 B_1 和 B_2，就可以推出 B_{12}。显然，从空蜂房走到第1号蜂房有 $B_1 = 2$ 种方式，从空蜂房走到第2号蜂房有 $B_2 = 3$ 种方式。所以，$B_2 = F_4$。于是，$B_{12} = F_{14} = 377$，即蜜蜂从空蜂房走到第12号蜂房共有377种不同方式。

8. 斐波那契数列与音乐节拍

一首音乐，有长音有短音。设一个短音为一拍，用一字线"—"表示；一个长音时长为短音的两倍，为两拍，用二字线"——"表示。用这两种声音演奏出一小节的声音。那么具有 n 拍（$n = 1, 2, 3\cdots$）的一小节有几种不同的节奏类型？我们边举例子边说明什么是节奏类型。显然，$n = 1$ 即一小节只有1拍时，声音只能用一个短音演奏出，即"—"，所以只有一种节奏类型。$n = 2$ 即一小节有2拍时，声音可以由两个短音演奏出，也可以由一个长音演奏出，如图4-30所示。所以 $n = 2$ 时有两种节奏类型。

图4-30   图4-31

当 $n = 3$ 即一小节有3拍时，我们怎么考虑问题以确定有几种节奏类型？我们知道，一小节结束前可以是一个短音，也可以是一个长音。（1）在结束前是一个短音的情况下，这个短音之前已经奏出了两拍，这两拍就具有前面讲过的两种节奏类型；（2）在结束前是一个长音的情况下，该长音占据了两拍，三拍中的第一拍只能是一个短音,也就是一种节奏类型。所以,三拍时一共是三种节奏类型(2 + 1 = 3),如图4–31所示。

当$n = 4$即一小节有4拍时,同样地考虑结束前分别是一个短音还是一个长音的两种情况:结束前是一个短音时,前三拍就是$n = 3$时的情况;结束前是一个长音时,前两拍是$n = 2$时的情况。所以,$n = 4$时一共有3 + 2 = 5种节奏类型,如图4–32所示。

继续下去,就是如图4–33所示的这幅。它是$n = 5$即一小节有5拍时的情况,共有节奏类型5 + 3 = 8种节奏类型。

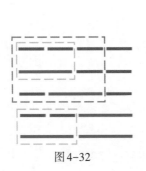

图4–32

图4–33

这不就是斐波那契数列的递推关系么！即一个n拍所拥有的节奏类型数量,就等于$n - 1$拍所拥有的节奏类型数量加上$n - 2$拍所拥有的节奏类型数量。所以,我们就得到了这个节拍问题中节奏类型数量的一个数列。

$$1,2,3,5,8,13,21,34\cdots$$

这个数列缺少斐波那契数列的第一项1,其他项完全一样。

从图4–34中我们可以看出这个数列的走向。

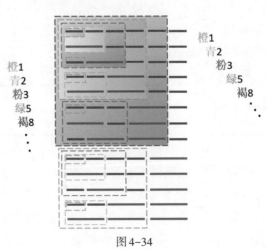

图4–34

当然了,不是每种节奏类型都好听!这里只是数学上的研究,实际音乐上使用什么节奏类型,可能又是另一回事。但音乐与数学是有联系的!

9. 斐波那契数列与集合

因为有的书上把斐波那契数列的首项和第 2 项用 F_0 和 F_1 表示,所以为了不引起歧义,这里需要阐明本书所涉及的斐波那契数列,一般情况下前两项是用 F_1 和 F_2 表示的,即 $F_1 = F_2 = 1$。斐波那契数列的前 11 项,见表 4-1。

这里研究斐波那契数列与集合有趣的关系。首先定义由前 n 个正整数构成的集合 $N_n = \{1,2,3,\cdots,n\}$。那么在它的所有子集中,我们考虑没有任何两个元素是连续整数的那些子集。比如 $\{1,3\}$ 是符合要求的,而 $\{2,3\}$ 就不符合要求。我们认为一个元素构成的集合比如 $\{1\}$ 或空集 $\varnothing$ 都是符合要求的。我们的结论是,集合 N_n 这样的子集的个数等于斐波那契数列的第 $n+2$ 项,即 F_{n+2}。举例来说:

(1)$n = 1$,集合 $N_1 = \{1\}$,符合要求的子集有

$$\varnothing, \{1\}$$

数量为 2;而 $F_{n+2} = F_3 = 2$,正确。

(2)$n = 2$,集合 $N_2 = \{1,2\}$,符合要求的子集有

$$\varnothing, \{1\}, \{2\}$$

数量为 3;而 $F_{n+2} = F_4 = 3$,也正确。

(3)$n = 3$,集合 $N_3 = \{1,2,3\}$,符合要求的子集有

$$\varnothing, \{1\}, \{2\}, \{3\}$$
$$\{1,3\}$$

数量为 5;而 $F_{n+2} = F_5 = 5$,仍然正确。

(4)$n = 4$,集合 $N_4 = \{1,2,3,4\}$,符合要求的子集有

$$\varnothing, \{1\}, \{2\}, \{3\}, \{4\}$$
$$\{1,3\}, \{1,4\}$$
$$\{2,4\}$$

数量为 8;而 $F_{n+2} = F_6 = 8$,正确。

(5)$n = 5$,集合 $N_5 = \{1,2,3,4,5\}$,符合要求的子集有

$$\varnothing, \{1\}, \{2\}, \{3\}, \{4\}, \{5\}$$
$$\{1,3\}, \{1,4\}, \{1,5\}$$
$$\{2,4\}, \{2,5\}$$
$$\{3,5\}$$

$$\{1,3,5\}$$

数量为13；而 $F_{n+2} = F_7 = 13$，仍然正确。

(6)$n = 6$，集合 $N_6 = \{1,2,3,4,5,6\}$，符合要求的子集有

$$\varnothing, \{1\}, \{2\}, \{3\}, \{4\}, \{5\}, \{6\}$$
$$\{1,3\}, \{1,4\}, \{1,5\}, \{1,6\}$$
$$\{2,4\}, \{2,5\}, \{2,6\}$$
$$\{3,5\}, \{3,6\}$$
$$\{4,6\}$$
$$\{1,3,5\}, \{1,3,6\}$$
$$\{1,4,6\}$$
$$\{2,4,6\}$$

数量为21；而 $F_{n+2} = F_8 = 21$，仍然正确。

············

你可以继续做下去，都将得出结论：集合 N_n 无相邻元素的子集的个数等于斐波那契数列的第 $n+2$ 项，即 F_{n+2}。为什么呢？观察下图，笔者把这些子集涂以不同的颜色。观察不同颜色的子集。

$$\varnothing, \{1\}, \{2\}, \{3\}, \{4\}, \{5\}, \{6\}$$
$$\{1,3\}, \{1,4\}, \{1,5\}, \{1,6\}$$
$$\{2,4\}, \{2,5\}, \{2,6\}$$
$$\{3,5\}, \{3,6\}$$
$$\{4,6\}$$
$$\{1,3,5\}, \{1,3,6\}$$
$$\{1,4,6\}$$
$$\{2,4,6\}$$

你看出什么了吗？

● 每个红色子集都有"6"作为其元素，且"6"是这些子集中最大的元素。称这些红色子集构成的集合为 E_6。红色子集的数量是8，即 F_6。也就是说，集合 E_6 的大小为 F_6。

● 以此类推，每个蓝色子集都有"5"作为它的元素，且"5"是这些子集中最大元素。称这些蓝色子集构成的集合为 E_5，蓝色子集的数量即 E_5 的大小为 $F_5 = 5$。

● 每个绿色子集都是其最大元素为"4"的集合，称这些绿色子集构成的集合为 E_4，绿色子集的数量即 E_4 的大小为 $F_4 = 3$。

● 每个粉色子集都是其最大元素为"3"的集合（注意，其他颜色的子集中

也有可能有"3",但那里的"3"不是最大的），称这些粉色子集构成的集合为E_3，粉色子集的数量即E_3的大小为$F_3=2$。

● 每个黄色子集都是其最大元素为"2"的集合，称这些黄色子集构成的集合为E_2，黄色子集的数量即E_2的大小为$F_2=1$。

● 每个青色子集都是其最大元素为"1"的集合，称这些青色子集构成的集合为E_1，青色子集的数量即E_1的大小为$F_1=1$。

● 最后，有一个由空集构成的集合：$\{\varnothing\}$。所以，上面这些由N_6的全部无连续元素构成的子集构成的集合（姑且称为A），就是E_1,E_2,E_3,E_4,E_5,E_6及$\{\varnothing\}$的并集。

$$A = \{\varnothing\} \cup E_1 \cup E_2 \cup E_3 \cup E_4 \cup E_5 \cup E_6$$

这个并集中全部子集的数量就是

$1 + F_1 + F_2 + F_3 + F_4 + F_5 + F_6$

$= 1 + 1 + 1 + 2 + 3 + 5 + 8$

$= 21$

$= F_8$

可以证明对任意正整数n，结论都是成立的。这个结论是斐波那契数列的一条性质，即

$$F_2 + \sum_{i=1}^{n} F_i = F_{n+2} \quad 或 \quad \sum_{i=1}^{n} F_i = F_{n+2} - F_2$$

写出N_6的所有子集后，我们可以在N_6所有子集所形成的下面这个"倒三角"的基础上，写出以7为最大元素的一切子集E_7。即在下面倒三角中，如何在红色子集的"右侧"增加出集合E_7？

$$\varnothing, \{1\}, \{2\}, \{3\}, \{4\}, \{5\}, \{6\}$$
$$\{1,3\}, \{1,4\}, \{1,5\}, \{1,6\}$$
$$\{2,4\}, \{2,5\}, \{2,6\}$$
$$\{3,5\}, \{3,6\}$$
$$\{4,6\}$$
$$\{1,3,5\}, \{1,3,6\}$$
$$\{1,4,6\}$$
$$\{2,4,6\}$$

因为"6"与"7"相邻，所以，不可能在红色子集中增加"7"这个元素，而在非红色子集中则都可以增加"7"这个元素。于是，空集中加入"7"，就得到$\{7\}$。我们就把加入"7"后的子集写到"倒三角"红色子集的右侧。得到：

$$\varnothing,\{1\},\{2\},\{3\},\{4\},\{5\},\{6\};\{7\}$$
$$\{1,3\},\{1,4\},\{1,5\},\{1,6\};\{1,7\}$$
$$\{2,4\},\{2,5\},\{2,6\};\{2,7\}$$
$$\{3,5\},\{3,6\};\{3,7\}$$
$$\{4,6\};\{4,7\}$$
$$\{5,7\}$$
$$\{1,3,5\},\{1,3,6\};\{1,3,7\}$$
$$\{1,4,6\};\{1,4,7\}$$
$$\{1,5,7\}$$
$$\{2,4,6\};\{2,4,7\}$$
$$\{2,5,7\}$$
$$\{3,5,7\}$$
$$\{1,3,5,7\}$$

"倒三角"中每行右侧的紫色子集为新增的所有"7"为其最大元素的子集，数量是13个，等于F_7。"倒三角"中子集的总数为：

$$1 + F_1 + F_2 + F_3 + F_4 + F_5 + F_6 + F_7$$
$$= 1 + 1 + 1 + 2 + 3 + 5 + 8 + 13$$
$$= 34$$
$$= F_9$$

 拓展阅读

数学规律的统一与概括之美

斐波那契数列概括了很多问题的本质。下面再举一个例子，涉及多个实际问题，但它们的内在规律却是一样的：2^n-1。

例1：有n个元素的集合，它的真子集的个数为2^n-1。

比如$n=2$，它的真子集有空集1个，含有一个元素的集合2个，自身1个。所以真子集个数为$1+2=3$。也可以说，由一个集合的真子集构成的集合的个数为2^n-1。

例2：在国际象棋棋盘64个格子中放麦粒，第1个格子中放1个，第2个格子中放2个，第3个格子中放4个，以后每个格子中所放麦粒数量是前一个格子中数量的2倍(见图4-35)。那么，最终64个格子中可放麦粒总数量为$2^{64}-1$。

例3：汉诺塔，又称河内塔。

三根柱子中有一根套有n个不同大小的圆盘，按"小压大"的方式摆放(图

4-36所示是圆盘数为7的情况）。要求把它们移动到另一根柱子中,但每次只能移动一个圆盘,圆盘在三根柱子之间移动,并且永远不能"大压小"。问至少要移动多少次？这个题目也不难,可以用归纳法:只有一个圆盘时,移动次数为$1(=2^1-1)$;有两个圆盘时,显然移动次数为$3(=2^2-1)$;有3个圆盘时,移动次数为$3+1+3=7(=2^3-1)$;有4个圆盘时,移动次数为$7+1+7=15(=2^4-1)$……

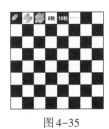

图4-35

图4-36

四、斐波那契数列的通项公式竟然是用无理数表示的!

下面这个一元二次方程非常重要。

$$x^2 - x - 1 = 0 \qquad ①$$

通过求根公式,很容易求出它的两个根为:

$$\begin{cases} x_1 = \dfrac{1 + \sqrt{5}}{2} \\ x_2 = \dfrac{1 - \sqrt{5}}{2} \end{cases}$$

我们先不管上面这两个根的具体值,我们先来研究与这个方程的根有关且与斐波那契数列有关的一个重要公式。将方程①变形为:

$$x^2 = x + 1 \qquad ②$$

我们设a为方程①的根,于是,显然有下面的一系列式子成立。

$a^2 = a + 1$

$a^3 = a \cdot a^2 = a \cdot (a + 1) = a^2 + a = (a + 1) + a = 2a + 1$

$a^4 = a \cdot a^3 = a \cdot (2a + 1) = 2a^2 + a = 2(a + 1) + a = 3a + 2$

$a^5 = a \cdot a^4 = a \cdot (3a + 2) = 3a^2 + 2a = 3(a + 1) + 2a = 5a + 3$

$a^6 = a \cdot a^5 = a \cdot (5a + 3) = 5a^2 + 3a = 5(a + 1) + 3a = 8a + 5$

$a^7 = a \cdot a^6 = a \cdot (8a + 5) = 8a^2 + 5a = 8(a + 1) + 5a = 13a + 8$

观察上面这一系列式子，很容易发现其中的斐波那契数列，即等式最右边常数项就是斐波那契数列的每一项，顺序也一致；a 前面的系数是少第一项 1 的斐波那契数列，顺序也一致。于是，若用 F_n 表示斐波那契数列的第 n 项，我们便可以把上面这一系列式子改写成如下式子。

$$a^2 = \quad a + 1 = F_2 a + F_1$$
$$a^3 = \quad 2a + 1 = F_3 a + F_2$$
$$a^4 = \quad 3a + 2 = F_4 a + F_3$$
$$a^5 = \quad 5a + 3 = F_5 a + F_4$$
$$a^6 = \quad 8a + 5 = F_6 a + F_5$$
$$a^7 = 13a + 8 = F_7 a + F_6$$
$$\cdots\cdots\cdots\cdots$$

很明显，上面一系列式子可以继续写下去，也就是对一切大于等于 2 的正整数 n，下式都成立。

$$a^n = F_n a + F_{n-1} \qquad\qquad ③$$

有了这个公式作为铺垫，我们下面就来推导斐波那契数列的通项公式。

把式①的两个根分别代入上面的式③中，得到：

$$\left(\frac{1+\sqrt{5}}{2}\right)^n = F_n\left(\frac{1+\sqrt{5}}{2}\right) + F_{n-1}$$

$$\left(\frac{1-\sqrt{5}}{2}\right)^n = F_n\left(\frac{1-\sqrt{5}}{2}\right) + F_{n-1}$$

两式相减，得

$$\left(\frac{1+\sqrt{5}}{2}\right)^n - \left(\frac{1-\sqrt{5}}{2}\right)^n = \sqrt{5}\, F_n$$

所以

$$F_n = \frac{1}{\sqrt{5}}\left[\left(\frac{1+\sqrt{5}}{2}\right)^n - \left(\frac{1-\sqrt{5}}{2}\right)^n\right]$$

这就是斐波那契数列的通项公式。下面借助计算器，如图 4-37 所示，用这个公式计算一下上一节中蜜蜂从空蜂房走到第 12 号蜂房的方式 $B_{12} = F_{14} = 377$。

图4-37

埃舍尔与可视化悖论

图4-38所示为莫里茨·科内利斯·埃舍尔的名画《瀑布》。埃舍尔(1898—1972)是荷兰版画家,他的版画因其中的数学元素及所画的事物在现实中制造不出来而著名。我们可以认为他的画作也是一种"悖论",并且是可视化的。可视化的"悖论"直接作用于人们的视觉,冲击力强大,让人感受到惊讶和震撼!比如图4-38中的水"飞流直下"后,你的眼睛跟着水流方向运动,"三拐两拐",水流的方向一直都是很合理的,但水又流回上端。这在现实世界自然力的作用下是不可能的。

图4-38

另外,请观察图4-38中上方的两个多面体。请问它们各自是由什么几何体交叉而成?

左:由三个一样大小的正方体交叉而成。右:由三个正八面体交叉而成。有关正多面体的知识,参见第2章。

类似画作还有彭罗斯三角,如图4-39所示。看上去这么简单的东西,现实中却是做不出来的。其实,如图4-39所示就是三个"7"围绕着中心的120°的旋转对称图形。

若制作一个如图4-40所示的物体,然后把A处棱柱加长,使其正好与B处对接(看上去),不留缝隙,那么这时从远处看上去就像是一个彭罗斯三角。这是三维空间中"实现"彭罗斯三角的最好方式。

图4-39

图4-40

五、连分数、斐波那契数列、黄金数

如图4-41所示,是把一个平方根表示的无理数化为连分数的过程。

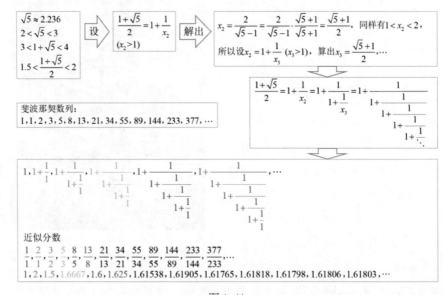

图4-41

从图4-41中可以看出,当项数趋于无穷时斐波那契数列后项与前项的比值的极限就是

$$\Phi = \frac{\sqrt{5} + 1}{2}$$

反之,当项数趋于无穷时斐波那契数列前项与后项的比值的极限就是

$$\varphi = \frac{\sqrt{5} - 1}{2}$$

Φ 与 φ 之间有下面的关系

$$\Phi = \varphi + 1, \quad \Phi = \frac{1}{\varphi}$$

另外,我们再定义一个数 Ψ,

$$\Psi = \Phi + 1 = \varphi + 2 = \frac{\sqrt{5} + 3}{2}$$

$$\Psi = \frac{1}{\varphi} + 1 = \frac{1 + \varphi}{\varphi} = \frac{\Phi}{\varphi} = \frac{1}{\varphi^2} = \Phi^2$$

φ, Φ, Ψ 三者构成首项为 φ,公差为 1 的等差数列。φ 与 Φ 之间又互为倒数关系;Φ 与 Ψ 之间是平方关系。这三个数在后面讲尼姆游戏时还会提及。图4-42 所示是中国澳门发行的邮票小型张《科学与科技 – 黄金比例》,注意,图中的数字 1,2,3,4,5 等表示的不是长度而是步骤序号。注意图中的大写希腊字母 Φ。

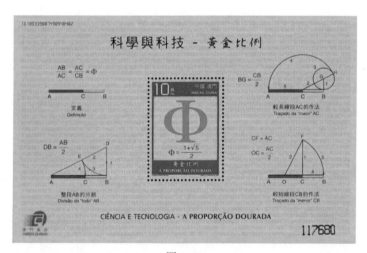

图 4-42

下面是一道 2022 年的高考题,是一道选择题,其中涉及的数学知识很丰富,解题时你掌握的相关基础知识越丰富,您的解题效率就会越高,速度就会越快。题目是这样的。

嫦娥二号卫星在完成探月任务后,继续进行深空探测,成为我国第一颗环绕太阳飞行的人造行星。为研究嫦娥二号绕日周期与地球绕日周期的比值,用到数列 $\{b_n\}$:

$$b_1 = 1 + \frac{1}{a_1}, \quad b_2 = 1 + \cfrac{1}{a_1 + \cfrac{1}{a_2}}, \quad b_3 = 1 + \cfrac{1}{a_1 + \cfrac{1}{a_2 + \cfrac{1}{a_3}}}, \quad \cdots$$

依此类推,其中 $a_k \in \mathbf{N}^*(k = 1, 2, 3, \cdots)$,则(　　)。

A. $b_1 < b_5$ 　　　　 B. $b_3 < b_8$ 　　　　 C. $b_6 < b_2$ 　　　　 D. $b_4 < b_7$

第一种解法:既然对正整数 a_k 没有规定具体是什么数,那么就可以取一组特殊的值。比如取 $a_k = 1$。于是,$\{b_n\}$ 就成为:

$$b_1 = 1 + \frac{1}{1}, \quad b_2 = 1 + \cfrac{1}{1 + \cfrac{1}{1}}, \quad b_3 = 1 + \cfrac{1}{1 + \cfrac{1}{1 + \cfrac{1}{1}}}, \quad \cdots$$

这是一个连分数数列,将其化简

$$b_1 = 2, \quad b_2 = \frac{3}{2}, \quad b_3 = \frac{5}{3}, \quad b_4 = \frac{8}{5}, \quad \cdots$$

这是一个由斐波那契数列 $(1, 1, 2, 3, 5, 8, 13, 21\cdots)$ 后项(从第3项"2"开始)与前一项的比值所得到的数列。然后用死办法,把选项中涉及的项计算出来进行比较,便可以发现,只有选项D是正确的。计算需要花费一点时间,所以效率不是很高(但只要计算仔细不出错,能一次保证得出正确选项,也很好)。

下面介绍第二种解法:通过斐波那契数列的一条性质来解题,从而不必计算这些项的值,便可得出正确结论的方法。如图4-43所示。

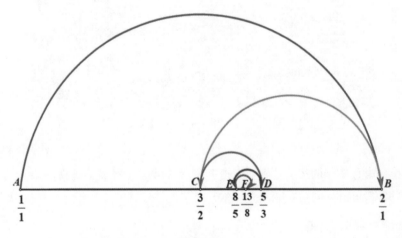

图4-43

关注图中"$B \to C \to D \to E \to F$"路径(不用管点 A)。这个数列最终趋近于一个数,就是"1.618…",即黄金数"0.618…"的倒数。也可以说,这个数列的每一项都是"1.618…"这个无理数的渐进分数(或叫近似分数),并且,这个数列趋近的路径或方式很特别:从第1项"2"减小到第2项的"$\frac{3}{2}$",再从第2项的"$\frac{3}{2}$"增大到第 3 项的"$\frac{5}{3}$",然后又是减小,增大,减小,增大……无限进行下去。更加特别的是,某一项如果比它后面一项小的话,那它就小于后面的所有项;而某一项如果比它后面一项大的话,那它就大于后面的所有项。这个对解本题很有帮助。

因为 $b_1 = \frac{2}{1} = 2, b_2 = \frac{3}{2} = 1.5$,所以 $b_1 > b_2$,所以 b_1 就大于后面的所有项,所以选项 A 不正确。这个一减一增的数列显然具有下面的性质:其中某一项,或者比它前后两项都小,或者比它前后两项都大。于是从 $b_1 > b_2$,便可以相继得出:$b_2 < b_3, b_3 > b_4, b_4 < b_5, b_5 > b_6, b_6 < b_7, b_7 > b_8$……于是,选项 B 和选项 C 就都不对,所以只有选项 D 正确。也就是说,如果对斐波那契数列的知识有所了解的话,只需写出上面那一串不等式,便可马上找到正确选项。

其实,上面的一减一增数列的性质,不只针对斐波那契数列正确,对题中所给的连分数的渐进分数数列 $\{b_n\}$ 也都正确(可以从分母变大(小)分数变小(大)这一性质出发去证明),也就是说,那一串不等式对 $\{b_n\}$ 都正确,所以,如果知道连分数的渐进分数的话,本题的解题效率会更高,几秒钟便可解出这道选择题。

上面两种解题方法都不错,第一种方法从特例出发,把问题具体化,简单化。第二种方法更本质。更本质的方法,解决问题效率就高,而要掌握更本质的方法需要不断学习相关的理论和技术,这需要付出大量的时间和精力。

六、斐波那契点与斐波那契双曲线

曾经有一道国际数学竞赛题与本节所讲有关。国际数学竞赛也并非高不可攀。

1. 预备知识一:斐波那契数列的相关性质

性质 A:三个相邻的斐波那契数,外侧两个斐波那契数的乘积,与中间斐波那契数的平方的差,绝对值为 1;在中间数的项数为偶数时,外侧两数乘积比中间数的平方大 1,在中间数的项数为奇数时,外侧两数乘积比中间数的平方小 1。用公式表示就是

$$u_{n-1}u_{n+1} - u_n u_n = (-1)^n = \begin{cases} 1, & n\text{为偶数} \\ -1, & n\text{为奇数} \end{cases}$$

比如

$1,1,2,3,5,8,13,21,34,55,89,144,233\cdots$

$n = 4$ 时,$2 \times 5 - 3 \times 3 = 1$;$n = 5$ 时,$3 \times 8 - 5 \times 5 = -1$。

性质 B:四个相继的斐波那契数,外侧两个斐波那契数的乘积,与内侧两个斐波那契数的乘积的差,绝对值为 1;在四个数的第二个数的项数为偶数时,外侧两数乘积比内侧两数乘积大 1,在四个数的第二个数的项数为奇数时,外侧两数乘积比内侧两数乘积小 1。用公式表示就是

$$u_{n-1}u_{n+2} - u_n u_{n+1} = (-1)^n = \begin{cases} 1, n \text{为偶数} \\ -1, n \text{为奇数} \end{cases}$$

比如

$1,1,2,3,5,8,13,21,34,55,89,144,233\cdots$

$n = 4$ 时,$2 \times 8 - 3 \times 5 = 1$;$n = 5$ 时,$3 \times 13 - 5 \times 8 = -1$。

这两个性质在后面都要用到。

2. 斐波那契点

指 $(1,0)(1,1)(2,1)(3,2)(5,3)(8,5)(13,8)\cdots$ 这样的点,它们的横坐标依次为斐波那契数,纵坐标先是 0,然后依次是斐波那契数。除 $(1,0)(1,1)$ 外,斐波那契点横纵坐标依次是相邻两个斐波那契数,但横坐标大于纵坐标,如图 4-44 所示。

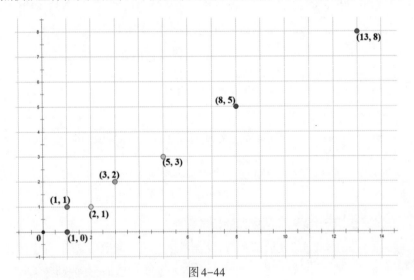

图 4-44

3. 斐波那契双曲线

对斐波那契数列的性质 A 进行变形:

$$u_{n-1}u_{n+1} - u_n u_n = (-1)^n$$

$$u_{n-1}(u_n + u_{n-1}) - u_n^2 = (-1)^n$$

$$u_n u_{n-1} + u_{n-1}^2 - u_n^2 = (-1)^n$$

$$u_n^2 - u_n u_{n-1} - u_{n-1}^2 = \pm 1$$

①

上面最后一式让我们联想到双曲线方程：

$$x^2 - xy - y^2 = \pm 1 \qquad\qquad ②$$

我们画出方程②所表示的双曲线（两条双曲线，每条双曲线由两支构成）如图4-45所示。

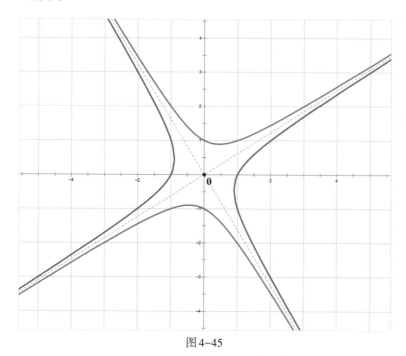

图4-45

在图4-45中，绿色双曲线对应右端等于-1时的方程，即 $x^2 - xy - y^2 = -1$；蓝色双曲线对应右端等于+1时的方程，即 $x^2 - xy - y^2 = 1$。绿色双曲线绕原点旋转90°后，将与蓝色双曲线重合。但是这两条双曲线的对称轴都不是 x 轴和 y 轴，它们的对称轴与 x 轴和 y 轴有一个角度。这是因为双曲线的方程中有 xy 项。图4-45中还画出了两条双曲线的公共渐近线，其中一条渐近线的斜率为黄金数0.618…根式的表示方式为：

$$\frac{\sqrt{5} - 1}{2}$$

比较方程①和方程②，很容易发现，满足方程①的一对斐波那契数（u_n，u_{n-1}）一定满足方程②。而（u_n，u_{n-1}）正是斐波那契点的坐标。所以，可以得出结论：斐波那契点一定位于图4-45所示的双曲线上。其实，因为斐波那契点的横纵坐标都大于等于0，所以，斐波那契点全都位于图4-46所示第一象限内的双曲线和 x 轴上。再由上段所说的90°旋转对称性，点（u_n，u_{n-1}）及其90°旋转对称点（$-u_{n-1}$，u_n）、180°旋转对称点（$-u_n$，$-u_{n-1}$）、270°旋转对称点（u_{n-1}，$-u_n$）就全都位于这两条双曲线上。

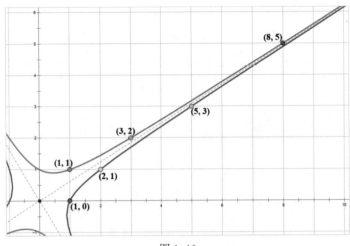

图 4-46

以上这些点都是坐标平面的格点，它们都位于双曲线上。但我们还不能确定是否有其他不是斐波那契点的格点的坐标也满足方程②，也就是说，我们还不能确定由方程②表示的双曲线上是否有不是斐波那契点的格点。下面我们就要证明，除斐波那契点外，没有其他任何一个格点位于方程②所表示的双曲线上。然后，我们就可以顺理成章地给这样的双曲线取一个名称——斐波那契双曲线。

证明前，需要先掌握皮克定理和三角形面积的行列式公式这两个预备知识。

4. 预备知识二：皮克定理

皮克定理是针对格点多边形的，且多边形没有边界交叉。用 I 表示多边形内部格点数量，B 表示多边形边界上的格点数量。则多边形面积 S 为：

$$S = I + \frac{B}{2} - 1$$

如图 4-47 所示是一个格点多边形。

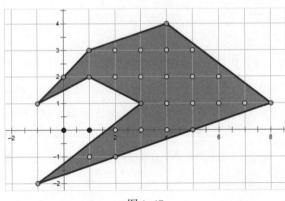

图 4-47

经观察,它一共有17个内部格点(黄色),10个边界格点(绿点;可以是顶点,也可以是边上的点),根据皮克定理,有

$$S = I + \frac{B}{2} - 1 = 17 + \frac{10}{2} - 1 = 21$$

5. 预备知识三:三角形面积的行列式公式

已知A、B、C三点的坐标分别是(x_1, y_1)、(x_2, y_2)、(x_3, y_3),那么三角形ABC的面积S用行列式表示的公式是

$$\frac{1}{2} \left| \begin{vmatrix} x_1 & y_1 & 1 \\ x_2 & y_2 & 1 \\ x_3 & y_3 & 1 \end{vmatrix} \right|$$

其中内层两竖线"| |"表示行列式,外层两竖线"| |"表示绝对值。在A、B、C三点不在一条直线上(否则面积为0)的情况下,当A、B、C三点逆时针排列时,行列式为正值,当A、B、C三点顺时针排列时,行列式为负值。

6. 斐波那契双曲线的证明

前面已经证明了所有斐波那契点及它们分别绕原点旋转90°、180°、270°所得到的点,全都位于这两条双曲线上。下面我们根据以上这些预备知识,来证明下面的结论:位于这两条双曲线上的点如果是格点,那它一定是斐波那契点或它们绕原点旋转90°、180°、270°所得到的点(或者说,这两条双曲线穿越所有斐波那契点及它们绕原点旋转90°、180°、270°所得到的点,把其他一切非斐波那契点的格点留在这两条双曲线之外)。这时,我们就可以给这两条双曲线起个名字,叫斐波那契双曲线。

我们在第一象限内进行证明。如图4-48所示,每相邻的三个斐波那契点连接出一个格点三角形。比如图中橙色三角形是由点$(1,0)$、$(1,1)$、$(2,1)$构成的格点三角形;粉色三角形是由点$(1,1)$、$(2,1)$、$(3,2)$构成的格点三角形……

我们先来证明所有这些三角形的面积都是$\frac{1}{2}$。在图4-48中,橙色和粉色三角形的面积为$\frac{1}{2}$是容易看出来的,但要证明绿色三角形面积为$\frac{1}{2}$就需要用到前面的预备知识三:三角形面积的行列式公式。三个连续的斐波那契点的坐标可以写成

$$(u_n, u_{n-1})、(u_{n+1}, u_n)、(u_{n+2}, u_{n+1})$$

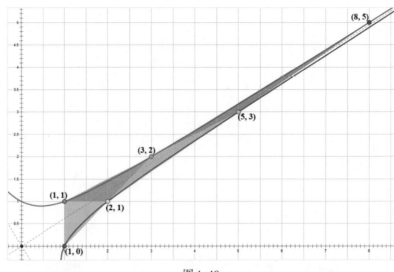

图 4–48

其中 $n = 1, 2, 3\cdots$补充定义 $u_0 = 0$。那么，以这样三个连续斐波那契点为顶点的三角形的面积就是

$$S = \frac{1}{2} \left\| \begin{array}{ccc} u_n & u_{n-1} & 1 \\ u_{n+1} & u_n & 1 \\ u_{n+2} & u_{n+1} & 1 \end{array} \right\|$$

按第三列展开行列式，得

$$S = \frac{1}{2} \left| \left| \begin{array}{cc} u_{n+1} & u_n \\ u_{n+2} & u_{n+1} \end{array} \right| - \left| \begin{array}{cc} u_n & u_{n-1} \\ u_{n+2} & u_{n+1} \end{array} \right| + \left| \begin{array}{cc} u_n & u_{n-1} \\ u_{n+1} & u_n \end{array} \right| \right|$$

$$= \frac{1}{2} \left| (u_{n+1}^2 - u_{n+2}u_n) - (u_n u_{n+1} - u_{n+2}u_{n-1}) + (u_n^2 - u_{n+1}u_{n-1}) \right|$$

根据预备知识一中的性质 A，不管 n 是奇数还是偶数，上式中绝对值内部的第一项（指括号内）和第三项，一定是一个为 1，一个为 –1。所以，两者互相抵消。于是，绝对值内部还剩余一项，所以三角形面积为：

$$S = \frac{1}{2} \left| \ -(u_n u_{n+1} - u_{n+2}u_{n-1}) \ \right|$$

根据预备知识一中的性质 B，上式绝对值中括号内的值为 1 或 –1，所以，上式就等于 $\frac{1}{2}$，即 $S = \frac{1}{2}$。

有了上面每个三角形的面积都为 $\frac{1}{2}$ 这一结论，我们下面就来应用皮克定理证明双曲线上不存在其他格点。

皮克定理为：

$$S = I + \frac{B}{2} - 1$$

上式左端$S = \frac{1}{2}$。边界点的个数B至少是3。那么,上式右端"内点个数I不可能大于0"和"B不可能大于3"这两个条件,如果有一个被破坏,都将导致右端大于$\frac{1}{2}$。所以,只能$I = 0, B = 3$。即三角形没有内点,边界点也只有三个顶点。

观察图4-48发现,每个这样的三角形都覆盖双曲线的一段,那么这一段上就没有格点(因为无内部格点)。又因为所有这些三角形一起,完全覆盖了双曲线位于直线$x = 1$右侧全部图形,而位于$x = 1$和y轴之间那段双曲线也只有$(0, 1)$这一个格点,但它可以通过旋转斐波那契点$(1, 0)$得到。所以,双曲线上一定不存在除斐波那契点以外的其他格点。于是,我们就证明了我们本节内容所要证明的结论:

在由前面方程②所表示的双曲线上,除斐波那契点及它们分别旋转90°、180°、270°所得到的这些格点外,没有其他格点。

七、正五边形中的黄金分割

下面将从图4-49出发,对边长为1的正五边形对角线长度实施"辗转相除法"。在实施算法时将发现,运算过程无穷无尽,从而得出边长为1的正五边形对角线长度不是有理数的结论。

(1)用AB截取AC。因为AD的长度等于AB的长度,所以,在AC上截取AB长度,就相当于截取AD长度。

(2)用DC截取AB。因为$AB = AD = EC$,所以,用DC截取AB相当于用DC截取EC,所以,剩下一段是ED。

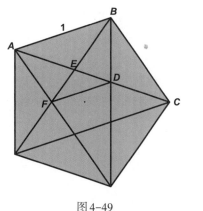

图4-49

(3)用ED截取AE。但我们注意到,$AE = FD$。所以,用ED截取AE就相当于在等腰三角形DEF中用ED边截取FD边,而等腰三角形DEF与等腰三角形ABC是相似的,所以,接下来的过程与上述过程相似。所以,这样的过程是无穷无尽的。

（4）所以，AC的长度一定不能用分数表示，它一定不是有理数，而是个无理数，下面来求这个数。

在图4-49中，三角形ABE与三角形ABC相似，所以有

$$AE:AB = AB:AC$$

设AC长度为x，则有

$$(x-1):1 = 1:x$$

即

$$x(x-1) = 1 \text{ 或 } x^2 - x - 1 = 0$$

它是一个一元二次方程，可以求出它的解。（在后面过程中，不合题意的舍去了。）

$$x^2 - x - 1 = 0, \quad \left(x - \frac{1}{2}\right)^2 - \frac{1}{4} - 1 = 0, \quad \left(x - \frac{1}{2}\right)^2 = \frac{5}{4}, \quad x = \frac{1+\sqrt{5}}{2}$$

根据图4-49，可以得到下面的比值，并且可以无限延伸下去，从而引出毕达哥拉斯琵琶。

$$AC:AB = AB:AE = DF:DE = \frac{\sqrt{5}+1}{2} = \Phi, \quad \frac{\sqrt{5}-1}{2} = \frac{1}{\Phi} = \varphi, \quad \varphi \approx 0.618$$

图4-50所示是所谓的毕达哥拉斯琵琶。它是由一连串向一个方向逐步缩小的五角星构成，这些五角星的中心在一条直线上。再把外围顶点用直线段围起来，这就相当于把每个五角星顶点连接成的正五边形画了出来。连续的两个正五边形有一块公共部分，即一个顶角为108°的等腰三角形。去掉最大的五角星和最大的正五边形，但保留与下一个正五边形的公共部分，剩余图形仍是毕达哥拉斯琵琶（见图4-51），毕达哥拉斯琵琶是自相似的。

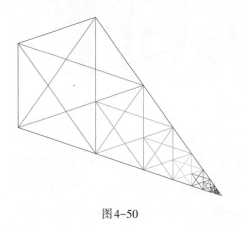

图4-50

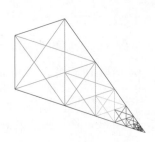

图4-51

数学之美

八、数学探究活动（星状多边形）

从正五边形和正五角星谈起。可以这样想：在单位圆上依次有五个五等分点 1,2,3,4,5。那么依次连接 1 和 2,2 和 3,3 和 4,4 和 5,5 和 1,将得到一个正五边形（见图4-52）；而连线若是中间隔着一个点，即依次连接 1 和 3,3 和 5,5 和 2,2 和 4,4 和 1,则将得到一个正五角星（见图4-52）。间隔着两个点作连线，就是依次连接 1 和 4,4 和 2,2 和 5,5 和 3,3 和 1,得到的正五角星与之前的正五角星是同一个正五角星。若间隔3个点进行连线，得到的正五边形就是之前的正五边形。所以，实际上，只产生两种"五角星"（把正五边形也算在内）。为什么只有两种？与"5"这个数有什么联系？我们继续研究。

我们来看一下七等分圆周的情况，即有7个等分点的情况。首先依次连接7个等分点得到正七边形，然后间隔一个点，间隔两个点连接出两种可能。最终将一共得到3种"七角星"，如图4-53所示。

下面我们来看一下偶数个等分点的情况，我们以6个等分点为例。当然，正六边形是一种可能。但如图4-54所示，再也连接不出其他"六角星"了。所以，"六角星"只有1种。为什么？

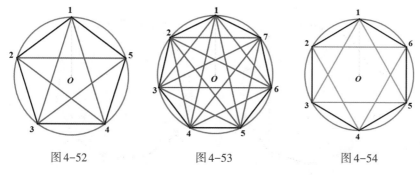

图4-52   图4-53   图4-54

下面需要了解一下互素的概念。所谓互素是指两个正整数没有除1以外的其他公因数。比如5和3互素，可以表示为(5,3)=1。9和8互素，即(9,8)=1。这里我们只研究小于一个正整数，且与这个正整数互素的数。比如正整数5，那么，小于5的正整数有1,2,3,4四个，它们都与5没有除1以外的公因数，所以，正整数5有四个小于它且与它互素的正整数。再来看一下正整数7，它有1,2,3,4,5,6六个小于它的正整数，它们都与7互素。注意，把小于5且与5互素的数的个数4，除以2后得2,2正是前面所得"五角星"的数量；把小于7且与7互素的数的个数6，除以2后得3,3正是前面所得"七角星"的数量；把小于6且与6互素的数（1和5）

的个数 2,除以 2 后得 1,1 正是前面所得"六角星"的数量。所以,我们猜测,一个正 n 边形,可以拥有的正 n 角星的数量,应该是小于 n 且与 n 互素的正整数的个数除以 2,记这个数量为 m。我们下面用其他情况对上述猜测进行验证。

当 n = 3 时,有两个互素数 1 和 2,所以 m = 1;当 n = 4 时,有两个互素数 1 和 3,所以 m = 1;当 n = 8 时,有四个互素数 1,3,5 和 7,所以 m = 2,如图 4-55(a) 所示;当 n = 9 时,有六个互素数 1,2,4,5,7 和 8,所以 m = 3,如图 4-55(b) 所示;当 n = 10 时,有四个互素数 1,3,7 和 9,所以 m = 2,如图 4-55(c) 所示;当 n = 11 时,有十个互素数 1,2,3,4,5,6,7,8,9 和 10,所以 m = 5,如图 4-55(d) 所示。

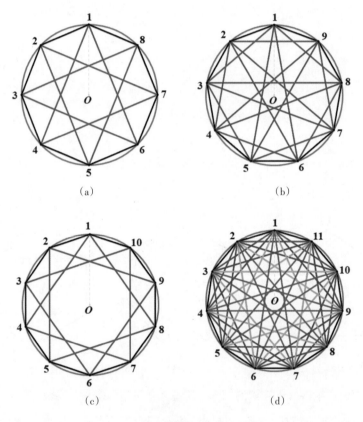

(a)　　　　　　　　　　(b)

(c)　　　　　　　　　　(d)

图 4-55

若 n 是素数,则小于 n 且与 n 互素的正整数的个数是 n-1。比如 n = 5,7,11,13,17 等。

下面给出 17 等分点构成的十七角星的漂亮图形(见图 4-56)。其中一共有 8 个十七角星,从外到内的颜色依次是黑、红、橙、黄、绿、青、紫。

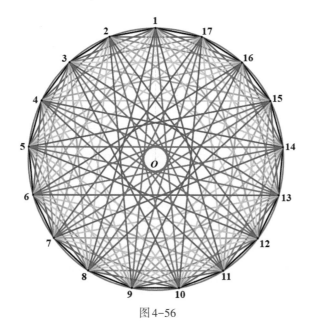

图 4-56

九、游戏与黄金数与斐波那契数（两例）

1. 尼姆游戏与黄金数

尼姆游戏有很多种，下面讲其中的一种。游戏规则如下：（1）有两堆棋子；（2）两个人轮流取子；（3）不能不取；（4）每人可以从某一堆中取子，取多取少不限；（5）每人还可以同时从两堆中取走相同数目的棋子；（5）取走最后一颗棋子或最后几颗棋子者为胜方。

下面的表 4-2 填好后将成为制胜秘诀。

表 4-2　尼姆游戏秘诀

n	1	2	3	4	5	6	7	8	9	10
S_n	S_1	S_2	S_3	...						
T_n	T_1	T_2	T_3	...						

填表方法：在 S_n 行中，自左向右填起。S_1 填 1，$T_n - S_n = n(n = 1,2,3\cdots)$。$T_n$ 是计算出来的。从而 T_1 中填 2。这时已经填好了 1 和 2，所以就要接着填 3，在 S_2 中填 3。于是，T_2 中填 5。这时，4 还没有出现，所以，在 S_3 中填 4。于是 T_3 中填 7。最终填到 $n = 10$ 时的表格（见表 4-3）如下。

表4-3　　$n = 10$ 时尼姆游戏秘诀

n	1	2	3	4	5	6	7	8	9	10	…
S_n	1	3	4	6	8	9	11	12	14	16	…
T_n	2	5	7	10	13	15	18	20	23	26	…

这个游戏秘诀的结论是"先手必胜"。你先取子,你要想方设法在规则允许的情况下,给对方留下 (S_n, T_n) 状态。这一定可以办到。最小的 (S_n, T_n) 状态是 $(1, 2)$。在 $(1, 2)$ 状态下,不管对方怎么取子,你都可以在他取完后,一次取走最后一颗或几颗棋子。其他情况下结果也一样,如给对方留下 $(11, 18)$ 状态。这对应表中 $n = 7$。(1)这时,对方若从 11 这一堆中取子,根据规则,他至少要取走一个,那么,这堆中就剩余 10 个或 10 个以下棋子。由我们填表的方法可知,1 到 10 这 10 个数一定出现在与 $n = 6、5、4、3、2$ 或 1 对应的格子中。比如他取走一颗棋子,那么,你就可以把状态调整到含有 10 这个数的状态,即 $n = 4$ 时的 $(6, 10)$ 状态,即你从 18 那一堆中取走 12 颗棋子,剩下 6 颗。(2)如果对方不从 11 这一堆中取子,而是从 18 那一堆中取子,比如对方从 18 这堆中取走一颗,你就可以同时从两堆中取走相同数目的棋子,即每堆中取走 2 颗,留下 $n = 6$ 时的 $(9, 15)$ 状态。总之,不管哪种情况,你都可以把状态调整到低级别的状态。之后一直进行下去。最终你将获胜。

那么,这个游戏与黄金数有什么关系呢?其实,S_n 是大 Φ 的 n 倍的整数部分,而 T_n 是大 Ψ 的 n 倍的整数部分("$[\ \ ]$"是取整的意思),见表4-4。

表4-4　尼姆游戏与黄金数

n	1	2	3	4	…
S_n	$\left[\dfrac{\sqrt{5}+1}{2}\right]$	$\left[2 \times \dfrac{\sqrt{5}+1}{2}\right]$	$\left[3 \times \dfrac{\sqrt{5}+1}{2}\right]$	$\left[4 \times \dfrac{\sqrt{5}+1}{2}\right]$	…
T_n	$\left[\dfrac{\sqrt{5}+3}{2}\right]$	$\left[2 \times \dfrac{\sqrt{5}+3}{2}\right]$	$\left[3 \times \dfrac{\sqrt{5}+3}{2}\right]$	$\left[4 \times \dfrac{\sqrt{5}+3}{2}\right]$	…

2. 尼姆游戏与斐波那契数

下面这个游戏与斐波那契数有关。

游戏描述:有一堆棋子,个数至少有两个。两人轮流从中取子。游戏规则:(1)先手开局时不能一次把全部棋子都取走;(2)每人所取棋子个数不得多于前一人刚刚取走棋子数量的 2 倍。(3)不能不取子;(4)取走最后一个棋子或取走最后若干个棋子的一方为获胜方(赢方)。我们要证明:①棋子个数是斐波那契数时,若后手懂数学更懂斐波那契数列且不出错,则后手一定能赢,先手必输;

②若棋子个数不是斐波那契数,则先手若懂数学更懂斐波那契数列且不出错,则先手一定能赢,后手必输。

其实,这个游戏的取胜策略为:把斐波那契数留给对方去面对。

那么我们就要先证明,谁遭遇斐波那契数,谁就必输(只要对方不犯错)。在证明之前,需要知道一些相关基础知识。

(1)首先回顾一下斐波那契数列。

$$1,1,2,3,5,8,13,21,34,55,89\cdots$$

斐波那契数列的特点是,第一项和第二项都为1,从第三项开始,每一项都是前两项的和。另外,斐波那契数列从第三项开始是严格单调递增的。可得出如下结论。

①除第一项"1"和第三项"2"以外,其他间隔着一项的两项中,较小项的2倍一定小于较大项。比如,第四项"3"的二倍"6"小于第六项"8";第五项"5"的2倍"10"小于第七项"13"等。(这个结论不难证明,举个例子即可明白。观察5,8,13三项,其中5和13是间隔的两项。由斐波那契数列的定义,5 + 8 = 13。而5 + 5显然小于5 + 8,即2倍的5小于13。)

$$1,1,2,3,5,8,13,21,34,55,89\cdots$$

②在斐波那契数列中,间隔一项的两项中,较小一项的3倍一定大于较大一项。比如,第四项"3"的3倍"9"大于第六项"8"。第七项"13"的3倍"39"大于第九项"34"等。(这个结论也不难证明,举个例子即可明白。观察5,8,13这三连项,其中5和13是间隔一项的两项。由斐波那契数列的定义,5 + 8 = 13。而其中的8 = 3 + 5,所以,5 + 8 = 13变成5 + 3 + 5 = 13。而5的3倍大于上式的左侧,所以,5的3倍大于13,即间隔一项的两项,较小项的3倍大于较大项。)

(2)任何一个非斐波那契数都可以唯一地写成若干个不相邻的斐波那契数之和(不考虑顺序的话)。比如

12 = 8 + 3 + 1(8与3之间没有5;3与1之间没有2)

14 = 13 + 1(没有8、5、3、2)

18 = 13 + 5(13与5之间没有8)

20 = 13 + 5 + 2(13与5之间没有8;5与2之间没有3)

…………

(3)任何一个斐波那契数都不能写成若干个不相邻的斐波那契数之和。比如

8 = 5 + 2 + 1(2和1相邻了)

13 = 8+3+1+1（1和1相邻了）

21 = 13+5+2+1（2和1相邻了）

有了上面这些基础知识铺垫后，我们再来讨论这个游戏。先来说明第一条结论：棋子个数是斐波那契数时，若后手懂数学更懂斐波那契数列且不出错，则后手一定能赢，先手必输。

$$1,1,2,3,5,8,13,21,34,55,89\cdots$$

（1）先来看斐波那契数 $F_3 = 2$。根据"先手不能全取"的规则，再根据"不能不取"的规则，先手只能取1个棋子。那么，后手把剩余1个取走而获胜。先手必输。

（2）再来看斐波那契数 $F_4 = 3$。先手只能取1个或2个，后手就可以对应地取2个或1个，从而在不违背规则的情况下取完最后的棋子，获胜。先手必输。

（3）对 $F_5 = 5$，若先手取子超过1个，即取2、3或4个，则后手都可以把剩余棋子全部取走（所取子数都不超过对手所取子数的2倍），从而获胜。若先手取子1个，则后手也取1个，给先手留下3（=F_4）个。前面说过，面对 $F_3=3$ 的人一定输。所以，先手必输。

$$1,1,2,3,5,8,13,21,34,55,89\cdots$$

（4）对 $F_6 = 8$，若先手取3个及3个以上，后手对应地可以取6个及6个以上，就已经可以把剩余的棋子取光，从而获胜。先手输。先手若取2个或1个，则后手就分别取1个或2个，这时给先手剩余5个，5 = F_5。所以，对 $F_6=8$，先手必输。

（5）我们来对第（4）条找一找规律。8 = 5 + 3。其中"3"的3倍"9"一定大于"8"（前面已经给出过斐波那契数列的这个结论）。所以，先手不可能取走超过3个棋子。他只能取走1或2个棋子，那么后手就取走2个或1个，凑齐3个，给先手留下比3大但紧邻3的F数 $F_5 = 5$。而面对 F_5，我们已经讨论了，是必输的。

（6）那么我们再看一看 $F_7 = 13$。13 = 8 + 5。先手不能取超过4个（否则后手可以一次取光所剩）。先手若取4个，后手就取1个（凑5）。给先手留下 $F_6 = 8$。"8"我们已经讨论过了。所以，面对 F_7，先手必输。

（7）任意取一个F数，比如 $F_9 = 34$。34 = 21 + 13。先手不可能一次取走13个给后手留下F数 $F_8 = 21$。所以仍然是先手必输。

（8）现在可以通过数学归纳法证明结论的正确性。（这里不证了。）

下面我们来证明第二个结论：若棋子个数不是斐波那契数，则先手若懂数学更懂斐波那契数列且不出错，则先手一定能赢，后手必输。

我们也还是从具体的数开始。

（1）非斐波那契数4。4 = 3 + 1（两个不相邻F数之和）。先手（你）取1个。后手可以取1个或2个，但怎么也取不完全部，且必定给你留下2个或1个。你则可以一次取完，从而获胜。

（2）非斐波那契数6。6 = 5 + 1（两个不相邻F数之和）。显然，你取走1个，给对方留下F数5。您必胜。

（3）非斐波那契数7。7 = 5 + 2。与上一条类似。

（4）非斐波那契数9。9 = 8 + 1。与第（2）条类似。

（5）非斐波那契数10,11。10 = 8 + 2；11 = 8 + 3。与上面类似。

（6）非斐波那契数12。因为12 = 8 + 3 + 1，是三个不相邻F数的和。那么，先手（你）取走1个，对手不可能一次取走3个给你留下8个。这就看出来了我们前面所讲的相隔两数中较小项的2倍小于较大项这一重要性质。那么，你类似地处理好"3"，再处理好"8"，就行了。还是先手必赢。（每次一方取子数量不得超过之前一方所取子数量的2倍这一条件至关重要。）

（7）非斐波那契数50。把50写成唯一形式的若干斐波那契数之和：50=34+13+3。先手（你）取走3个，剩余34 + 13 = 47个。对手因为不能取走13个让你面对F数34（3的2倍不会大于8，当然更不会大于13）。然后，对手要处理"13"，想办法让自己不再面对F数"34"，但对于现在面对的"13"也是F数。我们已经讲过"13"了，面对即输。所以，先手有办法让后手一次次地面对不同的斐波那契数，最终致使后手失败。

你应该明白了先手在最初棋子数为非斐波那契数时如何应对了吧！是不是很有趣！游戏与数学紧密联系着！

十、有趣的斐波那契数列的数论性质

斐波那契数列为：

$$1,1,2,3,5,8,13,21,34,55,89,144,233,377\cdots$$

其中第3项及以后各项都是其前面两项的和。请问，斐波那契数列的第20项 F_{20} 是否可以被3整除？是否可以被5整除？是否可以被11整除？

当然，我们可以按递推关系把 F_{20} 找出来，那么，上述这三个"整除"是否可行的问题就能够计算出来了。其实我们有更加快捷的方式解出上述三个问题的结果。这就要用到斐波那契数列的一个数论性质。这个性质是说，如果一个斐波那契数的角标（序号，比如 F_{20} 的"20"）可以被某个正整数整除，那么这个斐

波那契数就一定可以被以这个正整数为角标的斐波那契数整除。用符号语言来表达,如果 $m \mid n$,那么 $F_m \mid F_n$("|"表示其左侧整除右侧)。上面的性质反过来说也对,即如果一个斐波那契数能整除另一个斐波那契数,则作为除数的斐波那契数的角标也一定能整除作为被除数的斐波那契数的角标,即如果 $F_m \mid F_n$,那么 $m \mid n$。

比如,$3 \mid 9$,那么,$F_3 \mid F_9$。实际上,$F_3 = 2$,$F_9 = 34$,$2 \mid 34$。再如,$4 \mid 8$,那么,$F_4 \mid F_8$。实际上,$F_4 = 3$,$F_8 = 21$,$3 \mid 21$。

对于本题开始时的那三个问题,我们有:

3 是斐波那契数列的第 4 项 F_4,而 F_4 的角标为 4,$4 \mid 20$,所以,$F_4 \mid F_{20}$,即 $3 \mid F_{20}$(我们可以不知道 F_{20} 具体是多少)。同理,5 是斐波那契数列的第 5 项 F_5,而 F_5 的角标为 5,$5 \mid 20$,所以,$F_5 \mid F_{20}$,即 $5 \mid F_{20}$。第三问:"11 是否可以整除 F_{20}?"我们可以这样考虑:看一看 20 的因数还有哪些,显然 10 是 20 的因数,而 $F_{10} = 55$,所以 $55 \mid F_{20}$。而 $55 = 5 \times 11$,所以,$11 \mid F_{20}$。

另一个问题也很有趣:求能够被 2,3,5 都整除的最小的斐波那契数。

首先,能被 2 整除的斐波那契数有且只有(从小到大)

$$F_3(=2), F_6, F_9, F_{12}, F_{15}, F_{18}, F_{21}, \cdots, F_{3k} \cdots$$

它们的角标都能被 3 整除。

其次,能被 3 整除的斐波那契数有且只有(从小到大)

$$F_4(=3), F_8, F_{12}, F_{16}, F_{20}, F_{24}, F_{28}, \cdots, F_{4k} \cdots$$

它们的角标都能被 4 整除。

最后,能被 5 整除的斐波那契数有且只有(从小到大)

$$F_5(=5), F_{10}, F_{15}, F_{20}, F_{25}, F_{30}, F_{35}, \cdots, F_{5k} \cdots$$

它们的角标都能被 5 整除。

那么,第一个(也是最小一个)在三行中都出现的斐波那契数,就是我们所求的斐波那契数,这个斐波那契数的角标就是 3,4,5 的最小公倍数。3,4,5 的最小公倍数是 60。所以,所要求的能被 2,3,5 都整除的最小斐波那契数就是 F_{60}。

再考察一下 F_{19} 这个斐波那契数,它的角标 19 是素数。所以,F_{19} 之前的斐波那契数中,除 1 以外,没有一个是 F_{19} 的因数。

斐波那契数列还有一个很重要的数论性质:两个斐波那契数的最大公约数等于以它们的角标的最大公约数为角标的斐波那契数。比如,F_{10} 和 F_8 的最大公约数就是以 10 和 8 的最大公约数 2 为角标的斐波那契数 $F_2 = 1$。实际上,$F_{10} = 55$,$F_8 = 21$,两者显然互素,自然它们的最大公约数就是 1。用简约的数学符号

表示就是

$$(F_{10}, F_8) = F_{(10,8)}$$

再举一例，$(F_{15}, F_9) = F_{(15,9)} = F_3 = 2$。实际上，$(F_{15}, F_9) = (610, 34) = 2$（因为 $34 = 2 \times 17$，而 17 显然不是 610 的因数）。

再比如，$(F_{16}, F_{12}) = F_{(16,12)} = F_4 = 3$。实际上，$(F_{16}, F_{12}) = (987, 144) = 3$（$987 = 3 \times 7 \times 47$，$144 = 2 \times 2 \times 2 \times 2 \times 3 \times 3$，两者确实只有 3 这么一个公约数）。

十一、斐波那契数列与几何图形和三角公式

本节我们从斐波那契数列的一条性质出发，引出它与几何图形的关系，其中还涉及三角公式。

图 4-57 所示为从左到右一字并列排开的 10 个正方形（可以是无限个正方形，这里只画出 10 个），形成一个长方形。

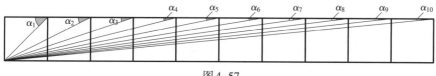

图 4-57

从图 4-57 的左下角顶点出发，分别连接它与每一个正方形的右上角顶点，得到许多条连线。这些连线与长方形上边分别形成锐角夹角序列（角度递减序列）。

$$\alpha_1 , \alpha_2 , \alpha_3 , \alpha_4 , \alpha_5 , \alpha_6 , \alpha_7 , \alpha_8 , \alpha_9 , \alpha_{10}$$

笔者先把几何图形中这些角之间的一些恒等式列出来，然后来证明它们。

$$\alpha_1 = \alpha_2 + \alpha_3$$
$$\alpha_3 = \alpha_5 + \alpha_8$$
$$\alpha_8 = \alpha_{13} + \alpha_{21}$$
$$\cdots\cdots\cdots\cdots$$
$$\alpha_{F_{2k}} = \alpha_{F_{2k+1}} + \alpha_{F_{2k+2}} \quad (k = 1, 2, 3\cdots)$$

上式中的下角标都是斐波那契数，且每个等式从左至右的三个下角标是三个连续的斐波那契数（$1, 1, 2, 3, 5, 8, 13, 21, 34, 55\cdots$）。

如图 4-58 所示，在三个正方形的正下方再补充三个一样的正方形。可以

看出,其中三角形ABC是一个等腰直角三角形。从而第一个恒等式$\alpha_1 = \alpha_2 + \alpha_3$是成立的。而后面那无穷多的恒等式,则不容易找到明显的图形解释,但借助斐波那契数列的性质可以证明。

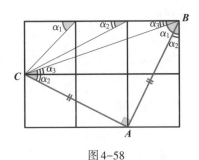

图4-58

性质:在斐波那契数列中,起始项为奇数项的连续四项,外侧两项的乘积比内侧两项的乘积大1;起始项为偶数项的连续四项,外侧两项的乘积比内侧两项的乘积小1。公式表示如下:

$$F_n F_{n+3} - F_{n+1} F_{n+2} = (-1)^{n+1}$$

具体例子如图4-59所示。

斐波那契数列性质: $F_n F_{n+3} - F_{n+1} F_{n+2} = (-1)^{n+1}$($n$为正整数),其中$F_n,F_{n+1},F_{n+2},F_{n+3}$是连续的四项

绿色和粉色横线所画出的连续四项,它们的起始项都为偶数项

→ 这样的连续四项,外侧两项乘积减去内侧两项乘积,都等于-1

$3 \times 13 - 5 \times 8$
$= 39 - 40 = -1$

$21 \times 89 - 34 \times 55$
$= 1869 - 1870 = -1$

$144 \times 610 - 233 \times 377$
$= 87840 - 87841 = -1$

$1 \times 5 - 2 \times 3$
$= 5 - 6 = -1$

$8 \times 34 - 13 \times 21$
$= 272 - 273 = -1$

$55 \times 233 - 89 \times 144$
$= 12815 - 12816 = -1$

斐波那契数列

F_1	F_2	F_3	F_4	F_5	F_6	F_7	F_8	F_9	F_{10}	F_{11}	F_{12}	F_{13}	F_{14}	F_{15}	F_{16}	...
1	1	2	3	5	8	13	21	34	55	89	144	233	377	610	987	...

$1 \times 3 - 1 \times 2$
$= 3 - 2 = 1$

$5 \times 21 - 8 \times 13$
$= 105 - 104 = 1$

$34 \times 144 - 55 \times 89$
$= 4896 - 4895 = 1$

$233 \times 987 - 377 \times 610$
$= 229971 - 229970 = 1$

$2 \times 8 - 3 \times 5$
$= 16 - 15 = 1$

$13 \times 55 - 21 \times 34$
$= 715 - 714 = 1$

$89 \times 377 - 144 \times 233$
$= 33553 - 33552 = 1$

红色和蓝色横线所画出的连续四项,它们的起始项都为奇数项

→ 这样的连续四项,外侧两项乘积减去内侧两项乘积,都等于1

图4-59

我们来证明下式:

$$\alpha_3 = \alpha_5 + \alpha_8$$

在上述性质中,取$n = 4$(偶数),则四连项是F_4,F_5,F_6,F_7,即3,5,8,13。由性质得

$$F_4 F_7 - F_5 F_6 = (-1)^{4+1} = -1$$

数学之美

代入具体数值,得

$$3 \times 13 - 5 \times 8 = -1$$

$$3 \times 13 = 5 \times 8 - 1$$

变形,得

$$\frac{1}{3} = \frac{13}{5 \times 8 - 1} = \frac{5 + 8}{5 \times 8 - 1} = \frac{\dfrac{5 + 8}{5 \times 8}}{\dfrac{5 \times 8 - 1}{5 \times 8}} = \frac{\dfrac{1}{5} + \dfrac{1}{8}}{1 - \dfrac{1}{5} \times \dfrac{1}{8}}$$

即

$$\frac{1}{3} = \frac{\dfrac{1}{5} + \dfrac{1}{8}}{1 - \dfrac{1}{5} \times \dfrac{1}{8}}$$

我们设

$$\tan\alpha = \frac{1}{3}, \ \tan\beta = \frac{1}{5}, \ \tan\gamma = \frac{1}{8}$$

代入上式,得

$$\tan\alpha = \frac{\tan\beta + \tan\gamma}{1 - \tan\beta\tan\gamma}$$

由正切函数的和角公式,可以得知

$$\alpha = \beta + \gamma$$

角 α 是正切值为 $\dfrac{1}{3}$ 的锐角,角 β 是正切值为 $\dfrac{1}{5}$ 的锐角,角 γ 是正切值为 $\dfrac{1}{8}$ 的锐角。即

$$\alpha = \arctan\frac{1}{3}, \ \beta = \arctan\frac{1}{5}, \ \gamma = \arctan\frac{1}{8}$$

再来看一下开始时的那个由多个正方形一字并列排开的无限长方形(见图 4-57)。

可以看出

$$\tan\alpha_3 = \frac{1}{3}, \ \tan\alpha_5 = \frac{1}{5}, \ \tan\alpha_8 = \frac{1}{8}$$

与上面所得到的式子

$$\tan\alpha = \frac{1}{3}, \ \tan\beta = \frac{1}{5}, \ \tan\gamma = \frac{1}{8}$$

进行比较,就得到:

$$\alpha_3 = \alpha,\ \alpha_5 = \beta,\ \alpha_8 = \gamma$$

所以

$$\alpha_3 = \alpha_5 + \alpha_8$$

可以用两角和余弦公式进行验证。

$$\cos(\alpha_5 + \alpha_8) = \cos\alpha_5\cos\alpha_8 - \sin\alpha_5\sin\alpha_8$$

$$= \frac{5}{\sqrt{5^2 + 1^2}}\frac{8}{\sqrt{8^2 + 1^2}} - \frac{1}{\sqrt{5^2 + 1^2}}\frac{1}{\sqrt{8^2 + 1^2}} = \frac{5}{\sqrt{26}}\frac{8}{\sqrt{65}} - \frac{1}{\sqrt{26}}\frac{1}{\sqrt{65}}$$

$$= \frac{39}{\sqrt{26}\sqrt{65}} = \frac{39}{\sqrt{2 \times 13}\sqrt{5 \times 13}} = \frac{39}{13\sqrt{10}} = \frac{3}{\sqrt{10}}$$

$$= \cos\alpha_3$$

上述证明过程是针对某个具体等式的,对下面的任何一个等式也都适用。

$$\alpha_1 = \alpha_2 + \alpha_3$$

$$\alpha_3 = \alpha_5 + \alpha_8$$

$$\alpha_8 = \alpha_{13} + \alpha_{21}$$

$$\cdots\cdots\cdots\cdots$$

$$\alpha_{F_{2k}} = \alpha_{F_{2k+1}} + \alpha_{F_{2k+2}}\ (k = 1, 2, 3\cdots)$$

再来看一看我们刚刚证明了的恒等式:

$$\alpha_3 = \alpha_5 + \alpha_8$$

这个有关角度的几何公式,与斐波那契数列的一个倒数性质有关,是数与形的完美结合。我们具体来看一看。对上式两端取正切,得

$$\tan\alpha_3 = \frac{\tan\alpha_5 + \tan\alpha_8}{1 - \tan\alpha_5\tan\alpha_8}$$

$$\tan\alpha_3 - \tan\alpha_3\tan\alpha_5\tan\alpha_8 = \tan\alpha_5 + \tan\alpha_8$$

$$\tan\alpha_3 = \tan\alpha_5 + \tan\alpha_8 + \tan\alpha_3\tan\alpha_5\tan\alpha_8$$

把公式

$$\tan\alpha_3 = \frac{1}{3},\ \tan\alpha_5 = \frac{1}{5},\ \tan\alpha_8 = \frac{1}{8}$$

代入上式,得

$$\frac{1}{3} = \frac{1}{5} + \frac{1}{8} + \frac{1}{3 \times 5 \times 8}$$

即

$$\frac{1}{F_4} = \frac{1}{F_5} + \frac{1}{F_6} + \frac{1}{F_4 F_5 F_6}$$

一般化后,得

$$\frac{1}{F_{2k}} = \frac{1}{F_{2k+1}} + \frac{1}{F_{2k+2}} + \frac{1}{F_{2k} F_{2k+1} F_{2k+2}}$$

其中 k 为正整数。上式就是斐波那契数列的一个倒数性质。

总结:下面列出三个公式,阐述了斐波那契数列与几何图形及三角公式的关系。第一式是上面几何图形中角之间的关系;第三式是斐波那契数之间奇妙的倒数关系;它们通过第二式即两角和正切公式联系起来。

$$\alpha_{F_{2k}} = \alpha_{F_{2k+1}} + \alpha_{F_{2k+2}}$$

$$\tan(\alpha + \beta) = \frac{\tan\alpha + \tan\beta}{1 - \tan\alpha\tan\beta}$$

$$\frac{1}{F_{2k}} = \frac{1}{F_{2k+1}} + \frac{1}{F_{2k+2}} + \frac{1}{F_{2k} F_{2k+1} F_{2k+2}}$$

十二、类角谷猜想

角谷猜想,即任意一个大于1的正整数,如果是奇数,就把它乘以3再加1,如果是偶数,就把它除以2。按此规则,对任意一个正整数连续实施这一变换,最后都可以变换到1。很多人经过很多年对很多正整数进行了验证,这些经验虽然都是正确的,但严格证明该猜想却不容易。

本节介绍的是一个与角谷猜想类似的猜想,所以姑且称为类角谷猜想。这个类角谷猜想与角谷猜想除规则上有一点不同外,其他都一样。类角谷猜想把角谷猜想规则中的"乘以3再加1"改为"加1"。所以,证明类角谷猜想应该比证明角谷猜想容易一些。这里介绍它是因为它与斐波那契数列有联系。

举一个实际例子。比如28这个数,它是偶数,所以,把它除以2,得14,这是第一次变换;接着,对14进行变换,它是偶数,把它除以2,得7,这是第二次变换;第三次变换是把7这个奇数加上1,得8;第四次变换是把8除以2,得4;第五次变换是把4除以2,得2;第六次也是最后一次变换是把2除以2,得1。所以上面共进行了六次变换把原数28变成了1。

有的正整数经过一次这样的变换就可以变成1,这种数只有2这么一个,所以这样的数的个数是1;有的正整数经过两次这样的变换可以变成1,这样的数只有4这么一个,个数也是1。从图4-60中可以明显看出,经过三次这样的变

换可以变成1的数有3和8这两个数（3→4→2→1 和 8→4→2→1）,个数是2;有的正整数则需要经过四次、五次、六次甚至更多次变换才能变成1。我们记 $a_n(n=1,2,3\cdots)$ 为经过连续 n 次变换可以变成"1"的正整数的个数。那么,问经过13次这样的变换可以变成1的数的个数是多少?也就是求 a_{13}。

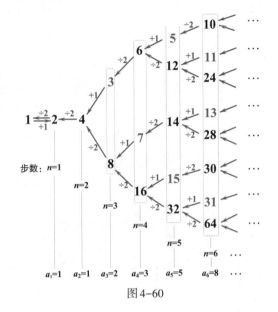

图4-60

我们一起来仔细研读图4-60这个树状图(横向)。

图中用倒推法给出了经过一次、两次、三次、四次、五次和六次变换变成1的数的树状图。请特别注意,"树上"的红色数字为奇数,黑色数字为偶数。

我们来观察图中连续的某三列数

$n=4$ 这一列:6,7,16。

$n=5$ 这一列:5,12,14,15,32。

$n=6$ 这一列:10,11,24,13,28,30,31,64。

它们的个数分别为 $a_4=3,a_5=5,a_6=8$。

我们发现, $n=5$ 这一列数都可以通过 $n=6$ 这列数中的某些数"除以2"变换而得到,这些数为 $n=6$ 这一列数中的10,24,28,30,64(在图中为黑色,是偶数)。而 $n=5$ 中的三个偶数12,14,32还可以从比它们小1的三个奇数11,13,31(图中红色)通过"加1"变换而来。所以, $n=6$ 这一列中的8个数(3个奇数11,13,31,加上5个偶数10,24,28,30,64)全部可以经过一次变换变成 $n=5$ 这一列数(5,12,14,15,32)。其中"5个偶数"中的"5"就是前一列($n=5$ 这一列)中所有数的个数,是确定的。而"3个奇数"中的"3"是与 $n=5$ 这一列数中的3个偶数相对应的。又因为 $n=5$ 这一列数中偶数的个数一定就是 $n=4$ 这一列数的总个数,所以 $n=6$ 这一列数的总个数就一定等于 $n=5$ 这一列数的总个数加上 $n=4$ 这一列数的总个数,即 $a_4+a_5=a_6$,亦即 $3+5=8$。也可以说, $n=5$ 这

一列数中偶数的个数起到了在中间进行传导的作用:这三个偶数(12,14,32)的个数等于之前一列数的个数,还等于之后一列数中奇数的个数。所以,第6列数的个数就等于前两列数——第5列数与第4列数个数之和。

上面树状图的生成过程完全导致了任意连续三个列中,数的个数都存在这种关系——第 n 列数的个数等于它之前两列数的个数之和。而初始时的第1列和第2列数的个数都是1。

这不正是斐波那契数列的模式么! 也就是说,这个类角谷猜想与兔子繁殖问题有相同的模式,这个模式就是斐波那契数列。

所以,根据斐波那契数列前14项列表(见表4-5),就可以得到第13项(所求的 a_{13})是多少,即13步可变换到1的数有多少个,而不管这些数是什么。

表4-5　斐波那契数列前14项

项数 n	1	2	3	4	5	6	7	8	9	10	11	12	13	14
F数	1	1	2	3	5	8	13	21	34	55	89	144	233	377

可以看出,斐波那契数列的第13项是233,所以,按规定操作,可以通过13步变换到1的数共有233个。我们通过前面图4-60所示的树状图一个个地倒推,需要花费很多时间才能推到 $n=13$,并且还极易出错。而斐波那契数列为我们提供了很好的计算方法。

这个类角谷猜想中,与角谷猜想一样,即使按图4-60所示反推出很多数,但无法证明所有数都可以反推出来,即没有一个严格的证明。

拓展阅读

数学中的猜想

几千年来,数学是在不断猜想中前进的。有的猜想被证明正确了,如四色定理、费马大定理、卡塔兰猜想;有的猜想或问题被证伪了,比如著名的三大尺规作图问题——三等分角、倍立方和化圆为方,现在都已被证明是做不到的,所以这三大问题现在都被称为尺规作图不能问题。但猜想的证伪过程也同样促进了数学的发展。还有一些猜想目前仍然没有被证明正确也没有被证明不正确,比如哥德巴赫猜想。德国数学家哥德巴赫于1742年在一封他写给当时最伟大的数学家欧拉的信中提出了他的猜测,这就是后来人们熟知的哥德巴赫猜想:(A)一切不小于6的偶数都是两个奇素数之和。(B)一切不小于9的奇数都是三个奇素数之和。后来人们发现猜想(B)是猜想(A)的推论。这是因为,假设 N 是一个不小于9的奇数,那么 $N-3$ 就是一个不小于6的偶数;于是由猜想(A)就可写为 $N-3=p+q$,其中 p 和 q 是两个奇素数;于是就有 $N=p+q+3$。

这就说明 N 是三个奇素数的和,从而猜想(B)得证。所以后来的数学家基本上都是想办法去证明猜想(A)的正确性。我们可以举例验证,比如,$6 = 3 + 3$,$8 = 3 + 5$,$10 = 3 + 7 = 5 + 5$,$12 = 5 + 7$,$14 = 3 + 11 = 7 + 7$,$108 = 103 + 5 = 71 + 37$,都正确,但就是没有一个最终严格的证明。证明思路很多,如果可以证明所谓的"1+1",哥德巴赫猜想就解决了。与"1+1"差一步之遥的"1+2",是由中国数学家陈景润做出的。另一个猜想——孪生素数猜想,中国数学家张益唐取得了很大的进展。所谓孪生素数是指中间只隔着一个偶数的两个素数,比如,3 和 5,5 和 7,11 和 13,17 和 19,29 和 31,41 和 43,59 和 61,71 和 73,猜想认为这样的孪生素数有无穷多对,图4-61是几对孪生素数。

图4-61

十三、$\sqrt{5}$ 的近似计算

本节介绍两种计算 $\sqrt{5}$ 近似值的方法。第一种方法是斐波那契法,第二种方法是牛顿法。

1. 斐波那契法

我们知道,斐波那契数列前项与后项比值的极限就是黄金数 φ(约等于 0.618)。

$$\lim_{n \to \infty} \frac{F_n}{F_{n+1}} = \frac{\sqrt{5} - 1}{2} = \varphi$$

化为

$$\sqrt{5} = \lim_{n \to \infty} \left(\frac{2F_n}{F_{n+1}} + 1 \right)$$

取 $n = 1, 2, 3\cdots$ 便得到一系列的 $\sqrt{5}$ 近似值,它们在 $\sqrt{5}$ 左右摆动且 n 越大越接近 $\sqrt{5}$。

$$\frac{3}{1}, \frac{4}{2}, \frac{7}{3}, \frac{11}{5}, \frac{18}{8}, \frac{29}{13}, \frac{47}{21}, \frac{76}{34}, \frac{123}{55}, \frac{199}{89}, \frac{322}{144} \cdots$$

注意，上式中有一些分数没有化为最简分数，是为了看清它的"真面目"：分母是 F_{n+1}，即斐波那契数列无第1项"1"。分子是第一项和第二项为3和4，其他项为前两项之和的数列，与斐波那契数列有相同的递推关系。这样的数列称为类斐波那契数列。

上式写成小数形式，为

$3, 2, 2.33, 2.2, 2.25, 2.231, 2.238, 2.2353, 2.2364, 2.23596, 2.23611\cdots$

$\sqrt{5}$ 更为精确的近似值为 $2.2360679774997896964091736687\cdots$

 趣味题

一眼看出结果

请看下面的数串。我们要求从上面第一个数开始连续任意多个数的和，比如下面两个数串右侧一个中横线以上数字的和。

3	3
4	4
7	7
11	11
18	18
29	29
47	47
76	76
123	123
199	199
322	<u>322</u>
521	521
843	843
1364	1364
⋮	⋮

我们其实不用一个个地把它们加起来，因为若横线上面数很多，加起来也很容易出错。有简洁的方法一下子就可以说出结果

$$839$$

方法很简单，用横线下面的第2个数（这里是843），减去最上面第2个数（这里是4），得到839。为什么这样算是正确的呢？这里涉及类斐波那契数列。

第4章 斐波那契数列与黄金分割

也就是说,把斐波那契数列的头两个数 $F_1 = F_2 = 1$ 换成任意两个数,而递推关系式 $F_n = F_{n-1} + F_{n-2}$ 不变,上面的数串就是这样得来的。我们在"斐波那契数列与集合"那里讲过下面的性质。

$$\sum_{i=1}^{n} F_i = F_{n+2} - F_2$$

即斐波那契数列前 n 项和等于第 $n+2$ 项减第 2 项。它对类斐波那契数列也是成立的。所以,取 $n = 11$,由上式便得到 $F_{13} - F_2 = 843 - 4 = 839$。

2. 牛顿法

我们把 $\sqrt{5}$ 看作方程 $x^2 - 5 = 0$ 的一个根,或函数 $f(x) = x^2 - 5$ 的一个零点。则 $f'(x) = 2x$。然后借助下面的差分方程

$$x_{n+1} = x_n - \frac{f(x_n)}{f'(x_n)}$$

得

$$x_{n+1} = x_n - \frac{x_n^2 - 5}{2x_n} = \frac{x_n^2 + 5}{2x_n}$$

取 $x_0 = 2$,得 $x_1 = \dfrac{9}{4} = 2.25$。继续迭代,得 $x_2 = \dfrac{161}{72} \approx 2.23611$,$x_3 = \dfrac{51841}{23184} \approx 2.2360679779$。与 $\sqrt{5} = 2.2360679774997896964091736687\cdots$ 进行比较,我们发现用牛顿法计算 $\sqrt{5}$ 逼近速度非常快!

十四、黄金分割的三种作图方法及黄金矩形

1. 第一种方法(涉及欧几里得《几何原本》)

欧几里得《几何原本》第二卷命题 11 是这样说的:"分割一条已知线段,使整段与一分段构成的矩形的面积等于另一分段上的正方形的面积。"这样的分割点就是黄金分割点。

具体来说,我们要把线段 AB 进行黄金分割。不妨设 $AB = 1$。以 AB 为边作一个正方形 $ABCD$,如图 4-62 所示。取 AD 边中点 E。连接 BE。以点 E 为圆心,EB 为半径作圆,与 EA 的延长线交于点 F。以 AF 为边在 AB 一侧作正方形 $AFGH$,其中的点 H 正好位于线段 AB 上。那么,点 H 就是所求作的分割点。点 H 使得矩形 $BCKH$ 的面积等于正方形 $AFGH$ 的面积。证明如下:

$$AH \cdot AF = \left(\frac{\sqrt{5}-1}{2}\right)^2 = \frac{3-\sqrt{5}}{2};$$

$$HB \cdot AB = 1 - \frac{\sqrt{5}-1}{2} = \frac{3-\sqrt{5}}{2}$$

所以

$$AH : AB = HB : AH$$

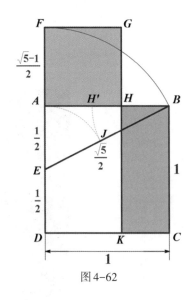

图 4-62

2. 第二种方法

如图 4-63 所示。设已知线段 $AB = 1$。以 AB 为一直角边作直角三角形 ABC，使另一直角边 $AC = \frac{1}{2}$。以点 C 为圆心，AC 为半径作圆弧，与三角形斜边 BC 交于点 D。以点 B 为圆心，BD 为半径作圆弧，与线段 AB 交于点 E。则点 E 即为所求作的分割点，它使得 $AE \cdot AB = EB \cdot EB$。

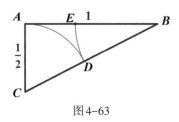

图 4-63

3. 第三种方法

如图 4-64 所示。也如第二种方法那样做一个直角三角形 ABC。以点 C 为圆心，以 BC 为半径作圆弧，与 AC 的延长线交于点 D。再延长 CD 至 E，使 $DE = AB$。连接 BE。过点 D 作 BE 的平行线，交 AB 于点 F。则点 F 就是所求作的黄金分割点，它使得 $AF \cdot AF = AB \cdot FB$。这里用到了相似三角形对应边成比例的知识。我们构造出了一条线段 AE，它是被点 D 黄金分割的，而线段 AE 又与 AB 有公共点 A，于是，通过相似三角形 ADF 和 AEB，我们就把已经被黄金分割的线段 AE "投射"到了 AB 上。

图 4-64 中的 AF、AD、AE 就是我们在前面讲过的 "φ、Φ、Ψ"

$$AF = \varphi = \frac{\sqrt{5}-1}{2}, \quad AD = \Phi = \frac{\sqrt{5}+1}{2}, \quad AE = \Psi = \frac{\sqrt{5}+3}{2}$$

图 4-65 所示为著名的《米洛斯的维纳斯》，该雕像上有一些点，正是黄金分割点，体现了人体的和谐之美。

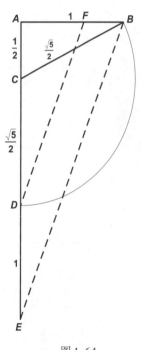

图 4-64

图 4-65

4. 黄金矩形

宽与长的比值为 φ 的矩形称为黄金矩形，如图 4-66 所示的 $ABCD$。从黄金矩形上切走一个最大的正方形 $ABFE$ 后，剩余的矩形 $CDEF$ 仍然是黄金矩形。这就是黄金矩形的特点。如同第 3 章所讲的 $\sqrt{2}$ 矩形有 "眼" 一样，黄金矩形也有它自己的 "眼"。找到这个 "眼" 很容易，只需如图 4-66 所示，作 $ABCD$ 的对角线 BD，再作 $CDEF$ 的对角线 CE。则 BD 与 CE 的交点就是黄金矩形的 "眼"。显然，黄金矩形一共有四个 "眼"。由对称性不难找到其他三个 "眼"。所以，给一个人拍照时，若相机横拍，则应该把拍摄对象放于左侧（或右侧）两个黄金分割点的连线上,并让人物向画面中间微微侧身。如图4-67所示的景物照中显眼的门和重要的亭子,基本上是放于黄金分割点处的。

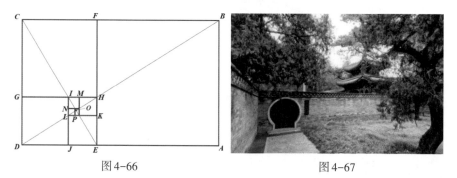

图4-66

图4-67

5. 黄金矩形与对数螺线

由不同圆弧连接成的螺线如图4-68所示,图4-69所示是标准的对数螺线。两者区别不明显,图4-70把两图合二为一,才可以发现两条曲线的细微差别。具体来说,如图4-68所示螺线在圆弧交接处(比如点F处)的曲率不连续,即曲率半径不连续。这种情况在实际中比如铁轨的设计制造上绝对是要避免的,否则火车在不连续点处会有一个突然抖动,车速较快时是有危险的。

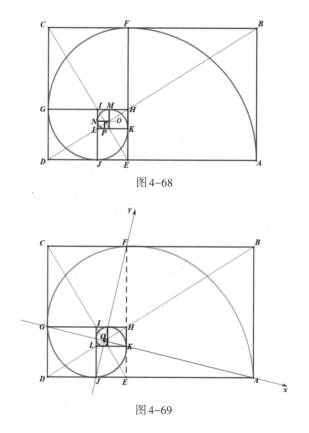

图4-68

图4-69

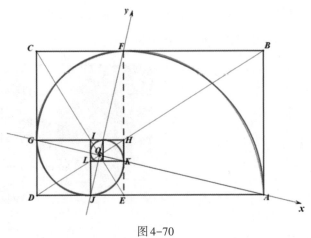

图 4-70

6. 黄金矩形构造正二十面体

三个 $2×2\Phi$ 黄金矩形（如图 4-71 所示的紫色、黄色、橙色三个矩形）像三个直角坐标平面那样互相垂交。则三个矩形的 12 个顶点正好就是一个正二十面体的十二个顶点，如图 4-71 所示。证明过程如下。

$$\Phi^2 + (\Phi - 1)^2 + 1^2 = 2\Phi^2 - 2\Phi + 2 = 2\Phi(\Phi - 1) + 2 = 2\Phi\varphi + 2 = 4$$

所以，图中正对着我们的三角形三边都为 Φ，是正三角形，其他三角形与之全等。所以，这个立体是正二十面体。

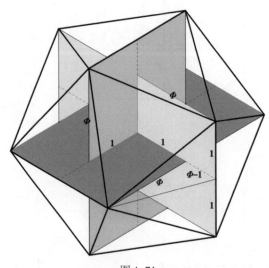

图 4-71

7. 黄金矩形、$\sqrt{2}$ 矩形和 $\sqrt{3}$ 矩形及它们的"眼"

黄金矩形宽与长的比值是 φ，它与 $\sqrt{5}$ 有关，与正五边形有关。我们以前还讲过 $\sqrt{2}$ 矩形，它与正方形有关。这里简单介绍一下 $\sqrt{3}$ 矩形，它则与正三角形有关。我们把同样大小的两块30°和60°的直角三角板斜边对斜边拼出一个矩形,就是$\sqrt{3}$矩形。这个矩形的宽与长的比值是$1:\sqrt{3}$,如图4-72所示。图中点E和点F分别是AD和BC的三等分点。把$\sqrt{3}$矩形$ABCD$沿着与边AB平行的方向切出它面积的三分之一得到矩形$CDEF$,则$CDEF$也是$\sqrt{3}$矩形。所以,大$\sqrt{3}$矩形与新切出的$\sqrt{3}$矩形相似,所以,AC垂直于DF。AC与DF的交点O就是$\sqrt{3}$矩形四"眼"之中的一"眼"。$\sqrt{2}$矩形、$\sqrt{3}$矩形和黄金矩形,这三种矩形都是自相似的;它们的"眼"有一个共同点:都是连续两个相似矩形互相垂直对角线的交点。$\sqrt{2}$矩形、$\sqrt{3}$矩形和黄金矩形三个矩形都是围绕着它们的"眼"顺时针每次旋转90°,每次尺度分别缩小到原来的$1/\sqrt{2}$、$1/\sqrt{3}$和$1/\Phi$。观察图4-73和图4-74。

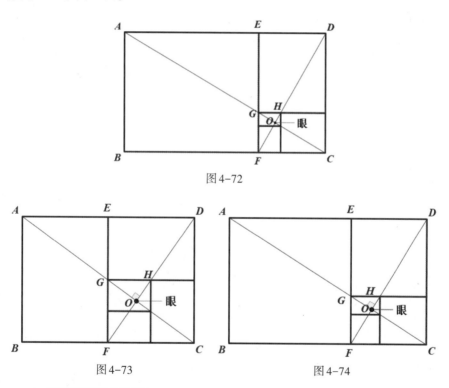

图4-72

图4-73　　　　　　　　图4-74

8. 神奇的彭罗斯密铺

我们知道,无数大小相同的正方形可以整齐地铺满全平面。正三角形和正六边形也是可以的,如图4-75所示。但正五边形不行,如图4-76所示。这是因为正方形的内角90°是周角360°的四分之一,正三角形内角60°是360°的六分之一,正六边形的内角120°是360°的三分之一。而正五边形的内角108°不能整除360°。

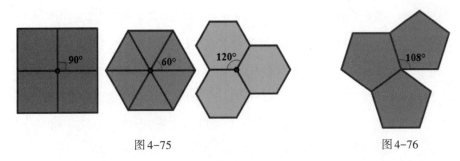

图4-75　　　　　　　　　　　　　　　　　　　图4-76

但是,我们把正五边形进行分割,则可以产生两种神奇的密铺——彭罗斯密铺和旋转密铺。分割方法如图4-77所示。

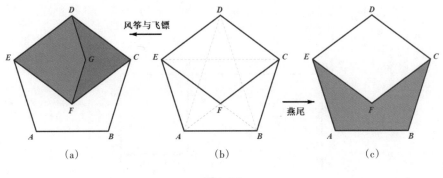

图4-77

把正五边形切割成如图4-77(b)所示的两块。上面的菱形再被切割成两块:"风筝"与飞镖,如图4-77(a)所示。它们一起将拼出彭罗斯密铺。而图4-77(b)所示下面部分我们称其为"燕尾",如图4-77(c)所示。

图4-78所示标出了"风筝"与"飞镖"的边长与角度,其中就蕴藏着黄金数0.618……"风筝"与"飞镖"还隐藏在正五边形和十角星形中,如图4-79和图4-80所示。

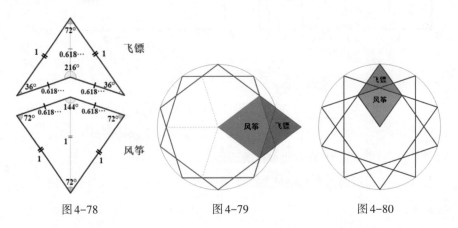

图4-78　　　　　　　　　　图4-79　　　　　　　　　　图4-80

图4-81所示是中国澳门发行的邮票《黄金比例·彭罗斯镶嵌》,展示了彭罗斯密铺的一部分。图4-82所示为笔者自绘的。彭罗斯密铺与一般的周期性密铺不同,它可以是非周期性的。

图4-81

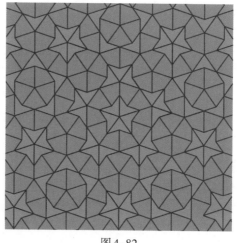

图4-82

9. 漂亮的旋转密铺

图4-83所示是从图4-77(c)的"燕尾"形旋转得来的。它是从中间最右边那个红色燕尾开始,连续绕一个尖顶旋转六个36°,然后绕另一个尖顶旋转一个36°,再绕上一个尖顶旋转三个36°……最终可以铺满全部平面。图4-84所示则是按正十边形的方式层层向外扩大,它具有中心对称性。

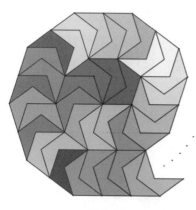

图4-83

图4-84

图4-85所示为周期性密铺,它具有平移对称性。图4-86所示为从正七边形演化而来的非周期性密铺。

第4章 斐波那契数列与黄金分割

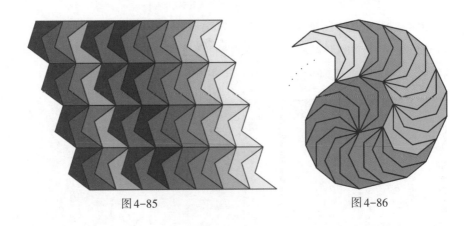

图 4-85　　　　　　　　　　　　图 4-86

十五、菠萝中的斐波那契数

图 4-87 所示是一个新鲜的菠萝。菠萝的表面可没有苹果那么平整光滑，而是一个个的"鳞片"。这些"鳞片"大致上是一个六边形。每两个"鳞片"之间由一条六边形的边相连，每个"鳞片"外围是六个其他"鳞片"。我们仔细观察后，会发现图中红线串起的"鳞片"是 8 个，而图中蓝线串起的"鳞片"是 13 个（红线和蓝线都是绕到背面且两端触及上底和下底）。即红线的斜率的绝对值大一些，而蓝线的斜率的绝对值小一些，所以红线串起来的"鳞片"就少一些（8 个），而蓝线串起来的"鳞片"就多一些（13 个）。如果让一只小虫从菠萝下边某个"鳞片"开始沿着 8 个"鳞片"的方向爬行，爬行到菠萝上边后停下，另一只小虫从菠萝下边同一"鳞片"开始沿着 13 个"鳞片"的方向爬行，爬行到菠萝上边后停下，那么，两只小虫所停的"鳞片"是相邻的两个"鳞片"。于是，整个菠萝大约就有 8×13 = 13×8 = 104 个"鳞片"。

图 4-87

再观察图中的绿线,它并不是竖直的,与垂线有一个不大的角度,即它的斜率的绝对值很大。绿线串起来5个"鳞片"。这个方向的绿线,你猜一共有多少条? 是 8 + 13 = 21 条。那么,从这个方面计算整个菠萝的总"鳞片"数量,就是 5 × 21 = 105 个。105 与 104 非常接近,但不相等,那么多出(或减少)的一个"鳞片"哪里来的(或哪里去了)? 这有些像本章开始时讨论的悖论。请注意,两次相乘用到的四个数为 5, 8, 13, 21,它们正是连续的四个斐波那契数。8 × 13 < 5 × 21,即内项相乘小于外项相乘(四数中最小数是斐波那契数列奇数项时小于号成立)。这是一条斐波那契数列的性质(见图 4–59)。菠萝中竟然蕴藏着斐波那契数列关系,真的很神奇! 再说回小虫,现在有三只小虫,同时从底层向上爬。绿色小虫以 5 mm/s 的速度沿绿线向上爬,红色小虫以 8 mm/s 的速度沿红线向上爬,蓝色小虫以 13 mm/s 的速度沿蓝线向上爬,则三只小虫将同时到达顶层。

下面这幅图没有标图号,因为将在第 6 章最后才对它进行详细研究。请先观察一下图的背景,看一看它是由什么图形构成的。试着想象把它横着卷成柱面,再竖着卷成柱面。然后你会发现,你可能找不到接缝了。

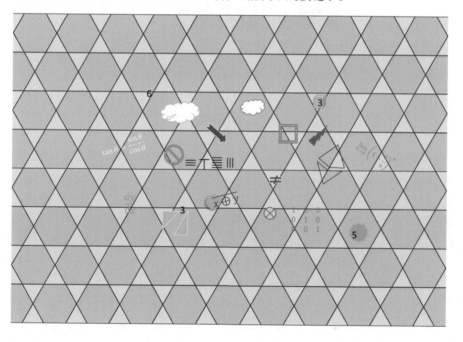

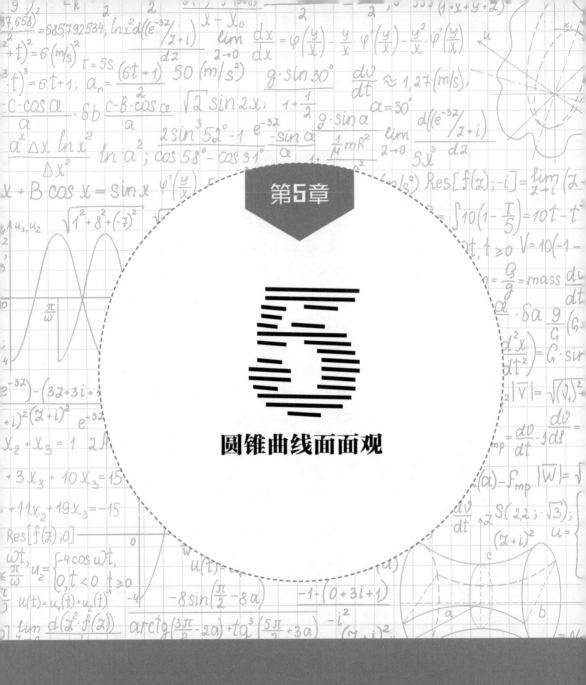

第5章

圆锥曲线面面观

本章先简单介绍了椭圆、双曲线和抛物线的定义,然后以椭圆为代表讲解作图法。三种圆锥曲线各有特点,本章对它们进行了详细讲解,值得阅读。等轴双曲线与平面几何中的九点圆有联系,而九点圆则涉及丰富的平面几何知识,希望你能通过本章的学习理解这些知识。全章始终贯穿解析几何的思想,即数与形的结合。

一、圆锥曲线的定义和基本性质

1. 椭圆

在平面内到两个定点的距离之和等于定长的点的轨迹称为椭圆,两个定点称为焦点。设两焦点之间距离(焦距)为 $2c$,定长为 $2a$。以两焦点的中点为原点,两焦点所在直线为 x 轴,两焦点连线段的中垂线为 y 轴建立直角坐标系。那么椭圆的标准方程就是

$$\frac{x^2}{a^2} + \frac{y^2}{b^2} = 1$$

其中 $b^2 = a^2 - c^2$。椭圆的图形如图 5-1 所示。椭圆有两条对称轴: x 轴和 y 轴。椭圆也是中心对称图形,即椭圆绕中心旋转 $180°$ 后与旋转前重合。

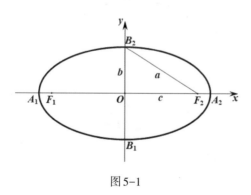

图 5-1

椭圆离心率 $e = \dfrac{c}{a}, 0 < e < 1$。离心率越大(c 与 a 越接近),椭圆越扁(从上图中直角三角形可以看出 b 越小),就像椭圆绕 y 轴旋转,转得越快,椭圆在离心力的作用下就被甩得越扁。离心率越小椭圆就越接近圆。

机械画椭圆最常用的工具就是两个钉子加一根绳子。把两个钉子钉在木板上,绳子两端分别系在两个钉子上,让绳长大于两钉间距。用笔绷紧绳子,移动笔,则笔尖就画出了椭圆。但这样画出来的是两个"半椭圆",因为在笔穿过 x

轴时,绳子会被钉子绊住,人们都是用手把绳子向上拉起让绳子从钉子上面跨过再继续画另一半椭圆。另外,绳子还会缠绕在钉子上,影响画图精度。如果用一个长度大于两倍焦距的绳圈套在两钉之间,再绷紧绳子,这时就可以一次画出完整的椭圆。这个现象使人想起用软件画椭圆时的一种方法,这种方法只能分别画出上半椭圆和下半椭圆。经研究发现,其中有隐藏的"奥秘"——软件画图是利用函数进行作图的。

具体来说,它是先画

$$y = b\sqrt{1 - \frac{x^2}{a^2}}$$

的图形,即上半椭圆,再画

$$y = -b\sqrt{1 - \frac{x^2}{a^2}}$$

的图形,即下半椭圆,如图 5-2 所示。对上面两个函数来说,给定一个 x 值,只有唯一一个 y 值与它对应。所以,下图中点 P 和点 P' 关于 x 轴对称,它们一定是通过两个函数分别求出并描点的。

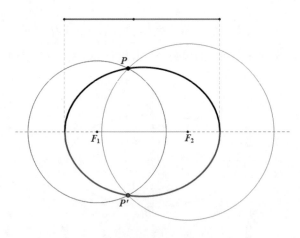

图 5-2

2. 双曲线

平面内到两个定点的距离之差的绝对值等于定长的点的轨迹称为双曲线,两个定点称为焦点。设两焦点之间距离(焦距)为 $2c$,距离之差为 $2a$。以两焦点连线段的中点为原点,两焦点所在直线为 x 轴,两焦点连线段的中垂线为 y 轴,建立直角坐标系。那么双曲线的标准方程就是

$$\frac{x^2}{a^2} - \frac{y^2}{b^2} = 1$$

其中 $b^2 = c^2 - a^2$。双曲线的图形如图 5-3 所示。双曲线有两条对称轴:x 轴和 y 轴。双曲线也是中心对称图形,即双曲线绕中心旋转 180° 后与旋转前重合。双曲线的离心率 $e = \dfrac{c}{a}$,$e > 1$。离心率越大,双曲线开口越大。

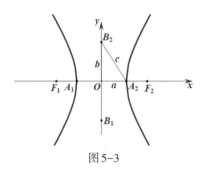

图 5-3

机械画双曲线的常用方法是:取两根不一样长的绳子,两绳的一端分别系在两个钉子上,两绳另外两个端点系在一起。手握两绳子公共端,然后用笔把两根绳子都绷紧。移动笔,笔尖将画出双曲线的一支(两支不相交,不可能一次画出)。

3. 抛物线

平面内,到一个定点和一条定直线的距离相等的点的轨迹称为抛物线。设焦点(定点)为 F,准线(定直线)为 l。焦点 F 到准线 l 的距离为 p。以焦点到准线的垂线段的中点为坐标原点,让 x 轴过焦点,建立直角坐标系。那么焦点在 x 轴正半轴上的抛物线的标准方程就是

$$y^2 = 2px$$

其中 $p > 0$。其图形如图 5-4 所示。抛物线只有一个对称轴。上式所表示的抛物线,对称轴为 x 轴。抛物线的离心率 $e = 1$。

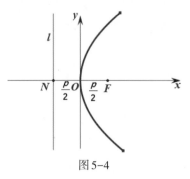

图 5-4

焦点在 x 轴负半轴、焦点在 y 轴正半轴、焦点在 y 轴负半轴时,抛物线的标准方程分别是

$$y^2 = -2px, \quad x^2 = 2py, \quad x^2 = -2py \text{(图形从略)}$$

抛物线与椭圆和双曲线一个较大的不同在于,所有的抛物线都是相似的,这可以从抛物线方程中只有一个参数 p 看出来。也可以从离心率 $e=1$ 看出来。抛物线是椭圆和双曲线之间的临界状态。

拓展阅读

笛卡儿与解析几何

笛卡儿(见图5-5)(1596—1650),法国哲学家、数学家、物理学家,解析几何学奠基人之一。1628年写出《指导哲理之原则》,1637年,用法文写成论文《屈光学》《气象学》和《几何学》,并为此写了一篇序言《科学中正确运用理性和追求真理的方法论》,哲学史上简称为《方法论》。此后又出版了《形而上学的沉思》和《哲学原理》等重要著作。

《几何学》确立了笛卡儿在数学史上的地位。笛卡

图5-5

儿分析了几何学与代数学的优缺点,表示要去"寻求另外一种包含这两门科学的好处而没有它们的缺点的方法"。在《几何学》中,笛卡儿把几何问题化为代数问题,提出了几何问题的统一作图法。笛卡儿在平面上以一条直线为基线,为它规定一个起点,又选定与之相交的另一条直线,它们分别相当于 x 轴、原点 O 和 y 轴,构成一个斜坐标系。于是,该平面上任意一点的位置都可以用 (x,y) 唯一地确定。《几何学》提出了解析几何学的主要思想和方法,标志着解析几何学的诞生。

椭圆上的点的坐标都满足方程,满足方程的坐标表示的点都位于椭圆上。它们是一一对应的。对双曲线和抛物线也是这样。数与形的完美结合就是解析几何最基本也是最重要的成果。

二、丰富多彩的椭圆作图法及其背后的理论依据

本节只讲一些画椭圆的方法,这是因为椭圆是有界的,容易画。画双曲线和抛物线的作图方法在后面章节介绍。

1. 作图法一:椭圆是压扁了的圆

作图步骤如下(见图5-6)。

步骤1：作两个半径分别为 a 和 b 的同心圆，圆心为 O。假设 $a > b$。

步骤2：以圆心 O 为坐标原点作直角坐标系 xOy。

步骤3：在大圆上取一点 C。连接 OC。OC 与小圆交于点 D。

步骤4：过点 D 作与 x 轴平行的直线，过点 C 作与 y 轴平行的直线，两直线相交于点 M，设点 M 的坐标为 (x, y)。则随着点 C 在圆上运动，点 M 将画出椭圆。

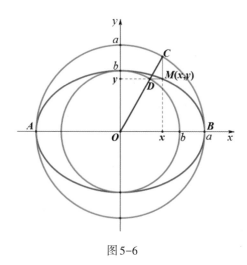

图 5-6

下面证明点 M 的运动轨迹是椭圆。由作图过程可知点 C 的横坐标为 x，点 C 的纵坐标为 $(\frac{a}{b})y$（因为三角形 OCx 与三角形 DCM 相似）。由于点 C 在大圆上，满足大圆的方程，所以有

$$x^2 + \left(\frac{a}{b}y\right)^2 = a^2$$

$$\frac{x^2}{a^2} + \frac{y^2}{b^2} = 1$$

这说明点 M 的坐标满足椭圆的标准方程。所以，点 M 的轨迹为椭圆。

从上述的证明过程可以看出，点 C 的纵坐标与点 M 的纵坐标的比值永远等于 $\frac{a}{b}$。于是，我们可以给出一种椭圆的直观解释：把一个圆在一个方向上等比例压缩，所得即为椭圆。这个定义非常棒，它让我们可以轻松得到椭圆的面积（不用微积分），甚至可以轻松得到旋转椭圆体的体积。但这需要我们用到一个伟大的原理，这个原理是由中国古代伟大数学家祖暅最先提出的，我们现在称为祖暅原理。在国外，类似的原理被称为卡瓦列利原理。

祖暅与卡瓦列利

祖暅,中国南北朝时期伟大的数学家,数学家祖冲之之子。受刘徽割圆思想的启发,提出祖暅原理,使之成为求面积和体积强有力的工具。祖暅提出"幂势既同则积不容异"。

卡瓦列利,意大利伟大的数学家,是研究积分学的先驱。后人的研究成果大都得益于他的开拓性工作。他一生淡泊名利,潜心研究数学。令人敬仰!

祖暅原理:有两个空间图形被夹在两个平行平面之间,用任意一个平行于这两个平面的平面去截这两个图形,如果这个平面被截于两个图形内的平面图形的面积相等(或比值为定值),那么,这两个空间图形的体积相等(或比值为这个定值)。

祖暅原理的平面情况是:平面内两个图形被夹在两条平行线之间,用任意一条平行于这两条平行线的直线去截这两个图形,如果这条直线被截于两个图形内的线段的长度相等,那么,这两个图形的面积相等,如图5-7所示。若把两线段相等替换成两线段的比值是定值,那么两个图形面积的比值就是这个定值,如图5-8所示。

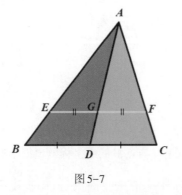
图5-7

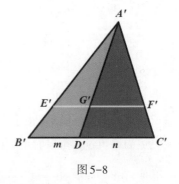
图5-8

那么,图5-6中的大圆和椭圆两个图形被夹在了过点A和点B且都与AB垂直的直线之间,用任意一条位于两条平行线之间且与它们平行的直线去截大圆和椭圆,则截大圆所得弦长与截椭圆所得弦长度的比值是定值,且等于$\frac{a}{b}$,那么,大圆面积与椭圆的面积之比就等于定比$\frac{a}{b}$。

大圆的面积是知道的,它等于圆周率与大圆半径的平方的乘积。所以,椭

圆的面积就等于

$$S_{椭圆} = \frac{b}{a} S_{圆} = \frac{b}{a} \pi a^2 = \pi a b$$

还可以求出椭圆绕 x 轴旋转所得旋转椭球体的体积(注意,这里一定是绕 x 轴旋转)。这是因为垂直于 x 轴的截面把圆和椭圆截得的面积之比是 $\frac{a^2}{b^2}$。所以,这个旋转椭球体的体积为:

$$V_{椭球} = \frac{b^2}{a^2} V_{球} = \frac{b^2}{a^2} \left(\frac{4}{3} \pi a^3 \right) = \frac{4}{3} \pi a b^2$$

2. 作图法二:平行四边形法

有一种机械装置,它可以画出椭圆。这个装置包括一个固定于平面上的竖轴及与竖轴相连的两个转轮(一大一小),转轮可以在竖轴中自由转动。两个转轮的转动互不影响,即分别由各自的动力设备驱动。要画出椭圆,要求两个转轮一个正转,一个反转,并且转动速率相等。装置还包括与大转轮固定在一起的一个长臂,与小转轮固定在一起的一个短臂,它们都随各自的转轮转动。长臂外端铰接一段与短臂等长度的连杆,短臂外端铰接一段与长臂等长的连杆。两个连杆另一端点也相互铰接。这样,一共四根杆,对边分别相等,构成一个平行四边形。由于平行四边形顶点处是互相铰接的,而四边形的结构是不稳定的(三角形结构是稳定的),于是,随着两个转轮的转动,这个平行四边形将会连续变化,有时会变成一个矩形,有时会变成四边位于一条直线的形状。若在与轴所在顶点相对的那个平行四边形顶点处放置画笔,那么,画笔的运动将在平面上画出椭圆。图5-9所示是该机械装置的数学模型。这个图是这样作出来的:作半径分别为 a 和 b 的两个同心圆(假设 $a > b$)。大圆代表大转轮,小圆代表小转轮。作大圆的半径(图中标以 a,即长臂),它与小圆交于一点。作过这点的小圆的半径,再作这个小圆半径关于 x 轴对称的半径(图中标以 b,即短臂)。以这个半径和大圆半径为邻边作平行四边形。长臂和短臂从水平位置开始分别逆时针和顺时针转动,那么,这个平行四边形与圆心相对的点 $P(x,y)$ 的运动轨

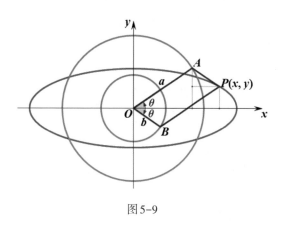

图 5-9

迹就是椭圆。

证明如下，设与圆心相对的平行四边形顶点 P 的坐标为 (x,y)。于是有

$$x = a\cos\theta + b\cos\theta = (a + b)\cos\theta$$

$$y = a\sin\theta - b\sin\theta = (a - b)\sin\theta$$

所以

$$\frac{x^2}{(a + b)^2} + \frac{y^2}{(a - b)^2} = \cos^2\theta + \sin^2\theta = 1$$

显然，这个方程是椭圆的标准方程。所以，这个平行四边形与圆心所在点相对的那个顶点的运动轨迹是椭圆。这个椭圆的长半轴长为 $(a+b)$，而短半轴长为 $(a-b)$。

3. 铰接机构画椭圆

理论上，任何一个代数曲线都可以用铰接机构画出来。我们今天就举一个例子。

如图 5-10 所示，准备四根连杆，其中两根一样长，长度都为 a；另外两根也一样长，长度都为 b。$b > a$。四根连杆组成交叉四边形。

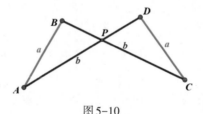

图 5-10

我们说它是交叉四边形，是因为两根长度为 b 的连杆相交之处并没有铰接到一起。上图中，我们还是画出了交叉点 P，但这个交叉点只是某一时刻的情况，随着交叉四边形的变化，这个点也在变化。本例我们就是要寻找这个变化的点的运动轨迹。具体来说，我们在 AD 和 BC 杆外各套上一个套管儿，套管儿可以沿着连杆滑动。我们让两个套管儿互相铰接，并在铰接在一起的两个套管儿的下端安装上笔尖（补充说明一下，这个机构是一个平面机构）。下面，我们把一根非交叉连杆（比如图中长度为 a 的连杆 AB 杆）固定。于是 AB 杆不能自由运动，但与 AB 杆两端点 A 和 B 铰接的长度为 b 的两个连杆是可以在平面内绕 A 或 B 转动的。然后，我们拖动另一长度为 a 的连杆，则交叉两杆的交叉点 P 即笔尖将画出一条曲线，这条曲线就是椭圆。

下面证明上述结论。如图 5-11 所示，连接 BD。从而三角形 ABD 和 CBD 全等（三边对应相等），从而 $\angle 1 = \angle 2$，从而三角形 BPD 为等腰三角形，从而 $BP = $

DP。所以，$AP + PB = AP + PD = AD = b$。$AD$ 连杆长度是不变的，所以，$AP + PB$ 等于定长，也就是说，点 P 到两定点 A 和 B 的距离之和等于定长，所以，点 P 运动的轨迹就是椭圆。实际上，上述点 P 的运动轨迹只是半个椭圆，如果把这个铰接机构翻转到 AB 的另一侧，笔尖调换方向朝下，就可以画出另一半的椭圆。最终结果如图 5-12 所示。

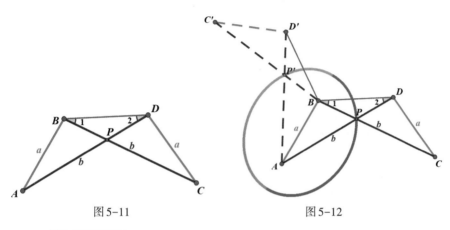

图 5-11   图 5-12

4. 椭圆规画椭圆

如果在如图 5-13 所示的橙色动杆外端点安装笔，那么，笔画出来的图形就是椭圆。这是为什么呢？我们从数学中椭圆的定义出发给出依据。

图 5-13 中十字形槽中的两个黄色滑块被分别限制在各自的槽中运动。这两个黄色滑块又分别钉在动臂上的两个点上，动臂可以在钉子中间转动，这两个钉子的距离固定不变。这个运动一点儿都不复杂，我们把它抽象成数学语言。首先建立直角坐标系，取一条长度一定的线段，让这条线段的两个端点分别位于 x 轴和 y 轴上，即让这两个端点分别只能在各自所在的坐标轴上运动。然后，延长这条线段到某个位置。那么，这个位置随着线段的运动而画出一个椭圆。如图 5-14 所示，点 P 的运动轨迹就是椭圆。

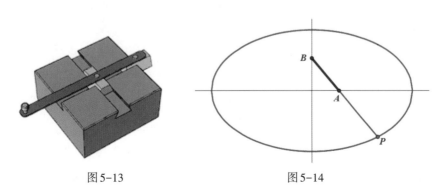

图 5-13   图 5-14

如图5-14所示中线段 AB 及线段 AP 的长度都是确定的。当点 A 位于 x 轴正半轴、点 B 位于 y 轴正半轴时,点 P 的轨迹为椭圆位于第四象限的部分。点 A 还可以运动到 x 轴的负半轴,点 B 也可以运动到 y 轴的负半轴。于是,就可以画出椭圆位于其他三个象限(第一、二、三象限)的部分。如果点 A 或点 B 运动到坐标原点,则轨迹点对应椭圆与坐标轴的交点,即椭圆的四个顶点。最终得到全部椭圆,如图5-15所示。

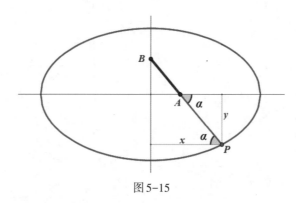

图5-15

上面对椭圆的形成过程给出了一个形象的解说。但我们还需要严格证明点 P 的轨迹确实是椭圆。证明的方法是:证明连续运动的点 P 的坐标满足椭圆的方程。如图5-15所示,设点 P 的坐标为 (x, y),于是有

$$\frac{x}{BP} = \cos\alpha, \quad \frac{y}{AP} = \sin\alpha$$

$$\frac{x^2}{BP^2} + \frac{y^2}{AP^2} = 1$$

BP 的长度就是椭圆的长半轴的长度 a,这可以从点 B 运动到坐标原点时的情况看出。同理,AP 的长度就是短半轴的长度 b,这可以从点 A 运动到坐标原点时的情况看出。所以,点 P 的坐标满足椭圆的标准方程

$$\frac{x^2}{a^2} + \frac{y^2}{b^2} = 1$$

注意,在点 A 于 x 轴上运动,点 B 于 y 轴上运动时,如果点 P 位于从 B 到 A 的延长线上,则椭圆的长轴位于 x 轴上。反之,若点 P 位于从 A 到 B 的延长线上,则椭圆的长轴位于 y 轴上。如图5-16所示可以清楚地说明,位于 AB 所在直线上除 A、B 两点以外的一切点,它们的运动轨迹都是椭圆,其中 AB 中点的运动轨迹成为圆。不难证明,相对于 AB 固定的点(比如,大小不变的三角形 ABC 的第三个顶点 C)的运动轨迹也是椭圆,如图5-17所示。

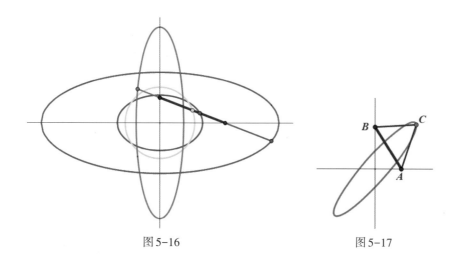

图 5-16　　　　　　　　　　　　图 5-17

三、用离心率的统一观点讲述椭圆、抛物线和双曲线

中学时我们学习了椭圆、抛物线和双曲线的知识,你知道这三者之间有什么联系吗?可能你会说,离心率可以用来区分这三者。是的,椭圆的离心率定义为焦距 $2c$ 与长轴长 $2a$ 的比值,即 $e = \dfrac{2c}{2a} = \dfrac{c}{a}$,因 $0 < c < a$,故 $0 < e < 1$。双曲线的离心率定义为焦距 $2c$ 与实轴长 $2a$ 的比值,即 $e = \dfrac{2c}{2a} = \dfrac{c}{a}$,但因这时 $c > a$,所以 $e > 1$。对抛物线,则定义为抛物线上任意一点到定点与到定直线距离之比等于 1,即 $e = 1$。显然,椭圆中的 a 与双曲线中的 a 是不同的;而在抛物线的定义中,根本就没有 a。在很多书中,一般会对每一种圆锥曲线总结出一张表格,列出各自的定义、方程、图像和性质等,尤其对 a, b, c 三者(就椭圆与双曲线来说)的关系进行反复强调(椭圆是 $a^2 = b^2 + c^2$,双曲线是 $c^2 = a^2 + b^2$),但即便这样有时依然容易混淆它们。笔者想用一种统一的观点来讲解这三种圆锥曲线,这种统一的观点当然不是笔者发明的,但笔者的讲法比较特别,算是笔者的一种尝试吧,相信对理解这三种曲线会有一定的帮助和启发。

我们从一维直线上的点讲起。如图 5-18 所示,有一条线段 AB,点 M 为线段 AB 的中点。那么,我们要在 AB 上取一点,让它到点 B 的距离比它到点 A 的距离近,相信大家一定可以说出这样的点在什么位置。

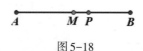

图 5-18

打个比方，点 A 和点 B 处各放有一块完全相同的糖果，把一个小孩领到中点 M 处，让他看到两边的糖果，放开小孩，他可能会稍微犹豫一下，然后，跑向某一边拿糖。但如果把小孩放在中点与 B 之间某处，使得他轻易就可以判断出哪块糖离他近一些，那么，他一定会毫不犹豫地跑向离他近的那块糖。打这个比方是想说明，人天生具有辨别距离远近的能力。所以，这条线段上，什么位置的点离点 B 较近，我们都能正确判断。所以，在上图中，位于点 M 与点 B 之间的点（比如图中的点 P）就是符合要求的点。

请大家跟笔者一起想一想，在点 B 的右侧，也就是在从点 A 到点 B 的延长线上，我们任取一点，比如点 P′，很显然，它到点 B 的距离一定小于它到点 A 的距离，如图 5-19 所示。如果我们只画出线段 AB，我们自然想不到在 AB 两端的延长线上也有可能存在这样的点。所以我们必须拓展我们的思维。

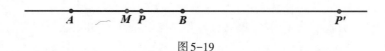

图 5-19

并且，我们一定能够找到两个点（如上图中的蓝色点 P 和点 P′），它们到点 B 的距离与到点 A 的距离的比值相等且都等于一个小于 1 的正数。即如图 5-19 中

$$PB : PA = P'B : P'A = e' \, (0 < e' < 1)$$

很明显，这样的点永远不会跑到点 A 的左侧。

到此，我们已经为后面的内容做了铺垫。

如果我们说，在过点 A 和点 B 的直线上取点，让它到点 A 和点 B 的距离相等，那么，这样的点只有一个。

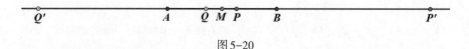

图 5-20

那么，如果在过点 A 和点 B 的直线上取点，让它到点 B 的距离大于它到点 A 的距离，这样的点有两种可能：一种是位于线段 AB 之上但更加靠近点 A 一些；另一种是位于点 A 的左侧。若是给定一个确定的距离比值（大于 1），我们应该能够明确地确定出不多不少正好两个这样的点。如图 5-20 所示中的点 Q 和点 Q′。其中

$$QB : QA = Q'B : Q'A = e' \, (e' > 1)$$

注意,点Q和点Q'这一对点与前面的点P和点P'这一对点,在位置上是完全不同的,它们不会有交叉:点Q和点Q'将遍及数轴上点M左侧的所有点(但不含点M);而点P和点P'将遍及数轴上点M右侧的所有点(也不含点M)。点M这一个点单独成为一类。我们于是分出了三类点。对点M,显然有

$$MB:MA = e'(e' = 1)$$

我们下面把刚才的直线情况拓展到平面:把一维的情况下直线上的点A变为过点A且与直线垂直的直线l,那么在平面上,到定点B的距离与到定直线l的距离的比值小于1的点的轨迹是什么?

显然,刚才说到的直线上的那两个点(P,P')仍然满足条件。但绝不止这两个点。很明显,在直线的上方和下方都存在着这样的点。从图5-21中可以看出,符合要求的点是由无数点构成的曲线。我们就定义到定点的距离与到定直线的距离之比等于一个小于1的正数$e(0 < e < 1)$的所有点的轨迹为椭圆(图中蓝色曲线)。定义到定点的距离与到定直线的距离之比等于1的正数$e(e = 1)$的所有点的轨迹为抛物线(图中红色曲线)。最后,定义到定点的距离与到定直线的距离之比等于一个大于1的正数$e(e > 1)$的所有点的轨迹为双曲线(图中绿色曲线)。

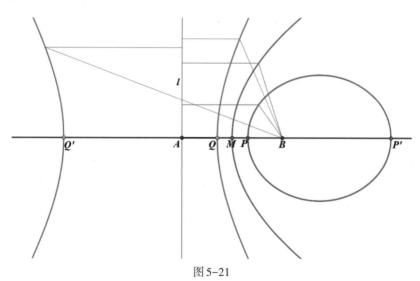

图5-21

注意,如果我们只看水平直线及上面的点,它就是如图5-20所示一维的情况。所以可以说,椭圆、抛物线、双曲线分别是前面的"点P和点P'""点M"及"点Q和点Q'"在平面上的拓展。

于是,你也就明白了为什么我们是按照椭圆、抛物线、双曲线这个顺序写这三个名词,这是因为抛物线是从椭圆过渡到双曲线的"临界点"——其实是临界

曲线。

　　在这里,对三种不同的曲线,我们只从一个定点和一条定直线出发。于是统一称这个定点为焦点,定直线为准线。即用"焦点、准线"的语言统一定义出椭圆、抛物线、双曲线这三种圆锥曲线!

　　这种"焦点、准线"形式的定义,与我们通常所讲的"椭圆是到两定点距离之和为定值的点的轨迹"及"双曲线是到两定点距离之差等于定值的点的轨迹"的传统定义,是否能够互相解释得通? 答案是肯定的。下面我们以椭圆为例进行讲解。

　　我们需要先证明用"焦点、准线"方式定义或画出来的椭圆,是轴对称图形,也是中心对称图形。我们取长轴(两个顶点 P 和 P' 之间的连线)的中点,记为点 O。我们过点 O 作长轴的垂线 y 轴。那么,椭圆关于长轴 PP' 对称很好理解,但椭圆关于 y 轴也对称,就不容易看出来。限于篇幅,我们本文就不证明了,而是把它当成结论使用,用它来证明我们按"焦点、准线"方式定义的椭圆,其上的一点到两个焦点的距离之和是常数,且这个常数就是长轴 PP' 的长度(取为 $2a$),即我们传统的椭圆定义。

　　如图 5-22 所示。在 y 轴另一侧作准线 l 关于 y 轴的对称直线 l';再作焦点 B 关于 y 轴的对称点 B'。l' 与水平轴的交点为 A'。由椭圆的对称性,我们以 l' 为准线,以点 B' 为焦点,同样可以作出同一个椭圆。于是,我们有下面这些等量关系。

$AO = OA'$; $PO = OP'$; $BO = OB'$;

$AP = P'A'$; $PB = B'P'$

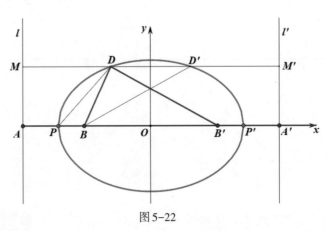

图 5-22

　　我们取椭圆上的任意一点 D,过点 D 作 l 和 l' 的垂线,分别交 l 和 l' 于点 M 和点 M',与椭圆交于它关于 y 轴的对称点 D'。连接 BD、DB' 和 BD'。于是,我们有下面的一系列等量代换,最终可以得出"到两定点的距离之和等于定长"这一结论。请对照上图仔细阅读下面的推导过程。

$$BD + DB'$$

$$= BD + BD'(\text{对称性})$$

$$= e \cdot MD + e \cdot MD'(\text{椭圆的定义})$$

$$= e \cdot MD + e \cdot DM'(\text{对称性})$$

$$= e \cdot MM'$$

$$= e \cdot AA'$$

$$= e \cdot (AP + PA')$$

$$= e \cdot (AP + AP')(\text{对称性})$$

$$= e \cdot AP + e \cdot AP'$$

$$= PB + BP'(\text{椭圆的定义})$$

$$= PP' = \text{定值}(2a)$$

于是,我们就把两种方式定义的椭圆拉到了一起。

下面从以"焦点、准线"定义的椭圆离心率出发,推导出传统定义下椭圆离心率 $e = \dfrac{c}{a}$。我们前面已经得出

$$AO = OA', PO = OP', BO = OB',$$

$$AP = P'A', PB = B'P'$$

因为点 P 和点 P' 都在椭圆上,所以有

$$PB = e \cdot AP \qquad\qquad ①$$

$$P'B = e \cdot AP' \qquad\qquad ②$$

②式减去①式,得

$$P'B - PB = e \cdot AP' - e \cdot AP$$

即

$$P'B - PB = e \cdot (AP' - AP)$$

进一步变形,得

$$(BB' + B'P') - PB = e \cdot \left[(AP + PP') - AP \right]$$

因为 $B'P' = PB$,所以上式成为:

$$BB' = e \cdot PP'$$

BB' 就是 $2c$,PP' 就是 $2a$,BB' 和 PP' 各取一半,就得到:

$$c = e \cdot a$$

即得到离心率的表达式

$$e = \dfrac{c}{a}$$

四、准圆、准线、动圆（椭圆、抛物线、双曲线）

我们先来感受一下从准圆画椭圆的过程：大圆是以 F_2 为圆心的定圆（半径 r 确定不变），即准圆的大小与位置都不变。动圆（见图5-23中绿色圆）位于准圆内部，始终与大圆内切，且经过圆内定点 F_1（不失一般性，我们把定点 F_1 画在准圆圆心 F_2 的左侧且与 F_1 位于同一条水平线上）。于是，$PF_1 = PT$（动圆的半径）。因为动圆与准圆内切，所以，切点 T、动圆圆心 P 及准圆圆心 F_2 在同一条直线上，从而 $TP + PF_2 = TF_2 =$ 准圆半径 $r =$ 定值。最终，动点 P 到两个定点 F_1 和 F_2 的距离之和是定值，即 $PF_1 + PF_2 = TP + PF_2 =$ 定值，所以动点 P 的运动轨迹就是椭圆。

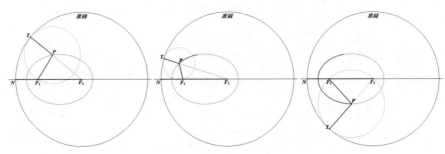

图 5-23

再来感受一下从准线画抛物线的过程：其中准线与水平轴垂直且固定不变。动圆（见图5-24中绿色圆）始终在准线右侧与准线相切，且经过准线右侧定点 F_1。于是，$PF_1 = PT$（动圆的半径），即动点 P 到定直线（准线）的距离与到定点 F_1 的距离相等，由抛物线的定义可知，动点 P 的运动轨迹就是抛物线。

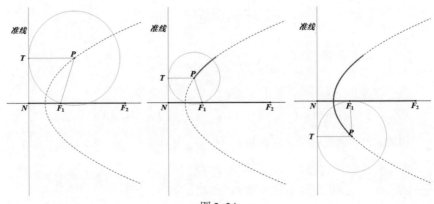

图 5-24

你能发现它们之间的相同与不同之处吗？相同之处是，第一，两种情况中都有一个动圆，且动圆都与某个对象相切：画椭圆时动圆与定圆（准圆）相切，画抛物线时动圆与定直线（准线）相切。第二，动圆都经过定点。不同之处是，与两者动圆相切的对象不同。

我们知道,当圆的半径变得无穷大时,圆弧接近直线。即直线可以看作半径无穷大的圆。所以,圆心 F_2 向远离 F_1 的方向运动到无穷远,那么,在极限情况下,准圆变成准线,椭圆变成抛物线。这就是椭圆与抛物线的联系!

我们知道,若把椭圆内侧想象成与椭圆所在平面垂直的柱面,且柱面内侧是反光镜,那么,从椭圆一个焦点发出的光照射到椭圆上后,将照射到另一个焦点。这里是从 F_1 发出的光线碰到椭圆后经反射通过另一焦点 F_2。我们还知道,若把抛物线内侧想象成与抛物线所在平面垂直的柱面,且柱面内侧是反光镜,那么,从抛物线焦点(这里是唯一的焦点 F_1)发出的光照射到抛物线上后,光线经反射将射向无穷远。我们把椭圆的焦点 F_2 移向无穷远后,从椭圆焦点 F_1 发出的光线经过椭圆上的点后,将照射到无穷远的 F_2 点,这就成为抛物线光线照射的情况。于是,我们就从光线行走路径这方面说明了椭圆的极限情况就是抛物线。所以,从准圆与准线的观点考察椭圆和抛物线,我们就获得一种统一的视角,也获得对圆锥曲线更加深入的理解。

在这个变化过程中,椭圆绝大部分情况仍然是椭圆,只是大小和圆扁程度不同。圆扁程度体现在离心率的不同。在极限情况下,椭圆的离心率趋近于 1,也就是抛物线的离心率。这里需要特别强调,椭圆的离心率 e 可以有无穷多个($0 < e < 1$),而抛物线的离心率只有一个($e = 1$)。

我们同样可以从准圆画双曲线:双曲线的情况比椭圆复杂一些。如图 5-25 所示,开始时,圆心为 P 的动圆与准圆 F_2 相外切,且经过准圆外的定点 F_1。这时的动点 P 画出双曲线的一支。运动到一定程度(无穷远)时,动圆变成一条过点 F_1 且与准圆相切的直线(切线),继续运动,切线变成一个圆心在相反一侧的圆,这时这个圆还是与准圆相切,但却是相内切(把准圆含在其中),同时动点 P 跑到了"另一侧",去画双曲线的另一支(左支)。在画双曲线左支的过程中,动圆由大变小,再由小变大,一直大到又变为一条直线(是另一条过点 F_1 的准圆切线)。然后,切线从反方向又变成一个圆。圆心最终运动到出发点,完成画双曲线的全过程。

与椭圆情况类似,我们让点 F_2 朝着远离点 F_1 的方向运动,趋近无穷远,其结果,准圆变为准线,双曲线的一支成为抛物线。双曲线的离心率由大变小,趋近于 1,即抛物线的离心率 1。特别强调,双曲线的离心率 e 可以有无穷多个($e > 1$),而抛物线的离心率只有一个($e = 1$)。

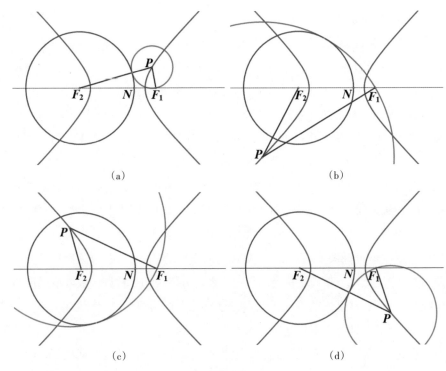

(a)　　　　　　　　　　　　　(b)

(c)　　　　　　　　　　　　　(d)

图 5-25

　　前面说到从焦点发出的光线照射到椭圆或抛物线上之后的反射情况。我们再来看一看对双曲线来说,从焦点发出的光照射到双曲线上之后是如何运动的。如图 5-26 所示,从焦点 F_1 发出的光,照射到双曲线上的点 P 后,经反射,射向的方向就好像是从另一个焦点 F_2 射过来的(因为从准圆作双曲线的过程中,有 $\angle 1 = \angle 2 = \angle 3$)。焦点 F_2 若朝着远离点 F_1 的方向运动到无穷远,准圆变为直线,即抛物线的准线,双曲线不再"完整",它的左支消失,右支变为抛物线。

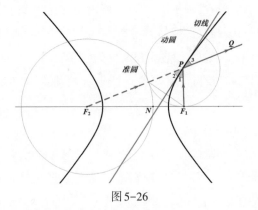

图 5-26

　　可以把椭圆、抛物线、双曲线三者看成是连续变化的。让焦点 F_1 是椭圆的一个不动的焦点,也是抛物线的唯一焦点,还是双曲线的一个不动焦点。椭圆

的焦点 F_2 朝着远离点 F_1 的方向运动到无穷远,椭圆变为抛物线,然后,这个点 F_2 似乎有神奇的力量,又从运动轴的另一个方向出现了,向着焦点 F_1 的方向运动。原来的椭圆变为抛物线后又一瞬间变为双曲线。

不同圆扁程度的椭圆看上去不相似,不同离心率的双曲线,看上去同样不相似。但是,任何抛物线,它们都是相似的,这是因为,抛物线的离心率只有一个,永远是1。离心率不同的两个椭圆,不管把它们怎样等比例放大或缩小,它们永远不会重合;双曲线也是一样。但是,两个看上去很不同的抛物线,经放大或缩小,两者一定可以重合。比如,下面两个抛物线(见图5-27和图5-28),一个开口大,一个开口小。

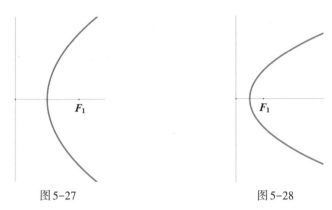

图5-27   图5-28

但如果我们把如图5-28所示的抛物线截取一部分(见图5-29),将其放大到焦点 F_1 与准线的距离与图5-27中抛物线相应距离一样,观察两者看上去是否一样(见图5-30和图5-31)。是的,可以做到重合。(注意,图5-31中红色的曲线粗一些是因为任何画出来的曲线都是有宽度的,放大后宽度也加大了。实际上,曲线本身是没有粗细的。)

上面大致解释了抛物线都是相似图形的原因。而椭圆和双曲线没有这个性质。

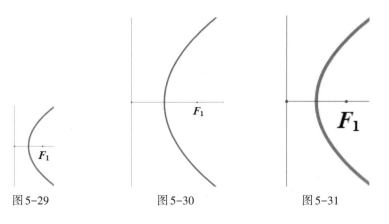

图5-29   图5-30   图5-31

五、圆锥曲线与圆锥的关系

圆锥曲线是平面切割正圆锥（两边都是无限延伸的圆锥）与锥面的交线。依据切割平面与圆锥母线的夹角（或比较"截面与轴线夹角"大小与"母线与轴线夹角"的大小），便可以得到椭圆、抛物线和双曲线这三种类型的圆锥曲线。

1. 截线为椭圆

如图5-32所示。正圆锥的母线与轴线的夹角为α。一个平面π_1截圆锥（不过锥顶O）。平面π_1与圆锥轴线的夹角为β。如果$\beta > \alpha$，则平面π_1与圆锥只在顶点一侧相交，交线为椭圆。如果$\beta = \alpha$，则平面π_1与圆锥也只在顶点的一侧相交，交线为抛物线。如果$\beta < \alpha$，则平面π_1与圆锥在顶点两侧均与圆锥相交，交线为双曲线。

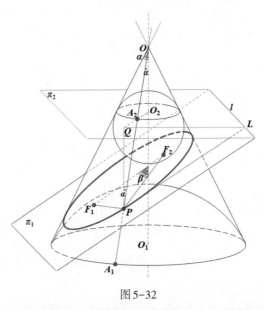

图 5-32

如图5-32所示是交线为椭圆的情况，但为椭圆需要证明。在截面两侧各放有一个球，它们与锥面内侧及截面都相切。两个球与锥面接触点都构成一个圆，两个圆都与锥轴线垂直。两球与截面的交点分别为F_1和F_2。在截面与锥面交线上任取一点P。连接PF_1和PF_2。我们要证明$PF_1 + PF_2$为定长。作过点P的圆锥母线OP。OP将与两个圆分别交于两点A_1和A_2。显然，A_1和A_2都是母线与球相切的点。所以有$PF_1 = PA_1$，$PF_2 = PA_2$。从而

$$PF_1 + PF_2 = PA_1 + PA_2 = A_1A_2 = \text{定值}$$

设过A_2的圆所在的平面为π_2，再设π_1与π_2的交线为l，我们证明直线l是椭圆的一条准线，即要证明点P到点F_2的距离与点P到l的距离的比值为定值，且

小于1。过点 P 作平面 π_2 的垂线,垂足为 Q。再过点 P 作 l 的垂线 PL,所以,$\dfrac{PQ}{PL} = \cos\beta$,即 $PL = \dfrac{PQ}{\cos\beta}$。另外,$\dfrac{PQ}{PA_2} = \cos\alpha$,即 $PA_2 = \dfrac{PQ}{\cos\alpha}$。而 $PA_2 = PF_2$。所以,点 P 到点 F_2 的距离 PF_2 与点 P 到直线 l 的距离的比值为:

$$\frac{PF_2}{PL} = \frac{\dfrac{PQ}{\cos\alpha}}{\dfrac{PQ}{\cos\beta}} = \frac{\cos\beta}{\cos\alpha}$$

因为 $\beta > \alpha$,所以 $\dfrac{PF_2}{PL} = \dfrac{\cos\beta}{\cos\alpha} < 1$。这符合本章第三节对椭圆的定义。

2. 截线为抛物线和截线为双曲线的情况

这里只给出图形,请自己研究。提示:在图 5-33 中,紫色线段 $a = b = c = d$。在图 5-34 中,$PF_2 - PF_1 = PB_2 - PB_1 = B_1B_2 =$ 定值。

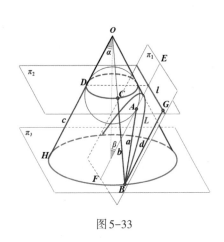

图 5-33

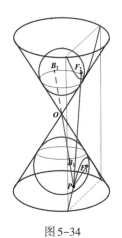

图 5-34

六、与椭圆切线相关的丰富知识

1. 椭圆围城与圆形观光走廊

有一座椭圆形的围城(准确来说,是一座横截面为椭圆形的直柱体)。它的外侧表面上整整一圈都是精美的浮雕和半嵌入式表演露台。围城的管理者在围城的外围修建了一圈圆形的观光走廊。走廊的高度与城墙的腰围平齐,这样人们看到的浮雕和露台上的表演就真实很多。小明同学善于思考,他发现,不管走到观光走廊的什么位置,向围城看去,整个围城在他眼中的视角总保持 $90°$。这个发现让他异常兴奋。回到学校,他把这个发现跟数学老师说了,老师说,我们数学课正好讲到椭圆这一内容,那么下节课,我就给你和同学们讲一讲这个围城的故事。下面就是老师所讲的内容。

(1)用数学软件画一个椭圆。步骤如下:如图5-35所示。画一个半径为r的圆,圆心设为F_2(它将成为所画椭圆的一个焦点)。在圆内与点F_2处于同一水平线上的某处取点F_1(它将成为所画椭圆的另一个焦点)。在圆周上取一点C。连接CF_1,连接CF_2。作CF_1的中垂线,与CF_2相交于点M。随着点C在圆周上运动,点M也将运动,它的运动轨迹就是椭圆。这是一个焦点为F_1和F_2,长轴位于水平轴上且长轴长$2a$等于圆的半径r的椭圆。其中直线DM为椭圆在点M处的切线。我们这样作出的曲线是椭圆的理由很简单:$MF_1 + MF_2 = MC + MF_2 = CF_2 = $ 圆的半径 $r = $ 定长,即到两个定点的距离之和等于定长的点的轨迹是椭圆。这是作椭圆的基本画法之一,其实就是前面用准圆作椭圆的方法。

(2)把图中CF_1、CF_2、MF_1及切线DM擦掉。这时保留下来的有圆、椭圆及它的两个焦点F_1和F_2。留下的圆我们称为椭圆的准圆,它的半径等于椭圆的长轴长$2a$。

(3)有了这个椭圆,接下来我们要做一个直角,让它的两条边分别与椭圆相切。然后,移动这个直角,观察直角顶点的运动情况。也就是说,用一个"直角卡尺"把椭圆"卡住"。然后,让"卡尺"保持这种状态并移动。最后我们来证明,直角顶点或直角卡尺顶点的运动轨迹就是一个圆。本节开始时所说的圆形观光走廊就是这么设计出来的。我们甚至可以求出这个圆的半径(后面会讲到)。

(4)如图5-36所示,在刚才画好的椭圆上随便取一点M。连接F_2M并延长,与准圆交于点C(注意,为了方便,我们这里就用与上图一致的字母标识各个点)。连接CF_1。取CF_1的中点D。作过点D和点M的直线DM,则直线DM就是椭圆的切线(见图5-36中的红线),点M为切点。这一作图过程与前面作椭圆的过程是互逆的。

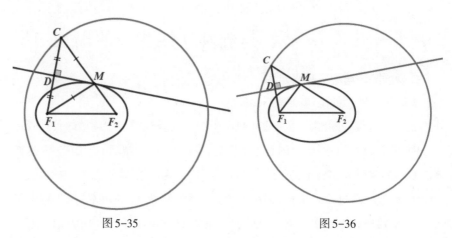

图5-35　　　　　　　　　　　图5-36

（5）接下来，以CF_2为直径作一个圆（图5-37中只画了半个圆，浅紫色），与切线DM交于点P（还有另一交点，这里先不考虑）。需要说明的是，点M位于直径CF_2之上，所以，直线DM必定与所作圆相交；又因为切线DM上的点除切点外都在椭圆的外部，所以交点P必在椭圆之外。一个点只有位于椭圆之外，才有可能作出过这个点的椭圆切线，且是两条切线。有了这个说明，下面的操作也就可行了。

（6）接下来，从椭圆外的点P作椭圆的切线。从椭圆外一点可以作两条椭圆的切线，我们已经有了一条切线（直线PM），下面再作另一条切线。如图5-38所示。以点P为圆心，以PF_1为半径作圆，与准圆相交于两点，其中一点就是前面出现过的点C，我们不再考虑它，还有另一交点，我们设其为点E。注意，准圆是以点F_2为圆心的，所以，我们就要以另一焦点F_1与点P的连线为半径作圆；如图5-38所示点P在椭圆之外，故点P到两个焦点的距离之和大于$2a$，又因为点P在准圆之内，所以所作的这个圆必定与准圆相交；如果点P在准圆之外，则以点P与准圆内的点F_1的连线为半径所作之圆就一定与准圆相交。我们继续作图。连接点F_2（位于椭圆内部）与点E（位于椭圆外部），线段EF_2与椭圆交于点N。连接PN。则PN所在直线就是所要求作的第二条切线，点N为切点。

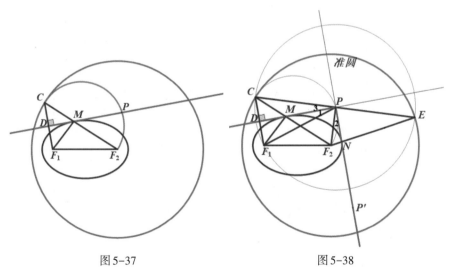

图5-37　　　　　　　　　　图5-38

（7）现在我们已经作出从一点（点P）出发的两条椭圆切线（PM和PN），也就是说，我们作出了一个角（$\angle MPN$），如图5-38所示。下面只需证明$\angle MPN$是直角即可。这涉及一个定理：椭圆外任意一点到椭圆所作的两条切线与椭圆的两个焦点构成的夹角相等。用上图来说明就是，切线PM与PF_1的夹角等于切线PN与PF_2的夹角，即图中的$\angle 1 = \angle 2$。根据切线PM的作图过程可知$\angle 1 = \angle 3$，从而$\angle 2 = \angle 3$。

再根据作图知∠CPF_2是直角。把∠CPF_2逆时针旋转∠2大小的一个角度后，就得到∠MPN。所以，∠MPN也是直角。最终，我们找到了点P，从它看椭圆，夹角为直角。

定理证明

已知一个椭圆及它的两个焦点F_1和F_2。点P为椭圆外一点。连接点P与F_1和F_2，形成∠F_1PF_2。从点P向椭圆引两条切线PT_1和PT_2，其中T_1和T_2为切点。也形成一个∠T_1PT_2。那么，∠F_1PF_2和∠T_1PT_2共用同一条角平分线。也可以说，∠F_1PF_2的一边与∠T_1PT_2的一边的夹角，等于∠F_1PF_2的另一边与∠T_1PT_2的另一边的夹角，如图5-39所示，即∠1=∠1'。

证明：(1)如图5-40所示，作F_1T_1和F_1P关于切线PT_1的镜像G_1T_1和G_1P；作F_2T_2和F_2P关于切线PT_2的镜像G_2T_2和G_2P。(2)从而有下面的等量关系：∠4=∠3=∠5，∠4'=∠3'=∠5'，所以，G_1T_1和T_1F_2位于一条直线上；G_2T_2和T_2F_1位于一条直线上，并且有$G_1F_2 = 2a = G_2F_1$ ①。(3)考察△PG_1F_2和△PF_1G_2。显然$PG_1=PF_1$，$PF_2=PG_2$ ②。由①②两式，得△PG_1F_2和△PF_1G_2全等，从而∠G_1PF_2=∠G_2PF_1。都减去公共部分∠F_1PF_2，得2∠1=2∠1'，所以∠1=∠1'。得证。

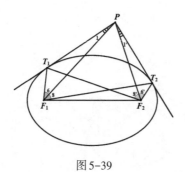

图5-39

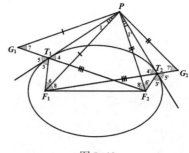

图5-40

(8)以上就是作一个把椭圆夹在其中的直角的全过程。可以作出无穷多的这样的直角，这些直角的顶点将构成一条曲线。那么，这条曲线是什么曲线呢？下面，我们就来研究这个问题，具体来说，就是研究点P的运动轨迹。去掉一些不用的线段，再增加一些辅助线，如图5-41所示。其中，点O为线段F_1F_2的中点。因为三角形CPF_2是直角三角形，所以

$$CP^2 + PF_2^2 = CF_2^2$$

因为$CP = PF_1$，而$CF_2 = 2a$（椭圆长轴长），所以

$$PF_1^2 + PF_2^2 = (2a)^2$$

如图5-41所示,在三角形F_1PF_2中,OP为边F_1F_2上的中线。我们知道,中线与边之间有下面的定理存在:三角形两条边的平方和等于第三边的一半的平方的两倍再加上中线的平方的两倍。于是,在三角形F_1PF_2中,就有

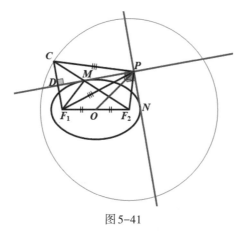

图5-41

$$PF_1^2 + PF_2^2 = 2 \cdot OF_1^2 + 2 \cdot OP^2$$

因为OF_1为椭圆焦距$2c$的一半,即$OF_1 = c$,所以,综合以上两式,得到:

$$(2a)^2 = 2c^2 + 2 \cdot OP^2$$

$$2a^2 = c^2 + OP^2$$

再考虑到

$$a^2 = b^2 + c^2$$

所以,由上面两式可以得到:

$$OP^2 = 2a^2 - c^2 = 2a^2 - (a^2 - b^2) = a^2 + b^2$$

这说明,点P到点O的距离等于一个常数。所以,点P的运动轨迹是一个圆(见图5-42中蓝色圆)。这个圆称为切距圆,也称为蒙日圆或外准圆。

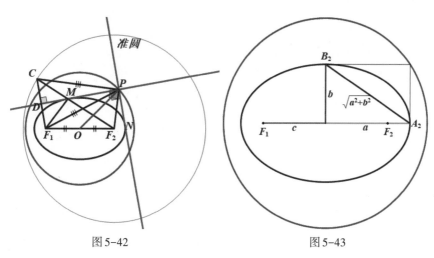

图5-42

图5-43

所以，我们要作出这个切距圆，只需作一个以F_1F_2的中点为圆心，以长半轴与短半轴的平方和的平方根为半径的圆即可。这个半径可以如图5-43所示获得。

$$A_2B_2 = \sqrt{a^2 + b^2}$$

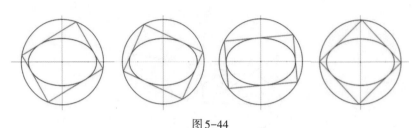

图5-44

注：切距圆这个词笔者认为应该是切矩圆，即矩形的"矩"而非距离的"距"，因为这个圆是椭圆外切矩形顶点的轨迹，与距离无关。构成"切矩圆"的这三个字，顺序上体现了从椭圆到圆的过程：椭圆→与椭圆相切的直角→与椭圆相切的矩形，矩形顶点的轨迹圆。

（9）上面第（1）到（8）条所讲的内容是作椭圆的切距圆。下面我们简单介绍一下如何从一个已知圆及位于圆内且关于圆心对称的两个点（椭圆的两个焦点）去画出这个椭圆。这是可以办到的，因为a和b的平方差等于c的平方，是定值；a与b的平方和是所给圆的半径的平方，也是定值。所以，a和b也就随之确定。从而椭圆是确定的。

如图5-45所示，连接PF_1和PF_2。作$\angle F_1PF_2$的平分线PP''。以点P为顶点，以PP''为角平分线作一直角（图中绿角）。这个直角就是图5-46中运动的直角。那么，这个直角扫过平面后，没有扫到的区域就是一个以椭圆为边界的区域。中间白色椭圆区域就是直角的边永远扫不到的地方。

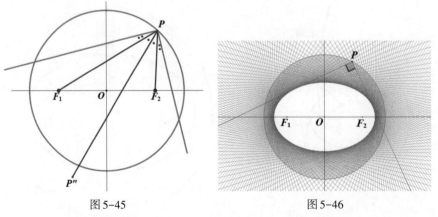

图5-45　　　　　　　　　　图5-46

（10）用解析几何方法求点P的运动轨迹。我们考虑中心在原点，对称轴为坐标轴的椭圆：

$$\frac{x^2}{a^2} + \frac{y^2}{b^2} = 1$$

设椭圆的斜率为 k 的切线的方程为：

$$y = kx + h$$

把它代入椭圆方程中，整理得到一个关于 x 的一元二次方程。

$$(a^2k^2 + b^2)x^2 + 2a^2khx + a^2h^2 - a^2b^2 = 0$$

因为切线与椭圆有一个交点，等价于上述关于 x 的一元二次方程有两个相等的实数解，这又等价于方程根的判别式 $\Delta = 0$。由此可以解出 h。

$$h = \pm\sqrt{a^2k^2 + b^2}$$

所以，我们便得到了斜率为 k 的椭圆切线方程为：

$$y = kx \pm \sqrt{a^2k^2 + b^2} \qquad \text{①}$$

显然，与这条椭圆切线垂直的椭圆切线的方程为：

$$y = -\frac{1}{k}x \pm \sqrt{a^2\frac{1}{k^2} + b^2} \qquad \text{②}$$

求这两条互相垂直的切线的交点。由①式得

$$(y - kx)^2 = a^2k^2 + b^2 \qquad \text{③}$$

由②式得

$$(ky + x)^2 = a^2 + k^2b^2 \qquad \text{④}$$

③式+④式，得

$$(k^2 + 1)(x^2 + y^2) = (k^2 + 1)(a^2 + b^2)$$

即

$$x^2 + y^2 = a^2 + b^2$$

这说明，椭圆的两条互相垂直的切线的交点的轨迹是一个圆。本方法与前面几何方法所得结果一样。

2. 其他作椭圆切线的方法

（1）分别连接椭圆上的一点与两个焦点，得到一个角，作这个角的平分线；过这点作平分线的垂线，则这条垂线就是椭圆过这点的切线，如图 5-47 所示。点 P 为椭圆上的一点，PS 为角 F_1PF_2 的平分线，PT 垂直于 PS。PT 即为椭圆之过点 P 的切线。我们知道，从椭圆一个焦点发出的光照到椭圆上后将反射到另一个焦点。反射点处相当于有一个平面镜，这个平面镜与椭圆所在平面的交线就是椭圆的切线。

(2)如图5-48所示。过点 P 作与 y 轴平行的直线(图中直线 PQ);以原点为圆心,以椭圆长半轴 a 为半径作圆(图中绿色);圆与直线 PQ 交于点 Q 。过点 Q 作圆的切线(这个比较容易做到,可连接点 Q 与原点 O 得半径 OQ ,过点 Q 作直线垂直于半径 OQ ,这条直线即为圆之过点 Q 的切线)。设所作切线与 x 轴交于点 G 。于是,作过点 G 和椭圆上点 P 的直线(图中 PG),则直线 PG 即为椭圆之过点 P 的切线(可通过微积分的方法证明)。

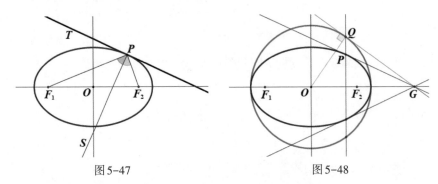

图5-47   图5-48

(3)射影几何学的方法。过点 P 作椭圆的任意两条割线,它们分别与椭圆交于点 A 、 B 和点 C 、 D ,如图5-49所示。作过点 A 和点 D 的直线,再作过点 B 和点 C 的直线,两条直线相交于点 E 。作过点 A 和点 C 的直线,再作过点 B 和点 D 的直线,两条直线相交于点 F 。作过点 E 和点 F 的直线(见图5-49中的蓝色)。因为点 E 位于椭圆内部,所以,直线 EF 一定与椭圆相交于两点。设这两点为 S 和 T 。那么,椭圆上的这两个点 S 和 T 就是从圆外的那个点 P 向椭圆所作切线的切点。最后连接 PS 和 PT ,就得到所求作的两条切线(见图5-49中的红色)。注意,正是上述两条割线的任意性,使得交点 E 和点 F 也在变动,但却始终位于直线 ST 上。或说动点 E 和动点 F 描绘出了这条直线。如果点 P 跑到无穷远,则两条切线近乎平行,所以过两个切点所作的直线就一定通过椭圆的中心,即两条平行切线两切点间的线段是椭圆的一条直径,如图5-50所示。

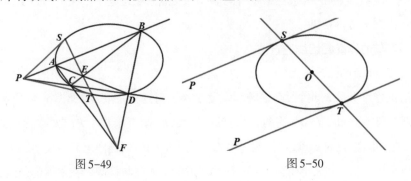

图5-49   图5-50

文艺复兴——达·芬奇——绘画艺术描绘现实——透视学——射影几何学

文艺复兴时期的画家如达·芬奇、阿尔布雷希特·丢勒(第2章中有一幅他的版画,画中出现了四阶幻方),想在二维画布上表现"深度"。从屋内看窗外的风景,窗户就是画框,外面的风景就是画。比如风景中有一座山,那么"山顶"画在画框上的画布中的什么位置呢?想象观察者眼睛与山顶之间连接一条直线,则直线与画布的交点就是"山顶"(如图5-51所示为类似情况)。于是产生了透视学的观念,如图5-52所示为达·芬奇所画《蒙娜丽莎》,其中蕴藏了透视学。从此,射影几何学慢慢产生了。

图5-51

图5-52

(4)如图5-53所示。连接 PF。过焦点 F 作 PF 的垂线,与准线 l 交于点 R,连接 RP。RP 即为椭圆在点 P 处的切线。显然,设直线 PF 与椭圆的另一交点为 P',那么 RP' 也是椭圆的切线。

(5)过椭圆上的点 A 作椭圆的切线。在椭圆上依次任意选取四个点 C、D、E、F,没有点 B,但我们心里想着点 B 与点 A 重合。椭圆内接六边形的三组对边是 AB 和 DE,BC 和 EF,CD 和 FA。但是 AB 成为过点 A(或 B)的切线,是我们所要求作的,作不出来,但 BC、EF、CD、FA 是可以作出来的。我们就用直尺分别作出直线 BC 和直线 EF,得到它们的交点 Y;再用直尺分别作出直线 CD 和直线 FA,它们交于点 Z,如图5-54所示。根据帕斯卡定理,直线 AB,也就是过点 A 的椭圆的切线,与直线 DE 交于直线 YZ 上。所以,我们连接 YZ,再作直线 DE,它与 YZ 交于点 X。作过点 X 和点 A 的直线 XA,那么,XA 一定就是过点 A 椭圆的切线。作图完成,如图5-54所示。

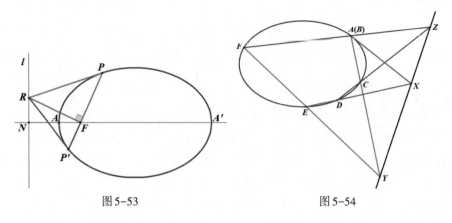

图5-53   图5-54

拓展阅读

帕斯卡定理与布利安桑定理

帕斯卡定理:

椭圆<u>内接</u>六边形(*ABCDEF*)的三组<u>对边</u>(*AB* 与 *DE*、*BC* 与 *EF*、*CD* 与 *FA*)的<u>交点</u>(*X*、*Y*、*Z*)<u>共线</u>,如图5-55所示。

布利安桑定理:

椭圆<u>外切</u>六边形(*abcdef*)的三组<u>对顶点</u>(1与4、2与5、3与6)的<u>连线</u>(14、25、36)<u>共点</u>,如图5-56所示。

两个定理是对偶的关系。把帕斯卡定理中的"内接"换成"外切","对边"换成"对顶点","交点"换成"连线","共线"换成"共点",则帕斯卡定理就成为布利安桑定理,反之亦然。我们可以把这个对偶的关系看成是数学对称之美的一种特殊表现形式。这一对偶关系适用于圆锥曲线。

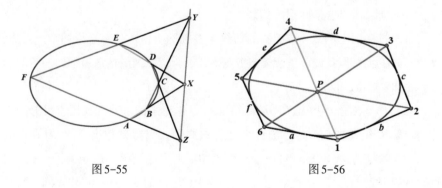

图5-55   图5-56

七、与椭圆相关的平面几何证明题（逻辑思维训练）

有关椭圆的一道平面几何证明题：从椭圆上一点 A 引法线，与 F_1F_2 的中垂线交于点 P。过 F_1F_2 中点 O 作 AP 的垂线，垂足为 Q。证明：$AQ \cdot AP = a^2$，其中 a 为椭圆的长半轴，如图5-57所示。

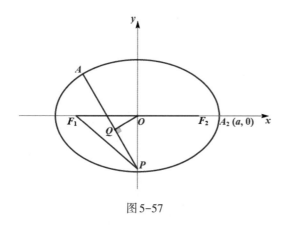

图5-57

证明：

（1）作 $\triangle AF_1F_2$ 的外接圆（半径为 R）。圆与 F_1F_2 的中垂线交于点 P'（因点 A 取在了椭圆的上半部，所以，点 P' 位于椭圆的下半部）和 S（自然就位于上半部）。于是，弧 F_1P' = 弧 $P'F_2$，所以 $\angle F_1AP' = \angle F_2AP'$。所以，$AP'$ 就是椭圆的法线，从而点 P' 就是点 P，如图5-58所示。

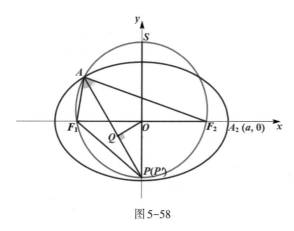

图5-58

（2）如图5-59所示，连接 AS。因 PS 为圆的直径，所以 $\triangle APS$ 为直角三角形。所以

$$AP = 2R\cos\angle APS \qquad ①$$

再设点 A 关于 PS 的对称点为 B。连接 F_1B，则 $\angle BF_1F_2 = \angle AF_2F_1$，设 $\angle BF_1F_2 = \angle AF_2F_1 = \beta$。再设 $\angle AF_1F_2 = \alpha$。由对称性可知，弧 AS = 弧 SB，所以 $\angle AF_1S = \angle BF_1S$。所以

$$\angle AF_1S = \frac{\alpha - \beta}{2} \qquad ②$$

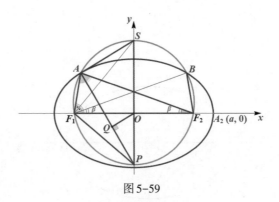

图 5-59

（3）因为 $\angle AF_1S = \angle APS$，所以由 ①② 式，得

$$AP = 2R\cos\frac{\alpha - \beta}{2} \qquad ③$$

（4）因为 $\angle APF_1 = \beta$，所以，$\angle F_1PS = \beta + \dfrac{\alpha - \beta}{2} = \dfrac{\alpha + \beta}{2}$。所以，在直角三角形 F_1PS 中

$$F_1S = 2R\sin\frac{\alpha + \beta}{2}$$

如图 5-60 所示，在直角三角形 F_1OS 中：

$$OS = F_1S\sin\angle SF_1O = F_1S\sin\frac{\alpha + \beta}{2} = 2R\left(\sin\frac{\alpha + \beta}{2}\right)^2 \qquad ④$$

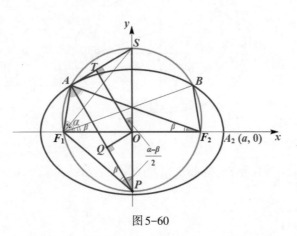

图 5-60

（5）如图 5-60 所示，过点 O 作 AS 的垂线 OT，垂足为 T。则在直角三角形 OST 中：

$$OT = OS\cos\frac{\alpha - \beta}{2}$$

从而有

$$AQ = OT = OS\cos\frac{\alpha - \beta}{2} = 2R\left(\sin\frac{\alpha + \beta}{2}\right)^2\cos\frac{\alpha - \beta}{2} \qquad ⑤$$

（6）我们已经得到了 AP 和 AQ，下面计算 $AP \cdot AQ$。

$$AP \cdot AQ = 2R\cos\frac{\alpha - \beta}{2} \cdot 2R\left(\sin\frac{\alpha + \beta}{2}\right)^2\cos\frac{\alpha - \beta}{2} = \left(2R\sin\frac{\alpha + \beta}{2}\cos\frac{\alpha - \beta}{2}\right)^2$$

根据和差化积公式

$$\sin x + \sin y = 2\sin\frac{x + y}{2}\cos\frac{x - y}{2}$$

便有

$$AP \cdot AQ = [R(\sin\alpha + \sin\beta)]^2 = (R\sin\alpha + R\sin\beta)^2 \qquad ⑥$$

（7）如图 5-58 所示，根据正弦定理，在 $\triangle AF_1F_2$ 中

$$AF_1 = 2R\sin\angle AF_2F_1 = 2R\sin\beta$$

$$AF_2 = 2R\sin\angle AF_1F_2 = 2R\sin\alpha$$

所以

$$\frac{AF_1 + AF_2}{2} = R\sin\alpha + R\sin\beta$$

所以，代入⑥式得

$$AP \cdot AQ = (R\sin\alpha + R\sin\beta)^2 = \left(\frac{AF_1 + AF_2}{2}\right)^2$$

即

$$AP \cdot AQ = a^2$$

八、圆柱、椭圆周长、正弦曲线

有一个圆柱形的玻璃杯子，内盛有大约半杯水。倾斜放置杯子，使倾斜角约 45°。杯子里水面不跟着杯子倾斜，而是要保持水平状态。那么，杯中水平面的边缘是一个椭圆。在杯子内部椭圆形水平面最靠近杯子开口处的一端（椭圆长轴的一个顶点）漂浮着一只小虫（见图 5-61 中的点 B 处），而在杯子外壁与椭

圆水平面最靠近杯底的一端(点A处)趴着一只蜘蛛。蜘蛛看到了小虫,以为小虫也在杯子外壁,所以想要爬过去吃它。这只蜘蛛发现有一条现成的路径,就是椭圆形水平面的椭圆边界(ACB)。它打算沿着这条路径(沿杯子的外壁)爬向小虫,我们来分析一下,蜘蛛走的是最短的路径吗?

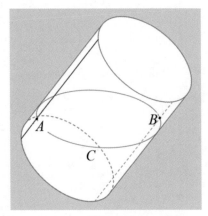

图 5-61

我们可以做个实验。一卷手纸中心的硬纸筒就是一个比较理想的圆柱面。把两端的圆口固定好不让纸圆柱变形,把这个纸圆柱从中间斜着锯开,截口就是一个椭圆。然后,把锯出来的其中一个半个纸筒展开成平面图形(图 5-62 中的阴影是下半个纸筒展开后的一半)。观察锯痕ACB。你一定会发现,它是曲线,并且很像我们知道的一种曲线:正弦曲线。正弦曲线可不是最短路径呀!蜘蛛被水平面迷惑了,它以为沿着ACB行走路径最短。而最短路径应该是先把纸筒展成平面,在A与B之间画直线段,再把纸筒复原,这时沿纸筒上的画线行走才是最短路径。由上面这个例子引申出椭圆与正弦曲线的联系。图 5-62 中的ACB是正弦曲线从$-\frac{\pi}{2}$到$\frac{\pi}{2}$的一段。

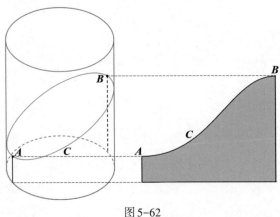

图 5-62

我们来证明斜切圆柱面所得椭圆,在柱面被展成平面后,成为正弦曲线的一部分。

如图5-63所示。椭圆与过中心的横截面圆相交于直径CD。在椭圆上取一点F,它到其在圆上的投影G的距离设为y。我们来研究这个y是如何随着角α的变化而变化的。由G向CD引垂线,垂足为H。连接FH。于是,三角形OBE与三角形HFG相似。从而有

$$\frac{y}{BE} = \frac{HG}{OE} = \frac{OG\sin\alpha}{r} = \frac{r\sin\alpha}{r} = \sin\alpha$$

$$y = BE\sin\alpha$$

其中BE是定值。若$BE = 1$,上式为正弦函数的解析式。

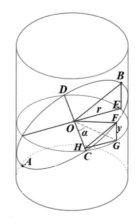

图5-63

实验:将一根火腿肠水平放于案板上,用刀切,刀面与案板垂直,刀面在案板方向的投影是一条直线,切割时,一定要让这条直线与火腿肠轴向成45°。再将火腿肠两端垂直切掉。然后,沿着火腿肠的封装线把塑料包装皮切开,把皮剥下来并展平。

九、斜二测画法画圆,你画对了吗(椭圆的仿射几何学画法)

用斜二测画法画图(比如正方形、三角形、四边形、五边形、多边形,甚至圆),就是把平面图形画在水平面上。原来平面图形中的水平线段在水平面上仍然是水平的且等长。而原来图形中竖直的线段画到水平面上就成为与水平线成45°角

且长度缩短一半的线段。据此，我们只要把多边形各顶点确定下来，然后依次连接相邻顶点就可以实现把平面图形画在水平面上。比如，用斜二测画法在水平面上画一个正方形，结果看上去是一个平行四边形，如图5-64中$A'B'C'D'$所示。

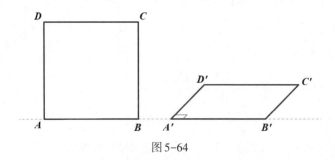

图5-64

用斜二测画法画三角形也很简单，先在原三角形中从点C向AB边作垂线，设垂足为D。然后在目标平面——水平面上可以很容易地画出$A'B'$和$C'D'$（点D'由$A'D'=AD$确定），再连接$A'C'$、$B'C'$，便得到目标三角形$A'B'C'$，如图5-65所示。这个三角形就像是把原三角形放平后我们斜着看过去所看到它的样子。

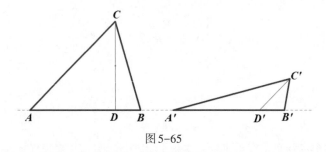

图5-65

用斜二测画法画圆怎么画？我们知道，圆可以理解为正多边形边数趋于无限时的极限，于是我们需要确定无数多个点才能做到。所以，用斜二测画法画圆并不容易。

如图5-66中所示的用斜二测画法画圆的方法是否正确？

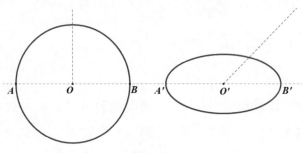

图5-66

答案是错误的。我们知道圆在平面上的投影是一个椭圆。所以，就把一个对圆进行上下压缩所得到的椭圆当作结果，如图 5-66 右图所示就是这样一个椭圆，它是关于横轴对称、关于竖轴对称和关于中心对称的。这个椭圆图形中有一个明显的错误，即原来圆的最高点在椭圆中的对应点不是最高点。正确的画法是从椭圆中心画一条 45° 线，在 45° 线上取一点让它到椭圆中心的距离等于原来圆的半径的一半。然后，在原来圆弧上均匀地取一些点，把这些点在目标水平面上的对应点都画出来，如图 5-67 所示。从图 5-67 右图所示的那些点，可以看出正确的画法所画椭圆的大致轮廓。

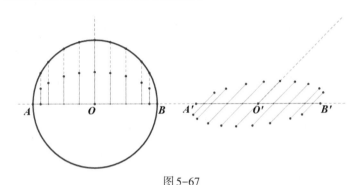

图 5-67

用光滑曲线把这些点连接起来，就得到原平面图形在目标水平面上的样子，即用斜二测画法所画出的水平面上的圆。

下面再提供一种更为简单的画图方法，这种方法所利用的是平行射影的性质：平行射影不改变一条线段上被一点分成的两段的比例。比如，一条线段的长度是 3 m，其上有一点，距离一个端点是 1 m，距离另一个端点是 2 米。经过某平行射影后，这条线段在目标水平面的投影的长度变为 6 m，则刚才那个点的像距离第一个端点的像就是 2 m，距离第二个端点的像就是 4 m。也就是说，这个点到两个端点的距离的比值不变，即 1:2 = 2:4。线段的中点在平行射影下仍是线段的中点。

我们知道，阳光可以看成是平行光束。现在假设在一间南北朝向房子的南墙上有一扇圆形的窗户（说到窗户，我们指的是垂直于地面的竖直墙面上开的窗户而非天窗，这点很重要），那么在某阳光明媚的正午 12 点时，圆形窗框在地面上的投影是什么形状？这个不难想到，一定是一个其长轴（或短轴）与圆的水平直径平行的椭圆。又过了大约 3 个小时，这时阳光从大约西南的斜上方照射过来，那么窗框在地面上的投影显然不同于正午时的投影，但形状变成什么样子？下面让我们来简单研究一下。

下面要介绍的画水平面上圆的新方法如下。先观察平面图形——圆，如

图 5-68 所示。作这个圆的外切正方形,并观察正方形的上一半——长方形。在弧 BC 上取一点 P,连接 AP;连接 BP 并延长,与 CD 交于点 Q;因为图中所示两个阴影直角三角形全等,所以,$EO = QD$。从而 $CE = CQ$。也就是说,$CE:EO = CQ:QD$。请注意这两个比值。随着点 P 在圆上运动,这两个比值可能都会发生变化,但比值却永远相等。从而也就有 EQ 平行于 OD。

我们再特别强调一下平行射影的一些性质:(1)平行射影不改变线段的定比。(2)两条平行直线在平行射影下仍然平行。

那么,把上面的圆平行射影到水平面内,两条平行的直线 OD 和 EQ 仍然保持平行 $O'D' /\!/ E'Q'$。我们尝试利用这条性质来画出圆在目标水平面上的投影。

我们把圆外接正方形用斜二测画法画到水平面上,如图 5-69 所示,成为一个平行四边形(注意,这个平行四边形的一个内角是 45°,这就与斜二测画法的要求一致了)。在平行四边形的上边上取一点 Q',过点 Q' 作 $O'D'$ 的平行线 $Q'E'$,其中 E' 位于 $O'C'$ 上。连接 $B'Q'$;连接 $A'E'$ 并延长,与 $B'Q'$ 交于点 P'。于是,随着点 Q' 的变动,点 P' 的运动轨迹就是椭圆的一部分。用类似方法可以画出椭圆的其他部分,最终就可以画出整个椭圆。

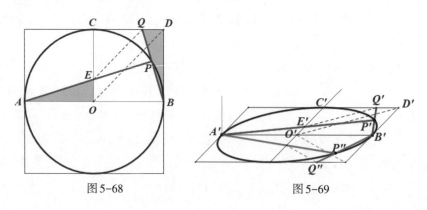

图 5-68　　　　　　　　　图 5-69

十、等轴双曲线内接三角形的垂心轨迹、九点圆相关知识

渐近线互相垂直的双曲线叫作等轴双曲线。若我们以 x 轴和 y 轴为渐近线,那么,等轴双曲线的方程就是 $xy=k$(常数)。从函数的角度看,它就是反比例函数 $y = \dfrac{k}{x}$。取 $k=1$,我们在直角坐标系中画出反比例函数 $y = \dfrac{1}{x}$ 的图像,如图

5-70所示。在等轴双曲线上任取三个点A、B、C。以三个点为顶点作一个三角形ABC，如图5-70所示。

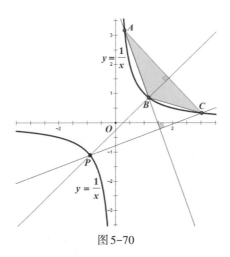

图5-70

作这个三角形的垂心P。发现，这个垂心P正好位于双曲线上，如图5-70所示。改变三个顶点的位置，发现点P位置变了，但仍然位于双曲线上，如图5-71所示。把三个顶点置于双曲线两支当中，发现，垂心仍然位于双曲线上，如图5-72所示。

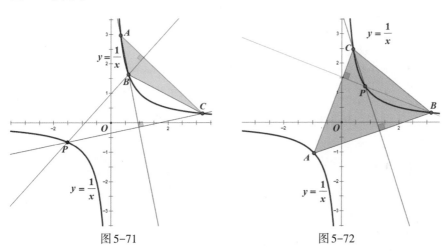

图5-71 　　　　　　　图5-72

下面我们用代数方法证明点P的轨迹就是等轴双曲线本身。

设三个顶点A、B、C的坐标分别为$\left(a, \dfrac{k}{a}\right)$，$\left(b, \dfrac{k}{b}\right)$，$\left(c, \dfrac{k}{c}\right)$。于是，直线$AB$的方程为：

$$y - \frac{k}{a} = \frac{\dfrac{k}{b} - \dfrac{k}{a}}{b - a}(x - a)$$

即

$$y - \frac{k}{a} = -\frac{k}{ab}(x - a)$$

它的斜率为$-\frac{k}{ab}$。所以,它的垂线的斜率为$\frac{ab}{k}$。从而过点C的AB边上的垂线方程为:

$$y - \frac{k}{c} = \frac{ab}{k}(x - c)$$

同理,可得BC边上的垂线方程为:

$$y - \frac{k}{a} = \frac{bc}{k}(x - a)$$

求出两条垂线的交点即三角形的垂心坐标为:

$$x = -\frac{k^2}{abc}, \quad y = -\frac{abc}{k}$$

很容易看出,垂心的横纵坐标的乘积为:

$$xy = k$$

即这个垂心的横坐标或纵坐标都依赖于三个顶点的坐标,且可以取到除0以外的任何值。但横、纵坐标的乘积却是常数k。这就说明,垂心坐标满足等轴双曲线方程$xy=k$。垂心的轨迹就是原来的等轴双曲线本身。很神奇!

若三角形的三个顶点都位于双曲线的一支上,则垂心一定位于另一支上。若有两个顶点位于同一支上,另一顶点位于另一支上,则垂心位于两个顶点所在的那一支曲线上。

这个问题叫作布利安桑-彭赛列双曲线问题。这个问题只适用于等轴双曲线。

让等轴双曲线的顶点的坐标为$(1,1)$,如图5-73所示。那么,这时的双曲线的方程就是$xy = 1$。也就是$k = 1$时的反比例函数$y = \frac{1}{x}$(反比例函数一般为$y = \frac{k}{x}, k \neq 0$)。

下面的研究只考虑第一象限内的曲线,如图5-74所示。在双曲线上有任意三个点A、B、C。连接AB、BC、CA,得到三角形ABC,这个三角形叫作双曲线的内接三角形,如图5-75所示。我们先来证明下面的结论。

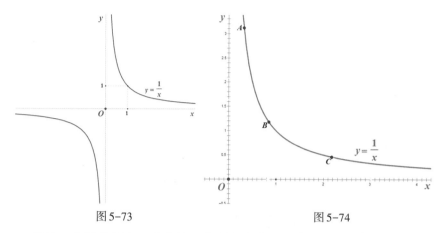

图 5-73　　　　　　　　　　　图 5-74

等轴双曲线的任意一个内接三角形的九点圆(也叫费尔巴哈圆)都经过双曲线的中心,也就是这里的坐标原点,如图 5-75 所示。

如图 5-76 所示。所谓的九点圆,就是指经过三角形三边中点(图中红色)的圆,同时三角形垂心的三个垂足(图中蓝色)及由垂心到顶点的三条连线的中点(也是三个,如下图中绿色点)也都在这个圆上。共九个点,故称为九点圆。

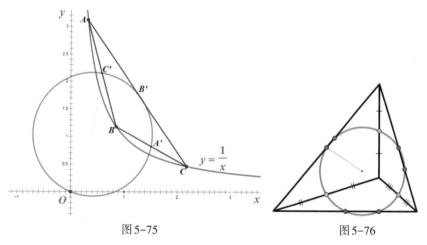

图 5-75　　　　　　　　　　图 5-76

有关九点圆,涉及众多现代平面几何知识,这里做一个简单罗列(参考图 5-77)。

(1) A_1, A_2, A_3 : 锐角三角形 $A_1A_2A_3$ 的三个顶点。

(2) O_1, O_2, O_3 : 三角形 $A_1A_2A_3$ 的三边中点。

(3) H_1, H_2, H_3 : 三角形 $A_1A_2A_3$ 的三个垂足。 H : 垂心。

(4) C_1, C_2, C_3 : 线段 HA_1, HA_2, HA_3 的中点。

(5) $O_1, O_2, O_3, H_1, H_2, H_3, C_1, C_2, C_3$ 九点共圆(九点圆)。

(6) O : 三角形 $A_1A_2A_3$ 的外心。 G : 三角形 $A_1A_2A_3$ 的重心。 F : 九点圆圆心。

（7）欧拉线：OH 或 $OGFH$。G 是 OH 的三等分点（靠 O 近），F 是 OH 的中点。

（8）I：三角形 $A_1A_2A_3$ 的内心。J：内切圆与九点圆相内切的切点。

（9）I_1：三个旁心之一。J_1：旁切圆 I_1 与九点圆相外切的切点（另外两个旁切圆没有画出）。

（10）费尔巴哈定理：三角形九点圆与内切圆和三个旁切圆都相切。九点圆也叫作费尔巴哈圆。

（11）以 G 为位似中心，以 $\dfrac{-1}{2}$（"－"代表旋转 $180°$）为位似比进行位似变换，则三角形 $A_1A_2A_3$ 变换为三角形 $O_1O_2O_3$。从而三角形 $A_1A_2A_3$ 的垂心 H 变换为三角形 $O_1O_2O_3$ 的垂心 O。

（12）三角形 $O_1O_2O_3$ 的垂心 O 正好是三角形 $A_1A_2A_3$ 的外心。

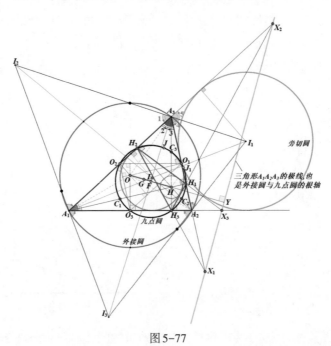

图 5-77

（13）三角形 $A_1A_2A_3$ 的垂心 H 是垂足三角形 $H_1H_2H_3$ 的内心 I，从 H_1 射向 H_2 的光线经反射后一定会照射到 H_3，再经反射，照回到 H_1，然后循环。

（14）A_1A_2 与 H_2H_1 的交点为 X_3，A_3A_2 与 H_2H_3 的交点为 X_1，A_1A_3 与 H_3H_1 的交点为 X_2，则 X_1,X_2,X_3 三点共线（证明利用了德萨格定理），这条线是三角形 $A_1A_2A_3$ 的极线，并且极线与欧拉线 OH 垂直。

（15）垂心 H 是外接圆与九点圆的外位似中心（位似比为 $1:2$）。所以，垂心 H 与外接圆上任意一点连线的中点的轨迹就是九点圆。

（16）重心 G 是外接圆与九点圆的内位似中心（位似比为 $\frac{-1}{2}$）。所以，以点 G 为位似中心，把外接圆作相似比为 $\frac{-1}{2}$ 的位似变换，将得到九点圆。

（17）以三个旁心为顶点构造一个三角形 $I_1I_2I_3$，它的垂心是内心 I，垂足是 A_1, A_2, A_3（$\angle 1 + \angle 2 = \angle 3 + \angle 4 = 90°$）。从而外接圆是旁心三角形 $I_1I_2I_3$ 的九点圆（与三角形 $A_1A_2A_3$ 的九点圆不同）。所以，外接圆（三角形 $I_1I_2I_3$ 的九点圆）必穿过内心与旁心连线（三条）的中点。外接圆还一定穿过旁心三角形三边的中点。

（18）X_1, X_2, X_3 三点共线，这条直线还是两圆（外接圆及三角形 $A_1A_2A_3$ 的九点圆）的根轴（到两个圆的圆幂相等的点的轨迹是一条直线，叫作根轴。其中圆幂是点到圆的切线长度的平方）。我们可以从圆内接四边形 $A_1A_2H_1H_2$ 找到相似三角形及对应边成比例，从而得出 $X_3H_1 \cdot X_3H_2 = X_3A_2 \cdot X_3A_1 =$ 圆幂。

下面就来证明：等轴双曲线的任意一个内接三角形的九点圆（也叫费尔巴哈圆）都经过双曲线的中心，也就是这里的坐标原点。

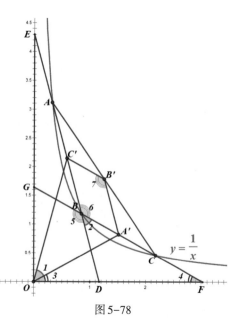

图 5-78

如图 5-78 所示点 A'、B'、C' 分别为三角形 ABC 的边 BC、CA、AB 的中点。把边 AB 向两端延伸，分别与 x 轴和 y 轴交于点 D 和点 E。我们先来证明 $BD = AE$。设 A、B 的坐标分别为 (x_1, y_1) 和 (x_2, y_2)。则 AB 的斜率为：

$$k = -\frac{y_1 - y_2}{x_1 - x_2} = \left(\frac{1}{x_1} - \frac{1}{x_2}\right)\frac{1}{x_1 - x_2} = \frac{-1}{x_1 x_2}$$

所以

$$AE^2 = x_1^2 + (kx_1)^2 = (1 + k^2)x_1^2$$

$$BD^2 = y_2^2 + \left(\frac{y_2}{k}\right)^2 = \left(\frac{1}{x_2}\right)^2 + \left(\frac{1}{kx_2}\right)^2 = \frac{k^2 + 1}{k^2 x_2^2}$$

把 $k = \frac{-1}{x_1 x_2}$ 代入分母，即

$$\frac{k^2+1}{k^2x_2^2} = \frac{k^2+1}{\left(\dfrac{1}{x_1}\right)^2} = (k^2+1)x_1^2$$

即

$$AE = BD$$

从而 AB 的中点 C' 也是 DE 的中点。于是,在直线三角形 ODE 中,斜边中点 C' 到点 O、D、E 的距离相等,所以有 $\angle C'OD = \angle C'DO$。

同理可以证明 $BG=CF$。从而 BC 的中点 A' 也是 FG 的中点。在直角三角形 OFG 中,点 A' 到 O、F、G 的距离相等,从而有 $\angle A'OF = \angle A'FO$。接下来,容易证得 $\angle 1 = \angle 2$,从而 $\angle 1$ 和 $\angle 5$ 互补。而 $\angle 5 = \angle 6 = \angle 7$,所以 $\angle 1$ 和 $\angle 7$ 互补。所以,A'、B'、C'、O 四点共圆。这个圆当然通过三角形 ABC 三边的中点 A'、B'、C',所以,这个圆就是三角形 ABC 的九点圆(费尔巴哈圆)。

因为三角形 ABC 是等轴双曲线的任意一个内接三角形,所以,不同的内接三角形的九点圆都通过双曲线中心 O,也就是说,这些圆必在点 O 处相交。于是,假设我们已经画好的等轴双曲线消失了,或被有意隐藏了起来,但隐藏得不够充分,留下了许多点(至少四个)。那么,我们能否恢复这条等轴双曲线呢?下面我们就来研究。

如果知道等轴双曲线上的四个不同的点,则可以取四点中不同三点构成的两个三角形。作这两个三角形的九点圆,两个圆的交点之一就是等轴双曲线的中心。我们还需要确定出两条渐近线,也就是 x 轴和 y 轴。

前面我们讨论时已经得出结论:等轴双曲线上两点连线中点到两点连线延长线与 x 轴、y 轴的交点及两点连线中点到双曲线中心的距离相等。据此,我们可以以 AB 边的中点为圆心,以这个中点到中心 O 的距离为半径作圆,这个圆将与 AB 所在直线相交于两点。那么,这两点一定在 x 轴和 y 轴上,分别连接这两点与原点 O,就得到 x 轴和 y 轴了。于是,我们便确定了两条渐近线。通过上述步骤我们就得到了等轴双曲线的中心和两条渐近线,则这条等轴双曲线也就确定了。剩下的只是具体作出这条等轴双曲线的操作。

取 A、B、C、D 四点中的任意一点,比如点 B,作过点 B 的某直线,与 x 轴、y 轴交于 F 和 E 两点。假设 $BF > BE$,那么在 BF 上截取 $FG = BE$。那么点 G 一定位于双曲线上。我们以点 B 为轴心转动这条直线,则点 G 的位置也跟着变化,点 G 的运动轨迹就是双曲线,如图5-79所示。

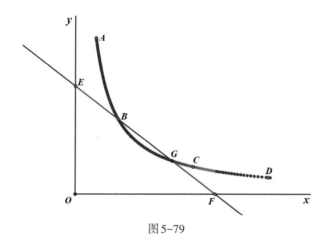

图 5-79

十一、借助圆锥曲线及其他特殊曲线解决三大作图不能问题

三大尺规作图不能问题最早提出是在公元前五世纪的古希腊时期。因为用尺子和圆规（以下简称"尺规"）把一个角二等分很容易，于是那时人们就想是否也可以用尺规把一个角三等分，从而有了三等分角问题。因为若以一个正方形的对角线为边作一个新的正方形，则这个新作正方形的面积是原正方形面积的2倍，所以，人们自然想到能否在一个已知正方体的基础上，用尺规作图作出一个长度，以这个长度为棱长的正方体的体积是原正方体的2倍，于是便有了倍立方问题（也称为立方倍积问题）。因为从一些具体图形出发作出等面积的另一些图形是可能的（比如从矩形出发作出一个等积的正方形），人们就研究在圆和正方形之间进行等积作图，于是便有了化圆为方问题。菲利克斯·克莱因（1849—1925）在总结前人研究成果的基础上，于1895年的一篇论文中，给出了几何三大作图问题不可能用尺规来实现的简明证法，从而使这三个延续了两千多年的问题尘埃落定。于是后人便把这三个问题称为三大尺规作图不能问题，即加了"不能"两字。

1. 借助双曲线解决三等分角问题（帕普斯方法或克莱罗方法）

（1）如图5-80所示，∠AOB为三等分的角。设OA=OB。以点O为圆心，OA为半径作圆弧AHB（点H本应该是后来才得到的，这里先使用着）。连接点A和点B，得到线段AB。把线段AB三等分，分点为C和D。

（2）作一个以点A为左焦点，以点C和B为两个顶点的双曲线。这样做出来的双曲线的离心率e一定等于2。那么，图中AB的中垂线OF就一定是双曲线左支的准线。左支上的点到左焦点A的距离是它到左支准线OF的距离的2倍。（这个双曲线是怎么做出来的，这里简单介绍一下：在AB所在直线上取一点G，如图5-80所示，过点G作AB的垂线。以点A为圆心，2倍GF为半径做圆，与过点G的垂线相交于K和L两点。那么，点G在直线AB上运动时，点K和点L描绘出来的点的轨迹就是双曲线的左支。）

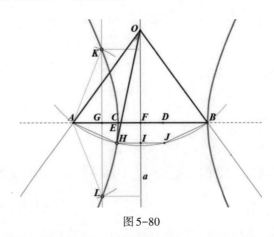

图5-80

（3）设（1）中所作的圆弧与双曲线的左支的交点为H。连接OH。则OH就是$\angle AOB$的一条三等分线。这个不难从图中看出：$AH = 2HI$，$HI = IJ$，$JB = AH$。所以，弧$AH =$弧$HJ =$弧JB。所以，$3\angle AOH = \angle AOB$。

2. 解决倍立方问题的柏拉图法（门纳马斯方法）

下面这个倍立方问题的解法是由柏拉图给出的。如图5-81所示，作两个直角三角形ABC和BAD（其实，其中的点C和点D应该是在后面才作出或得到的，但为了解释得更清晰，我们就先这么叫了），AB为公共边，在BC边上取一点C，连接AC。过B作AC的垂线，垂线与AD交于点D。BD与AC的交点为P。于是出现三个相似的三角形PBC，PAB，PDA。

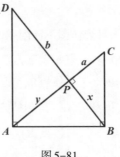

图5-81

设$PC = a$，$PB = x$，$PA = y$，$PD = b$。从而有

$$a:x = x:y = y:b$$

即

$$x^2 = ay, \quad y^2 = xb$$

可以制作一个机械装置，让 AB 和 BC 的长度可调节，调到使 a 的长度等于某立方体的边长 a，且 b 的长度正好等于 $2a$。这时，由上面的两个方程，我们就可以得到：

$$x^2 = ay, \quad y^2 = 2xa$$

即

$$x^4 = a^2y^2 = a^2(2xa) = 2xa^3$$

最后得到：

$$x^3 = 2a^3$$

所以，以 x 为边长的正方体的体积就是原来以 a 为边长的正方体体积的2倍，如图5-82所示。

其实上面的解法的关键是在 a 与 $2a$ 之间插入两个比例中项，即

$$a:x = x:y = y:2a$$

这个方法称为希波克拉底方法。我们把上式变化为两个抛物线方程

$$x^2 = ay, \quad y^2 = 2ax$$

画出它们的图像，如图5-83所示。找出它们除原点外的另一个交点 P。则点 P 的横坐标就是所求倍立方体的棱长 $\sqrt[3]{2}\,a$。这个方法是由希腊数学家门纳马斯（Menaechmus，约公元前375—公元前325）提出来的。

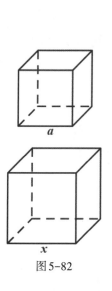

图 5-82

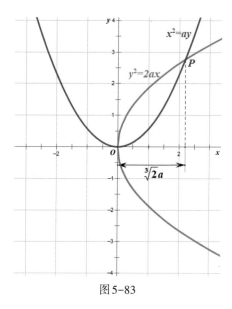

图 5-83

第 5 章　圆锥曲线面面观

3. 借助圆积线解决化圆为方问题

所谓的化圆为方问题,就是求作一个正方形,它的面积等于一个已知圆的面积。数学界已证明不可能用"尺规作图"方法解决化圆为方问题。而若去除"只用尺、规作图"的限制,那方法就很多。前人已经为我们积累了很多好方法,学习一下这些方法,在数学世界中畅游一番,何尝不是一件快乐的事情!这里讲一个方法,是借助了圆积线。

从图形的变换过程来看,我们不能直接把圆变为正方形,通常是把圆先变为矩形或三角形,再从矩形或三角形变成正方形。如图5-84所示是将圆先变为矩形。

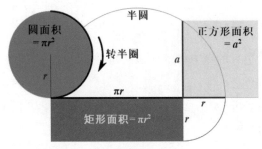

图 5-84

打个比方吧。我们怎样切割圆形蛋糕? 我们一般都是从蛋糕中心向边缘切,将蛋糕切成一个个"小三角形"(不是标准的三角形,而是有一边是圆弧的近似三角形)。这样切成的"小三角形"可以组成一个边长分别为蛋糕半径和半圆周长的矩形。如果切割得足够密,那么极限状况就是一个矩形。这样做,当然不会增减蛋糕圆截面的面积。阿基米德有一种切法,是按照同心圆来切,把蛋糕切成一个个的截面为环状的圆筒。然后把这些圆筒展平,最后把一片片展平的蛋糕搭成一个近似的三角形。极限情况下就成为一个真正的三角形。这个三角形的面积就是圆的面积,如图5-85所示。

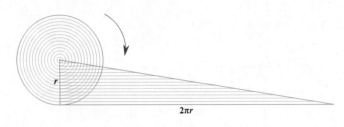

图 5-85

下面要讲的是先将圆变为矩形,再从矩形变为正方形。

从作图的角度来考虑,在图5-84中,从蓝色的矩形到黄色的正方形的作图过程是没有问题的(用到圆幂定理之相交弦定理)。但从红色的圆到蓝色矩形的作图过程却需要细究。在图5-84中默认圆是一个"轮子",在水平直线上滚动了半圈,但这个看似像车轮滚动一样很简单的行为,我们却无法用尺规作图来实现。我们必须想办法作出一条直线段,让它等于圆的周长或半周长或四分之一周长。

凡是可用于解决化圆为方问题的曲线,我们都称其为割圆曲线(又称圆积线)。有了圆积线,就可以作出长度等于四分之一圆周长或半圆周长的线段,于是化圆为方问题就比较容易解决了。这条曲线比较特别,笔者是用软件来做的,具体步骤如下。

(1)作一个半径为r的圆,它就是我们所说的"化圆为方"中的圆。

(2)如图5-86所示,有一点B,从圆周上的最高点A开始沿半径AO匀速运动到圆心O,那么过点B且与OA垂直的直线(先以BC表示,虽然点C后面才提及)跟随而动。一条半径OP从OA位置开始,以点O为圆心匀角速度向OD位置转动。让在OA上的B点的运动(及该运动导致的直线BC的运动)与半径OP的旋转运动同时开始、同时结束。直线BC与半径OP相交于点C。那么点C的运动轨迹就是我们所说的圆积线(图中红色曲线)。

(3)在角$\theta=0$时,也就是运动到最后时,BC和OP都与OD重合了,这时没有所说的交点C,这说明目前所画出的曲线与OD没有交点。我们可以补充上一个点,怎么补? 点C沿着红色圆积曲线从点A处开始运动到接近OD,则BC的长度也从零开始连续增大,这个长度有个极限,我们就以这个极限作为我们要补充的这个点的横坐标。我们仍以C表示这个补充的点。于是,整条圆积线就有了两个端点(这为后面连接AC打下基础),如图5-87所示。

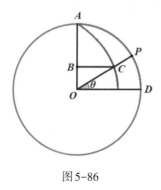

图5-86

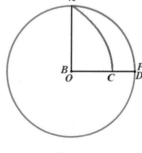

图5-87

一个人的早期类似人类的早期

　　记得笔者上中学的时候,在开始学习三角函数比如正弦函数图像时,总是不理解为什么图像的波峰是圆润的,而不是尖锐的。后来才知道可以把正弦函数用弹簧上挂的重物的运动来描述,弹簧上的重物运动到两端时,运动变慢了,但是时间仍然均匀向前走没有变慢,所以体现在正弦函数图像上,就是运动在水平方向上被拉伸了,从而曲线平缓了。再后来,明白了其实正弦函数的图像反映的是圆周运动在直线上的投影的运动情况。圆周上的一点虽然在圆周上做匀速圆周运动,但点在 y 轴上的投影却是非匀速直线运动,投影点在接近原点处运动的速度就是它的实际运动速度,而它在运动到 y 轴上远离原点的两端时,速度接近于零,这个也很好想象,因为要朝反向运动了,必须有一刻停下来。但尽管可以想明白是怎么回事,笔者还是想为什么就不能在 y 轴方向上也做匀速直线运动呢? 有没有一条非圆周的曲线,点在它上面运动,它在直线上的投影正好是在直线上做匀速直线运动呢? 这可能是人的一种本能的想法。笔者后来才知道,我们人类在两千多年前也有人这么想了,并且已经找到了这样的曲线,就是我们刚刚介绍过的圆积线。前面说过,早在苏格拉底时代人们就发现了圆积线。

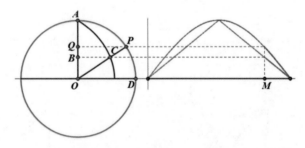

图5-88

　　图5-88所示为动画截图,它显示了圆周上的点 P 和它在 y 轴上的投影点 Q 的运动情况,还显示了圆积线上的点 C 及它在 y 轴上的投影点 B 的运动情况。点 Q 的运动速度不均匀,而点 B 的运动是匀速运动。观察图5-88中右侧生成的图像便可看出,蓝色曲线与圆上点 P 的运动相对应,画出了点 P 从点 D 处运动到点 A 处再返回到点 D 处这一段过程。它是正弦函数图像的一部分,反映出了点 Q 在 y 轴上的运动速度情况。而红色曲线与圆积线上的点 C 相对应,是由两段线段构成,表示了 y 轴上点 B 一上一下的过程,反映出点 B 的运动是方向相反

的两段匀速直线运动。另外,还要说明一点,匀速直线运动的速度要比圆周运动的速度小一些,否则前面所说的直线运动与半径的转动同时开始同时结束就不可能实现。从图像在 B 点处的斜率也可以看出来。下面继续介绍怎样用圆积线解决化圆为方的问题。

(4)上面得到了圆积线,下面就要利用它来解决化圆为方的问题了。图 5-88 中点 C 极限位置的横坐标即 OC 的长度是多少?我们必须求出来。这个值很重要,下面作图时它必不可少。

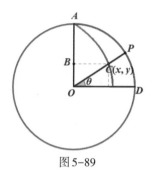

图 5-89

如图 5-89 所示,因为点 B 的纵坐标 y 与角 θ 是线性关系,所以 $\dfrac{y}{r} = \dfrac{\theta}{\dfrac{\pi}{2}}$,即

$\theta = \dfrac{\pi y}{2r}$。所以,圆积线的方程是

$$\frac{y}{x} = \tan\left(\frac{\pi}{2r}y\right)$$

所以

$$x = \frac{y}{\tan\left(\dfrac{\pi}{2r}y\right)}$$

y 值趋近于 0 时,点 C 将落到 OD 上。上式的极限就是我们要求落到 OD 上的 OC 的长度。我们求这个极限。

$$\lim_{y \to 0} x = \lim_{y \to 0} \frac{y}{\tan\left(\dfrac{\pi}{2r}y\right)} = \lim_{y \to 0} \left(\frac{\dfrac{\pi}{2r}y}{\tan\left(\dfrac{\pi}{2r}y\right)} \cdot \frac{1}{\dfrac{\pi}{2r}} \right) = \frac{2r}{\pi}$$

所以得出 OC 的长度为 $\dfrac{2r}{\pi}$。

(5)如图 5-90 所示。连接 AC,过点 A 作 AC 的垂线 AE,其中点 E 为 AE 与 DO 延长线的交点。经计算,OE 的长度为:

$$OE = \frac{AB^2}{OC} = \frac{r^2}{\dfrac{2r}{\pi}} = \frac{\pi r}{2}$$

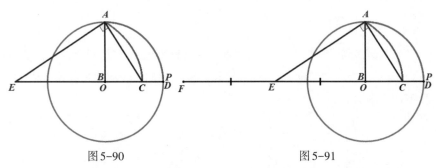

图 5-90　　　　　　　　　　　　　　图 5-91

(6) $OE = \dfrac{\pi r}{2}$ 是四分之一圆周，我们把它乘以 2，得 πr，就是半个周长了。作图的方法是把 OE 再延长 OE 长度到点 F。即 $EF = OE$，如图 5-91 所示。

(7) $FO = \pi r$，$OD = r$，它们的乘积就是 πr^2，即圆的面积。我们下面要做的，就是找到一个线段，它的长度等于 FO 和 OD 的等比中项。这个不难办到，我们以 FD 为直径做圆，与 OA 的延长线相交于点 H，如图 5-92 所示。那么，OH 的平方就等于 FO 乘以 OD（相交弦定理）。即

$$OH^2 = \pi r^2$$

(8) 以 OH 为边作正方形 $OHKL$。这就是所求作的正方形，它的面积等于已知圆 O 的面积，如图 5-92 所示。

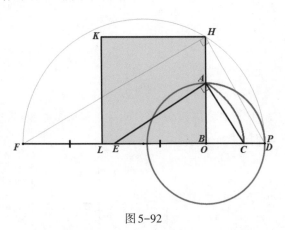

图 5-92

几千年来，人类不断探索数学，寻找更好的方法解决数学问题，在人类历史的长河中留下了很多数学成果，它们就像浩瀚宇宙中无数颗闪闪发光的星星，让我们去憧憬、去向往、去欣赏，我们的心灵也在不知不觉中被它们照亮！也许，这就是数学的风采吧！

十二、阿基米德计算抛物线弓形区域面积与穷竭法

如图5-93所示。SA 和 SB 是抛物线的两条切线，点 A 和点 B 是切点。AB 为抛物线的一条弦。三角形 SAB 叫作阿基米德三角形（两边为切线，一边为连接切点的弦）。那么，我们如何计算抛物线与弦之间围成弓形区域（图中阴影所示）的面积呢？

阿基米德给出了一个结论：抛物线与弦之间所围成弓形区域的面积为阿基米德三角形面积的三分之二。或者说，抛物线位于阿基米德三角形内部的部分把三角形分成面积比为2:1的两部分。

下面就来证明这个结论。

画出抛物线的焦点、准线、轴、顶点，如图5-94所示。

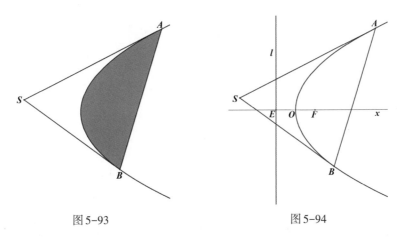

图5-93   图5-94

（1）首先，我们要证明，过点 S 作 x 轴的平行线，它与弦 AB 的交点 M 为 AB 的中点，即 SM 为阿基米德三角形 SAB 之边 AB 上的中线。如图5-95所示，分别过点 A 和点 B 作准线 l 的垂线 AP 和 BQ，P 和 Q 为垂足。连接 PF，连接 QF。由于 SA 和 SB 为抛物线的切线，所以，SA 垂直平分 PF，SB 垂直平分 QF。所以点 S 为三角形 FPQ 的外心。所以，我们过 S 作 x 轴的平行线，也就是作准线 l 的垂线，也就是作三角形 FPQ 第三边 PQ 的垂线，设垂足为 N，直线 SN 与 AB 交于点 M。则 SN 一定垂直平分 PQ。从而 MN 为直角梯形 $ABQP$ 的中位线。所以，点 M 为腰 AB 也就是抛物线的弦 AB 的中点。

（2）设 SM 与抛物线的交点为 M'。连接 AM'，BM'。从而得到三角形 ABM'。过点 M' 作抛物线的切线。它与切线 SA 和切线 SB 分别交于点 A' 和点 B'，如图

5-96所示。可以看出，三角形$AA'M'$也是阿基米德三角形（以两条切线$A'A$和$A'M'$为两边，以切点连线AM'为第三边）。过点A'作直线平行于x轴，与AM'相交于点C。则点C为AM'的中点。从而点A'为SA的中点。同理，点B'为SB的中点。从而$A'B'$为三角形SAB与AB边平行的中位线，所以$A'B' = \dfrac{AB}{2}$，同时点M'为中线SM的中点。所以，我们可以得出，三角形$SA'B'$的面积等于三角形$M'AB$的面积的二分之一。这点很重要。下面的证明过程都要用到这一点。

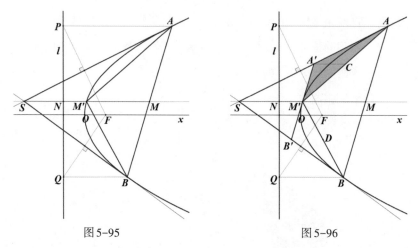

图 5-95   图 5-96

（3）在阿基米德三角形$AA'M'$中，设中线$A'C$与抛物线的交点为C'。连接AC'，连接$M'C'$，得到三角形$AC'M'$，如图5-97所示。过点C'作抛物线的切线$A''C''$。类似前面的论述，可以得出，三角形$AC'M'$的面积与三角形$A'AC''$的面积的比也为2:1。同理可得三角形$BD'M'$的面积与三角形$B'B''D''$的面积的比也为2:1。

（4）从而，图5-97中红色区域的面积与紫色区域的面积的比为2:1（三组面积为2:1的区域，相加后仍保持这个比例）。在这两块区域之间留有空白区域，是四个更小的三角形，它们都是阿基米德三角形。把它们逐个按照上面的方法继续切分，这样无限进行下去，显然，在极限情况下，中间的空白区域越来越小，最后就成为既无宽度也无面积的线，它就是抛物线位于三角形SAB内部的那部分曲线。它把阿基米德三角形SAB分割成面积比为2:1的两部分，其中位于抛物线内侧的区域的面积为其余部分的2倍。也就是说，位于抛物线内侧的区域的面积占整个阿基米德三角形面积的三分之二，如图5-98所示。

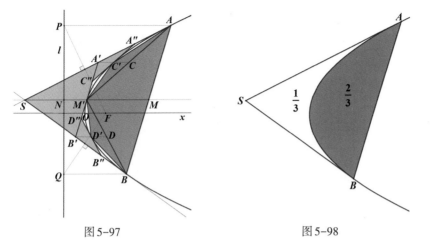

图 5-97   图 5-98

（5）阿基米德完善了穷竭法，他的这个计算抛物线弓形面积的方法就是对穷竭法的完美诠释。这个方法把一个看似很艰深的问题变得简单和形象化了，让你不得不认为结果完全正确，不得不佩服阿基米德的伟大创造性（可以说这种创造性很美，是一种数学之美）。

（6）阿基米德的穷竭法现在看来就是公比大于 0 且小于 $\dfrac{1}{2}$ 的等比数列求和公式。这个等比数列是一个首项为 $\dfrac{\Delta}{2}$（Δ 为三角形 SAB 的面积），公比为 $\dfrac{1}{4}$ 的无穷等比级数的和。即

$$\dfrac{\Delta}{2} + \dfrac{\Delta}{2} \cdot \dfrac{1}{4} + \dfrac{\Delta}{2} \cdot \dfrac{1}{4} \cdot \dfrac{1}{4} + \cdots$$

$$= \dfrac{\Delta}{2}\left(1 + \dfrac{1}{4} + \dfrac{1}{16} + \cdots + \dfrac{1}{4^{n-1}} + \cdots\right)$$

$$= \dfrac{\Delta}{2}\left(\dfrac{1}{1 - \dfrac{1}{4}}\right) = \dfrac{\Delta}{2} \cdot \dfrac{4}{3} = \dfrac{2\Delta}{3}$$

 拓展阅读

图说公式

$$\sum_{n=1}^{\infty} \dfrac{1}{4^n} = \dfrac{1}{3}$$

在图 5-99（a）中，大三角形中位线以下有三个正三角形构成的一个梯形，

其中绿色倒三角形的面积是梯形面积的1/3。图5-99(b)中每个紫色正方形区域面积都是其所在"L"形区域面积的三分之一。以上两图也都可以用线段的方式进行图示,如图5-100所示。

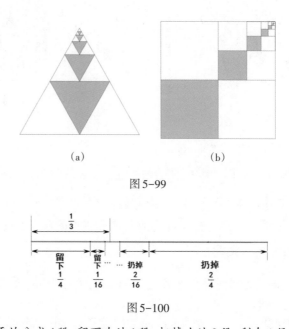

(a)   (b)

图 5-99

图 5-100

把线段平均分成4段,留下左边1段,扔掉右边2段,剩余1段重复上面的去留过程。注意,留下的1段与再分割的1段大小是一样的。于是,我们可以进行延伸。把一条线段平均分成5段,从左边取1段留下,扔掉右边3段,剩余的1段进行完全相同的分割和去留。那么,最终留下来的线段的长度之和,虽然是无穷个长度之和,但总长度是确定的,就是$\frac{1}{5}+\frac{1}{25}+\frac{1}{125}+\cdots=\frac{1}{4}$。那么,$\frac{2}{5}+\frac{4}{25}+$

$\frac{8}{125}+\cdots=$? 把第一次留下的$\frac{2}{5}$的分子作为结果的分子,用$\frac{2}{5}$的分母减分子(5

减2)作为结果的分母,得到结果为$\frac{2}{3}$。总之,如果留下线段的长度小于$\frac{1}{2}$,这种穷竭法都适用。当留下长度等于$\frac{1}{2}$时,我们可以"不扔",那么,穷竭法的结果就

是$\frac{1}{2}+\frac{1}{4}+\frac{1}{8}+\cdots=1$,即原来线段的长度。这就类似于《庄子·天下》中的"一尺之棰,日取其半,万世不竭"的思想。不同之处是,"一尺之棰,日取其半,万世不竭"先有"一尺"这个确定的值,可以把这个确定的值分割成"无穷之和"。而阿基米德的穷竭法则是用"无穷之和"去逼近一个确定的值。历史上的不同时期,在不同地点,人类各自做着数学上的探索!

阿基米德及刘徽都对求图形面积进行了深入研究。他们对面积的研究和计算是朴素的,针对的是个别曲边图形面积的计算。历史发展到牛顿和莱布尼茨时代,求面积的普遍通用方法才得以确立。

十三、安全抛物线(包络线)

包络是指一条与一族直线中任意一条直线都相切的曲线。如图5-101所示是前面出现过的一幅图,在图中,随着点C在准圆上运动,CF_1的中垂线与CF_2的交点M将描绘出椭圆,而中垂线就是椭圆的切线(切点也正是点M)。我们也可以换个角度看问题:想象圆及其内部是一张纸片。在纸片内部取一个定点(相当于点F_1),随便在纸片边缘上取一点(相当于点C),折纸,让点C与点F_1重合,那么将得到一条折痕。取不同的边缘点,可以类似地得到很多折痕。这些折痕都与某一条曲线相切,这条曲线就是椭圆。所以也可以说,椭圆就是这些折痕的包络。于是,我们就从两个方面对椭圆进行定义:点的轨迹和直线的包络。

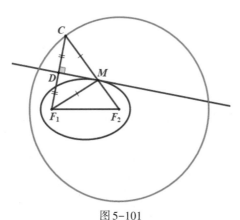

图5-101

本节内容可以用发射炮弹的相关问题为例引出。假设发射角度(炮筒与地面的夹角,或叫仰角)可以在0°到90°之间调节,即炮筒只上下调节仰角而不左右旋转炮身。那么炮弹的轨迹永远位于同一个平面内。假设炮弹离开炮筒时的初速度大小不变,设为v_0。若仰角取遍0°到90°之间的任意值,那么炮弹经过的区域是什么样子的? 或说这个区域的边界是什么样子的?

一个有趣的结论:炮弹经过的区域的外边界仍然是抛物线。若作为炮弹轨迹的抛物线连续变化,则将撑出一片区域。在这个区域边界的外围,炮弹是永远打不到的,是安全的。所以这条边界抛物线就叫作安全抛物线。对不同的仰角,炮弹轨迹都是抛物线,而打得到的区域的边界竟然也是抛物线! 安全抛物线与作为炮弹轨迹的每条抛物线都相切,是它们的包络线。我们用微积分中包络的知识推导出炮弹打得到的区域与打不到的区域之间的分隔曲线是抛物线。

炮弹射出炮膛后,它的水平速度是定值 $v_0\cos\alpha$,且在运动过程中保持不变(不计空气阻力等外界因素影响)。而垂直方向的初速度为 $v_0\sin\alpha$,且在垂直方向重力的作用下逐渐减小。所以,炮弹出膛后上升的高度只与垂直方向的速度有关。运用运动学知识可以求出炮弹运动轨迹的方程为:

$$z = x\tan\alpha - \frac{gx^2}{2v_0^2\cos^2\alpha} \qquad ①$$

两端对仰角 α 求导,得

$$z'_\alpha = \left(x\tan\alpha - \frac{gx^2}{2v_0^2\cos^2\alpha}\right)'_\alpha$$

$$0 = \frac{x}{\cos^2\alpha} - (-2)\frac{gx^2}{2v_0^2\cos^3\alpha}(-\sin\alpha)$$

$$0 = 1 - \frac{gx\tan\alpha}{v_0^2}$$

所以

$$\tan\alpha = \frac{v_0^2}{gx} \qquad ②$$

把②式代到①式中,得

$$z = x\tan\alpha - \frac{gx^2}{2v_0^2\cos^2\alpha}$$

$$= x\tan\alpha - \frac{gx^2}{2v_0^2}(1 + \tan^2\alpha)$$

$$= x\frac{v_0^2}{gx} - \frac{gx^2}{2v_0^2}\left(1 + \frac{v_0^4}{g^2x^2}\right) \qquad ③$$

$$= \frac{v_0^2}{g} - \frac{gx^2}{2v_0^2} - \frac{v_0^2}{2g}$$

$$= \frac{v_0^2}{2g} - \frac{g}{2v_0^2}x^2$$

③式代表的曲线显然是抛物线,即安全抛物线,如图5-102所示。在 $x = 0$ 时达到它的最大值,最大值为初速度的平方除以 $2g$(g 为重力加速度,约等于

9.8 m/s^2），即垂直向上打炮时打得最高。安全抛物线与x轴的交点的坐标就是打得最远的距离，它的值等于初速度的平方除以g。显然，最大射程是最大高度的2倍。

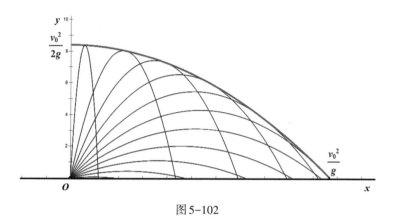

图 5-102

把最大射程炮弹落点的坐标$(\dfrac{v_0^2}{g}, 0)$代到①式中，就可以求出仰角α。

$$z = (\tan\alpha)x - \frac{g}{2v_0^2\cos^2\alpha}x^2$$

$$0 = (\tan\alpha)\frac{v_0^2}{g} - \frac{g}{2v_0^2\cos^2\alpha}\left(\frac{v_0^2}{g}\right)^2$$

$$0 = \frac{\sin\alpha}{\cos\alpha}\frac{v_0^2}{g} - \frac{v_0^2}{2g\cos^2\alpha}$$

$$\sin\alpha = \frac{1}{2\cos\alpha}$$

$$\sin2\alpha = 1$$

$$2\alpha = 90°$$

$$\alpha = 45°$$

即发射角（仰角）为45°时，水平方向射得最远。

另外，还有一个知识，就是在区域内部任何一点，都是某两条抛物线的交点，也就是说存在两种仰角，都可以打到这处的目标。而在安全抛物线上的点，只有一条抛物线经过，这个点是这条抛物线与安全抛物线的公共切点。

最后，若大炮本身绕着与地面垂直的轴旋转，则安全抛物线就变为安全抛物面，它是一个开口朝下的旋转抛物面。在安全抛物面下方到地面之间，任何一点，炮弹都可以打到，而在这个旋转抛物面外面，则不会被炮弹打到，是安全的。

十四、抛物线、反演、心脏线，太神奇了！

（1）在直角坐标系 xOy 中，开口向左的抛物线的标准方程如下。

$$y^2 = -2px \qquad \qquad ①$$

（2）把坐标原点 O 平移到点 $O'(x_0, y_0)$，得到新的坐标系 $x'O'y'$。则任意一点 P 在原坐标系中的坐标 (x, y) 与坐标系平移后它在新坐标系中的坐标 (x', y') 之间的关系即坐标平移公式如下。

$$\begin{cases} x = x' + x_0 \\ y = y' + y_0 \end{cases} \qquad \qquad ②$$

（3）在这里，我们考虑把坐标系向左平移 $\dfrac{p}{2}$ 的长度，使抛物线的焦点成为新坐标系的原点。此时新坐标系坐标原点在原坐标系中的坐标为 $(-\dfrac{p}{2}, 0)$，如图 5-103 所示。于是，原坐标系中抛物线方程①就变为新坐标系下的方程。

$$y'^2 = -2p\left(x' - \frac{p}{2}\right) \qquad \qquad ③$$

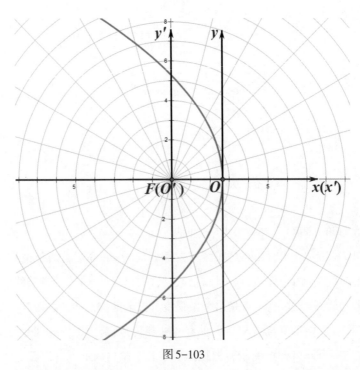

图 5-103

（4）下面我们把直角坐标方程转化为极坐标方程。以焦点 F 即新坐标系原点为极点。极坐标与直角坐标之间的关系如下。

$$\begin{cases} x' = r\cos\theta \\ y' = r\sin\theta \end{cases} \qquad ④$$

（5）把关系式④代入直角坐标方程③中，得到r与θ的关系式。

$$r^2\sin^2\theta = -2p\left(r\cos\theta - \frac{p}{2}\right) \qquad ⑤$$

（6）关系式⑤是一个关于r的一元二次方程。

$$(\sin^2\theta)r^2 + (2p\cos\theta)r - p^2 = 0 \qquad ⑥$$

（7）由一元二次方程求根公式，可得

$$r = \frac{-2p\cos\theta \pm \sqrt{(2p\cos\theta)^2 - 4\sin^2\theta(-p^2)}}{2\sin^2\theta} = \frac{-p\cos\theta \pm p}{\sin^2\theta}$$

$$\overset{\text{舍去负根}}{=} \frac{-p\cos\theta + p}{\sin^2\theta} = \frac{p(1 - \cos\theta)}{1 - \cos^2\theta} = \frac{p}{1 + \cos\theta}$$

即

$$r = \frac{p}{1 + \cos\theta} \qquad ⑦$$

这就是与由式③表示的抛物线直角坐标方程相对应的抛物线极坐标方程。

（8）作反演变换：反演半径为R或反演幂为R^2。于是，以$\dfrac{R^2}{r}$代替r并变形，得到：

$$\frac{R^2}{r} = \frac{p}{1 + \cos\theta} , \qquad r = \frac{R^2}{p}(1 + \cos\theta)$$

设

$$\frac{R^2}{p} = a$$

于是得到一个极坐标方程，它是抛物线上的点的反演点的轨迹。

$$r = a\cos\theta + a \qquad ⑧$$

（9）式⑧所表示的曲线就是所谓的心脏线，如图5-104所示。心脏线是所谓的蜗线的一种，蜗线有三种。我们知道，圆锥曲线也有三种：椭圆、抛物线、双曲线。心脏线与抛物线是互为反演的关系，那么，蜗线的另外两种："既不带尖点也不带绕扣的"（见图5-105）和"带绕扣的"（见图5-106），就分别与椭圆和双曲线互为反演关系。

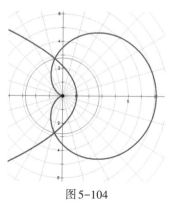

图5-104

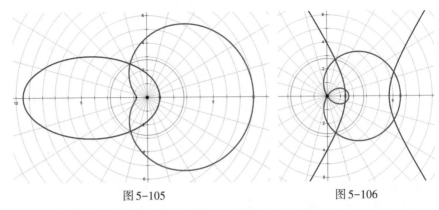

图5-105　　　　　　　　　　　图5-106

（10）开始时,笔者是有意把抛物线平移到新坐标系的。这样的话,它的反演图形心脏线的方程才能是通常我们所讨论的"标准"的形式,即⑧式。

（11）若把如图5-104中的抛物线相对y'轴进行轴对称镜像翻转,则新的抛物线的极坐标方程如下。

$$r = \frac{p}{1 + \cos(\pi - \theta)}, \quad 即 r = \frac{p}{1 - \cos\theta} \qquad ⑨$$

把这个抛物线也进行反演,所得仍然是心脏线,但这时心脏线的极坐标方程如下。

$$r = a\cos(\pi - \theta) + a, \quad 即 r = -a\cos\theta + a \qquad ⑩$$

抛物线方程⑨是常见的,即分母中有减号是常见的。而抛物线的反演图形心脏线则是不带负号的方程⑧常见。

（12）物体围绕引力中心的运动轨迹是圆锥曲线:椭圆、抛物线或双曲线。比如天体运动,引力中心是圆锥曲线的一个焦点。所以,以引力中心为极点,运行平面中某一方向为极轴方向建立极坐标系,得出的圆锥曲线极坐标方程,形式简洁、统一。下式即为圆锥曲线的极坐标方程:

$$r = \frac{p}{1 - e\cos\theta} \qquad ⑪$$

对抛物线,p就是$y^2 = 2px$中的p,对椭圆和双曲线,$p = \dfrac{b^2}{a}$。参数e就是离心率,由它来区分椭圆$(e < 1)$、抛物线$(e = 1)$和双曲线$(e > 1)$。

十五、抛物线与蔓叶线

1. 历史上的蔓叶线

蔓叶线也叫作狄奥克勒斯蔓叶线,是为了纪念它的发现者,公元前2世纪的古希腊数学家狄奥克勒斯。那时人们认为蔓叶线是有限的，即只位于圆的内部，而这部分与半个圆周一起组成的形状看上去像常春藤蔓的叶子。但其实，笔者觉得它更像银杏叶（见图5-107）。

如图5-108所示，这"两片叶子"是用软件绘制的。

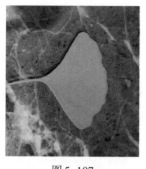

图 5-107

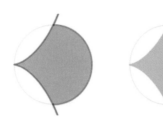

图 5-108

2. 蔓叶线的定义

作一圆，取它的一条直径 $ON(=a)$，不妨置于水平位置。过点 N 作 ON 的垂线 l。从点 O 引射线，交圆于点 A，交垂线 l 于点 B。以 AB 的长度为半径，以点 O 为圆心作圆，与射线交于点 M。那么，随着射线的转动，点 M 将描绘出一条曲线，这条曲线就是蔓叶线，如图5-109中绿色曲线所示。显然，蔓叶线夹于 y 轴与垂线 l 之间，且以垂线 l 为渐近线，蔓叶线在原点处有一个尖点，蔓叶线关于 x 轴对称。

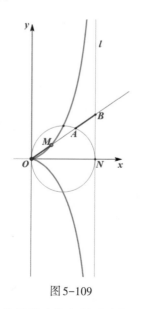

图 5-109

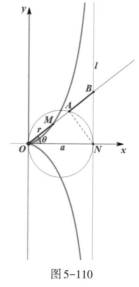

图 5-110

先推导蔓叶线方程，如图5-110所示。由定义推导出蔓叶线的极坐标方程。

$$r = AB = OB - OA = \frac{ON}{\cos\theta} - ON\cos\theta$$ ①

$$= \frac{a}{\cos\theta} - a\cos\theta = \frac{a}{\cos\theta}(1 - \cos^2\theta) = \frac{a\sin^2\theta}{\cos\theta}$$

把极坐标与直角坐标之间的关系式

$$\begin{cases} x = r\cos\theta \\ y = r\sin\theta \end{cases}$$

代入①式,得

$$r = \frac{a\sin^2\theta}{\cos\theta} = \frac{a\left(\frac{y}{r}\right)^2}{\frac{x}{r}} = \frac{ay^2}{xr}$$ ②

$$xr^2 = ay^2, \quad x(x^2 + y^2) = ay^2, \quad x^3 = y^2(a - x)$$

$$y^2 = \frac{x^3}{a - x}$$

上式就是蔓叶线的直角坐标方程。

3. 从抛物线画蔓叶线(涉及垂足曲线的概念)

有一条曲线 b,在其上取一动点 P,作 P 点处曲线的切线。在曲线上或曲线外有一点 A,过这点作切线的垂线。那么,垂足随动点 P(也就是切线)的变化而描绘出一条曲线 b',则这条曲线 b' 就被称作原曲线 b 关于这点 A 的垂足曲线。反之,原来的曲线 b 叫作垂足曲线 b' 的反垂足曲线。图 5-111 中有一条开口向左的抛物线(蓝色),它的顶点位于坐标原点,点 F 是抛物线的焦点,直线 l 是抛物线的准线。在抛物线上任取一点 P,作点 P 处的抛物线的切线 PM。过顶点 O 作切线的垂线 OM,点 M 为垂足。那么,点 P 在抛物线上的运动,带动切

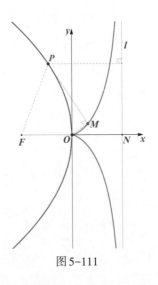

图 5-111

线运动,从而垂足 M 就描绘出一条垂足曲线。这条垂足曲线就是蔓叶线(图中绿色)。反之,蔓叶线关于尖点的反垂足曲线就是抛物线(包络)。

4. 一次同时画出抛物线和蔓叶线

如果在图 5-111 中,过焦点 F 向切线 PM 引垂线,则垂足定是切线 PM 与 y 轴的交点。这怎么解释?我们仍用上面讲过的垂足曲线的概念。仍是作任取一点 P 处的抛物线切线。但这里,定点不取顶点 O,而是取焦点 F。若从 F 向切

线引垂线，则这时的垂足曲线就是y轴。反过来说，在y轴上任取一点Q，连接FQ。过点Q作FQ的垂线，则切线的包络就是抛物线。即直线关于直线外一点的反垂足曲线是抛物线。那么，我们就可以通过焦点F和y轴上一点作出一条抛物线的切线，再从顶点引切线的垂线得垂足M。然后让点Q在y轴上运动，则我们既可以得到抛物线（包络）也可以得到蔓叶线。

5. 蔓叶线的反演是抛物线

现在我们从已经画出的蔓叶线出发，对其进行反演变换，以尖点O为反演极，那么，我们将得到抛物线。如图5-112所示，$OM \cdot OP = R^2$（反演幂）。点M与点P互为反演点。注意，若反演幂不同，将得到不同的抛物线。

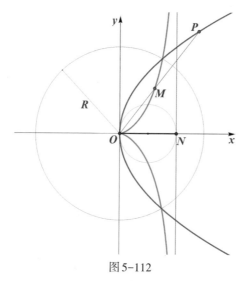

图5-112

6. 用蔓叶线解决倍立方问题

最后，详细讲一讲借助蔓叶线解决倍立方问题。设原立方体的边长为a，体积就是a的立方（a^3）。我们要做一个立方体，让它的体积是原立方体体积的2倍，即$2a^3$，这个新立方体就叫作原立方体的倍立方体。倍立方体的边长就应该是$\sqrt[3]{2}\, a$。

在直角坐标系中，取抛物线焦点F在x轴负半轴上，让它到原点的距离为原正方体的边长a。则抛物线准线为$x = a$。设准线与x轴的交点为N。

我们已经知道，蔓叶线的方程为：

$$y^2 = \frac{x^3}{a - x} \qquad ①$$

对其进行变形，得

$$\left(\frac{y}{x}\right)^3 = \frac{y}{a-x} \qquad\qquad ②$$

如图 5-113 所示,在 y 轴正半轴上取点 S,让它到原点的距离为 $2a$。连接 SN。SN 与蔓叶线交于点 M。连接 OM 并延长与准线交于点 T。设点 M 的坐标为 (x, y)。

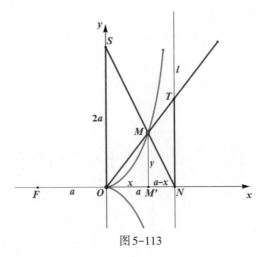

图 5-113

观察三角形 SON,则

$$\frac{y}{a-x} = \frac{OS}{ON} = 2 \qquad\qquad ③$$

于是,由②式得

$$\left(\frac{y}{x}\right)^3 = 2 \qquad\qquad ④$$

观察三角形 TON,有

$$\frac{y}{x} = \frac{TN}{a} \qquad\qquad ⑤$$

把⑤式代入④式,得

$$\left(\frac{TN}{a}\right)^3 = 2, \quad TN^3 = 2a^3$$

所以

$$TN = \sqrt[3]{2}\, a \qquad\qquad ⑥$$

即我们以 TN 的长度为棱长,就可以作出体积为原立方体体积 2 倍的立方体,于是倍立方问题得以解决。

这里举一道2022年普通高等学校招生全国统一考试数学的题目,涉及椭圆。下面分析考查目标、解题思路和试题亮点。

题目:已知椭圆方程 $\frac{x^2}{a^2} + \frac{y^2}{b^2} = 1 (a > b > 0)$ 的右焦点为 F,右顶点为 A,上顶点为 B,且满足 $\frac{|BF|}{|AB|} = \frac{\sqrt{3}}{2}$。(1)求椭圆的离心率 e。(2)直线 l 与椭圆有唯一公共点 M,与 y 轴相交于点 $N(N$ 异于 $M)$,记 O 为坐标原点,若 $|OM| = |ON|$,且 $\triangle OMN$ 的面积为 $\sqrt{3}$,求椭圆的标准方程。

解:先画一个大致图形(见图5-114)。

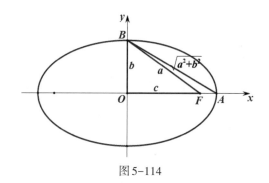

图5-114

(1)根据已知条件,不难求出离心率 e。

$$\left(\frac{|BF|}{|AB|}\right)^2 = \left(\frac{a}{\sqrt{a^2 + b^2}}\right)^2 = \frac{a^2}{a^2 + b^2} = \left(\frac{\sqrt{3}}{2}\right)^2 = \frac{3}{4}$$

推出 $a^2 = 3b^2$。$c^2 = a^2 - b^2 = 3b^2 - b^2 = 2b^2$。所以,$c^2 : a^2 = 2 : 3$。$e = \frac{c}{a} = \frac{\sqrt{2}}{\sqrt{3}} = \frac{\sqrt{6}}{3}$。

高考题圆锥曲线的题目,第(1)问一般都是比较简单的,即通过 a、b、c、e 等之间的关系,求圆锥曲线的方程。但注意,本题第(1)问只求出了离心率 e,所以,椭圆的形状是确定的,但大小还不确定。我们知道,抛物线都是相似的,那是因为抛物线的离心率只有一个,即 $e = 1$。椭圆的离心率在0和1之间(不含0和1),所以会有椭圆的"圆"和"扁"的区别,但离心率相同的椭圆之间是相似的。本题第(1)问把离心率求出来,只是示意椭圆还没有真正求出来。那么下一步可能就是要去限制具有相同离心率的椭圆的大小,最终把椭圆确定下来。确实,第(2)问就是求椭圆的标准方程。

(2)首先,直线 l 与椭圆有唯一的交点 M,那只可能是直线 l 与椭圆相切,切点为 M。那么我们可以设直线 l 方程为: $y = kx + m$。然后求切点坐标。

$$\begin{cases} y = kx + m & ① \\ \dfrac{x^2}{3b^2} + \dfrac{y^2}{b^2} = 1 & ② \end{cases}$$

把①式代入②式,并化简,得

$$(3k^2 + 1)x^2 + 6kmx + 3(m^2 - b^2) = 0 \qquad ③$$

因为判别式等于0,所以求根公式中分子上的根式等于0。所以根据求根公式可以得出切点 M 的横坐标,从而得出切点 M 的纵坐标。

$$x_0 = \frac{-3km}{3k^2 + 1}, \qquad y_0 = \frac{m}{3k^2 + 1}$$

可以看出, k 有 $k > 0$ 和 $k < 0$ 两种可能, m 也有 $m > 0$ 和 $m < 0$ 两种可能。组合下来就是四种可能。当 $k > 0, m > 0$ 时, $x_0 < 0, y_0 > 0$,对应的切线 l 在第二象限与椭圆相切;当 $k > 0, m < 0$ 时, $x_0 > 0, y_0 < 0$,对应的切线 l 在第四象限与椭圆相切;当 $k < 0, m > 0$ 时, $x_0 > 0, y_0 > 0$,对应的切线 l 在第一象限与椭圆相切;当 $k < 0, m < 0$ 时, $x_0 < 0, y_0 < 0$,对应的切线 l 在第三象限与椭圆相切。这四条切线围出一个也是以椭圆中心为对称中心的菱形。目前只得出这个结论。至于椭圆的大小,切线的斜率,还都不能确定。由于四条直线的中心对称性,我们只考虑 $k > 0, m > 0$ 的情况,这已经足够求出椭圆的标准方程。

由条件"直线 l 交 y 轴于点 N"知点 N 的坐标为 $(0, m)$。由条件" $|OM| = |ON|$ "可得

$$x_0^2 + y_0^2 = \left(\frac{-3km}{3k^2 + 1} \right)^2 + \left(\frac{m}{3k^2 + 1} \right)^2 = m^2$$

即

$$\frac{9k^2 + 1}{(3k^2 + 1)^2} = 1, \quad k^2 = \frac{1}{3}, \quad k = \frac{\sqrt{3}}{3} \text{(负根已舍去)}$$

所以点 M 的坐标为

$$x_0 = \frac{-\sqrt{3}\, m}{2}, \qquad y_0 = \frac{m}{2}$$

目前,我们已经确定了切线 l 的斜率。这也是必然的,因为条件" $|OM| = |ON|$ "把切点的位置固定住了,切线也就固定了。最后只剩下确定椭圆的大小。

我们还有一个条件没有用上,那就是"△OMN的面积为$\sqrt{3}$"。因为知道了三角形三个顶点的坐标,我们就可以借用行列式形式的三角形面积公式进行计算。

$$S = \left| \frac{1}{2} \begin{vmatrix} 0 & 0 & 1 \\ -\sqrt{3}\,m & m & 1 \\ 0 & m & 1 \end{vmatrix} \right| = \left| \frac{1}{2} \begin{vmatrix} -\frac{\sqrt{3}\,m}{2} & \frac{m}{2} \\ 0 & m \end{vmatrix} \right| = \frac{\sqrt{3}\,m^2}{4} = \sqrt{3}$$

$$m = 2 \text{(负根已舍去)}$$

于是,切线l的斜率和截距都确定了,切线l也就确定了,从而椭圆的大小也就确定了。接下来求椭圆的方程。其实就是从方程组

$$\begin{cases} y = \dfrac{\sqrt{3}}{3}x + 2 & \text{④} \\ \dfrac{x^2}{3b^2} + \dfrac{y^2}{b^2} = 1 & \text{⑤} \end{cases}$$

中确定b^2。这需要用到判别式$\Delta = 0$。把④式代入⑤式,整理后,得

$$2x^2 + 4\sqrt{3}\,x + 3(4 - b^2) = 0$$

所以

$$\Delta = 48 - 24(4 - b^2) = 0, \quad b^2 = 2$$

所以,最终求得椭圆的标准方程

$$\frac{x^2}{6} + \frac{y^2}{2} = 1$$

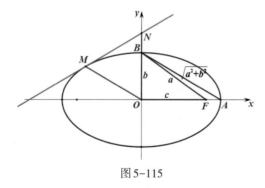

图5-115

总结:(1)第(1)问确定离心率,说明椭圆的形状确定了。

(2)第(2)问的条件"直线与椭圆相切"可以确定用两个参数k和m表示的切线方程。

(3)由条件"$|OM| = |ON|$"确定切线的斜率,即确定k。

(4)由△OMN的面积为$\sqrt{3}$这一确定的数值,可以确定切线的具体位置。

从而与切线相切的椭圆的大小就可以最终确定。

　　本题考查椭圆的标准方程、椭圆的几何性质及直线与椭圆的位置关系等知识。更需要学生对哪些已知条件可以解题到哪一阶段有一个清晰认识。本节内容不仅讲解题目本身的计算，还努力讲清楚每一步计算相应地在几何上的对应图像，从而一步步接近最终问题的答案。可以说是试图在每一步都让代数与几何的结合更加明确。

　　下面这幅图没有标图号，因为将在第6章最后才对它进行详细研究。请先观察一下图的背景，看一看它是由什么图形构成的。试着想象把它横着卷成柱面，再竖着卷成柱面。然后你会发现，你可能找不到接缝了。

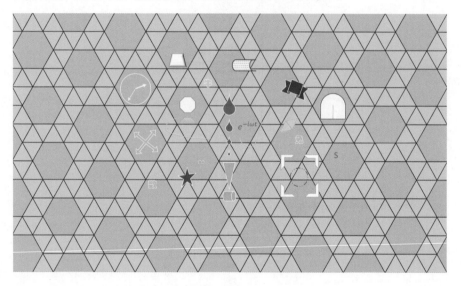

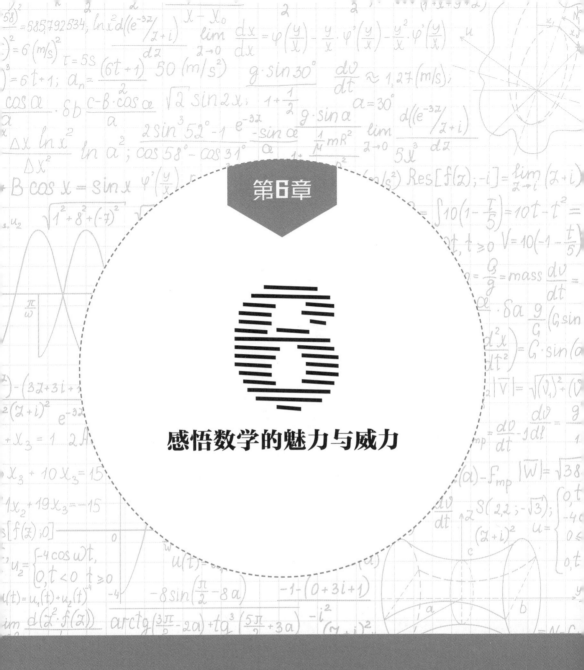

第6章

6

感悟数学的魅力与威力

宇宙之大,粒子之微,火箭之速,化工之巧,地球之变,生物之谜,日月之繁,无处不用数学。

——华罗庚

几千年来,人类对 π 进行了无穷的探索,包括太多太多的中外数学家和普通人。本章首先讲述与圆周率 π 有关的重要知识,给出了 π 的无穷级数表示、无穷乘积表示和连分数表示,其中涉及的数学家都是赫赫有名的——刘徽、祖冲之、牛顿、莱布尼茨、沃利斯、欧拉、韦达。然后讲述自然对数的底 e 这个不太为中学生所关注的常数,但 e 在高等数学中非常重要,重要性超过 π。最后用一个有趣的故事,引出了复数的概念。

一、圆周率 π 竟然隐藏在不等式的变形中

本节要讲的内容与圆周率 π 有关。

1. 预备知识

先介绍不等式的一个性质。设 $b, d > 0$,如果

$$\frac{a}{b} < \frac{c}{d}$$

则以两个分数分子之和为分子,以两个分数分母之和为分母的分数,一定介于两个分数之间,即

$$\frac{a}{b} < \frac{a+c}{b+d} < \frac{c}{d}$$

证明也很简单。因为:

$$\frac{a}{b} < \frac{c}{d}$$

所以

$$ad < bc$$

不等式两边同时加上 ab,再经变形,得

$$ad + ab < bc + ab , \quad a(b+d) < b(a+c) , \quad \frac{a}{b} < \frac{a+c}{b+d}$$

若在 $ad<bc$ 两边同时加上 cd,再经变形,就得到:

$$ad + cd < bc + cd , \quad d(a+c) < c(b+d) , \quad \frac{a+c}{b+d} < \frac{c}{d}$$

两个不等式合在一起,就是

$$\frac{a}{b} < \frac{a+c}{b+d} < \frac{c}{d}$$

反复应用这个不等式,便可得到:

$$\frac{a}{b} < \frac{xa+yc}{xb+yd} < \frac{c}{d}\ (x\text{、}y\text{ 为正整数})$$

2. 用分数近似表示圆周率 π

这个公式极为重要。下面我们取 $a=3, b=1, c=22, d=7$。于是

$$3 = \frac{3}{1} < \frac{3x+22y}{x+7y} < \frac{22}{7} \approx 3.14285714$$

因为上式左边的 $\frac{3}{1}$ 小于圆周率 π，而右边的 $\frac{22}{7}$ 大于圆周率 π，所以，上面所讲的不等式性质可以让我们有办法获得比 3 大而又比 $\frac{22}{7}$ 小的分数，这样的分数将是与圆周率更加接近一些的分数。为使问题简化并有所进展，我们让 x 取 1，于是

$$3 = \frac{3}{1} < \frac{3+22y}{1+7y} < \frac{22}{7} \approx 3.14285714$$

然后让 y 分别取 $1,2,3\cdots$ 结果会逐步增大。所以，一定会有某个 y 值，使所得分数与 π 最为接近。图 6-1 中给出了具体并详细的说明。

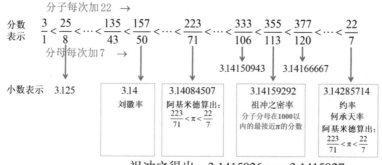

祖冲之得出：3.1415926 < π < 3.1415927

图 6-1

$y = 7$ 时，得到刘徽率 $\frac{157}{50}$。$y = 10$ 时，得到阿基米德推断出的圆周率 $\frac{223}{71}$。$y = 16$ 时，得到祖冲之的密率 $\frac{355}{113}$。

按一定规律生成的递增分数数列竟然包了几个极为重要的圆周率的近似值，真的很神奇！

注意，若 y 继续增加为 17，所得分数与 π 的误差就会拉大，远离了 π，朝着约率 22/7 的方向发展。在上面所讲的那个重要公式中，若取 $x=2$，也可以通过取 y 为正整数，得到一系列的分数，其中也会有与 π 最为接近的分数。

你还可以进一步找一找分子、分母不限制在 1000 以内的其他分数，这样的

分数更精确。

　　历史文献没有记载(或失传了)，祖冲之是怎么得到这个密率的，后人猜测，可能就是通过上述这种方法得到的。刘徽率$\frac{157}{50}$小于π，而约率$\frac{22}{7}$大于π，一弱率，一强率，通过上述不等式，可以一步步接近π。祖冲之推算出来的密率$\frac{355}{113}$是用分子、分母不大于1000的分数所表示的圆周率的最好近似值。

　　本书在第5章中曾经讲过三大尺规作图不能问题，这三个问题要求严格作图。若用近似值代替精确值，因为近似值是有理数，所以尺规作图便完全可能了。下面用一个与圆周率π非常近似的且分子、分母都是正整数的分数来代替圆周率，从而可以用尺规进行化圆为方作图，作出π的近似长度。这里用来代替圆周率π的分数就是由中国伟大数学家祖冲之最先发现的非常著名的分数——密率$\frac{355}{113}$。把它表示成小数，它的小数点后6位数字都是正确的：3.1415929203539…，这已经很精确了。

　　那么，这个近似的化圆为方作图题变为：有一个半径为1的圆，若以$\frac{355}{113}$代替π，则这个单位圆的面积就是$\frac{355}{113}$。要求一个正方形，它的面积也为$\frac{355}{113}$。

　　其实，要作出长度等于$\frac{355}{113}$的线段，就是求比例式中的一项。这里就是求下面比例式中的x。

$$\frac{355}{113} = \frac{x}{1}$$

　　尺规作图求比例式中的某一项是简单的。如图6-2所示就是作图的示意图(用示意图是因为图中的线段比例不一定准确，因为355相对1来说大太多，不好画)。图中先作一个角XAY，在AY上截取单位长度AD = 1，在AX上截取AB = 113，AC = 355。连接BD，过点C作BD的平行线CE，点E为平行线与AY的交点。则$AE = \frac{355}{113}$。

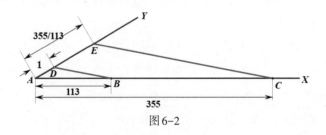

图6-2

让长度为 $\frac{355}{113}$ 和 1 的两段线段端点相连构成一条长度为 $\frac{355}{113}+1$ 的线段。以它为直径作一个半圆,再过 $\frac{355}{113}$ 和 1 的连接点作直径的垂线,与半圆交于一点,则这点与连接点的连线段就是化圆为方后正方形的边。

下面为了避免 355 相对于 1 太大这一不利因素的影响,我们作了变化,使得作图在较小尺度下便可完成。首先把 $\frac{355}{113}$ 写成下面的形式

$$\frac{355}{113} = 3 + \frac{16}{113} = 3 + \frac{4^2}{7^2 + 8^2}$$

下面开始完全用尺规进行作图。作半径为 1 的半圆 ACB。点 O 为圆心,OC 垂直于 AB。在 OC 上取一点 D,使 $OD = \frac{7}{8}$。连接 AD。在 AD 上取 AE 等于 $\frac{1}{2}$。过点 E 作 AB 的垂线 EF,F 为垂足。连接 FD,过点 E 作 $EG/\!/FD$,点 G 在 AF 上。

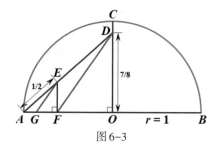

图 6-3

由 $\triangle AEF$ 与 $\triangle ADO$ 相似,得

$$EF^2 = \left(DO \cdot \frac{AE}{AD}\right)^2 = \left(\frac{7}{8}\right)^2 \cdot \frac{\left(\frac{1}{2}\right)^2}{1^2 + \left(\frac{7}{8}\right)^2} = \frac{7^2}{4(7^2 + 8^2)}$$

在 $\triangle AEF$ 中,有

$$AF = \sqrt{AE^2 - EF^2} = \sqrt{\left(\frac{1}{2}\right)^2 - \frac{7^2}{4(7^2 + 8^2)}}$$

$$= \sqrt{\frac{8^2}{4(7^2 + 8^2)}} = \sqrt{\frac{4^2}{7^2 + 8^2}}$$

由 $\triangle AEG$ 与 $\triangle ADF$ 相似,得

$$AG = AF \cdot \frac{AE}{AD} = \sqrt{\frac{4^2}{7^2 + 8^2}} \cdot \frac{\frac{1}{2}}{\sqrt{1^2 + \left(\frac{7}{8}\right)^2}}$$

$$= \sqrt{\frac{4^2}{7^2 + 8^2}} \cdot \frac{1}{2\sqrt{\frac{7^2 + 8^2}{8^2}}} = \sqrt{\frac{4^2}{7^2 + 8^2}} \cdot \frac{1}{\sqrt{\frac{7^2 + 8^2}{4^2}}} = \frac{4^2}{7^2 + 8^2}$$

于是,由最前面那个式子:

$$\frac{355}{113} = 3 + \frac{16}{113} = 3 + \frac{4^2}{7^2 + 8^2}$$

可以看出,圆周率 π 的近似值 π'——密率 $\frac{355}{113}$,可以根据刚才已得到的线段 AG 加上 3 个 AO 的长度,用尺规进行度量。我们可以在一条直线上画出 $AG + 3AO$ 这么长的线段。如图 6-4 中红线段所示(图 6-4 相对图 6-3 缩小了)。

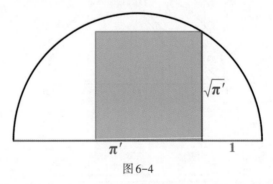

图 6-4

在图 6-4 中,再在长度为 π' 的红色线段的右侧同一直线上连接上一条长度为 1(也就是 AO 的长度)的线段。以这两条线段的长度之和为直径作半圆。过这两条线段的交界点作这两条线段的垂线(图中蓝色),与半圆相交。那么,根据相交弦定理,交点到直径的距离就为 $\sqrt{\frac{355}{113}}$。

我们就以这条垂线段为一边作正方形。那么,这个正方形的面积极为近似地等于 π,即等于半径为 1 的圆的面积。所以,作一个面积等于某圆面积的正方形这一"化圆为方"问题,在用密率近似表示圆周率的情况下,用尺规作图可以解决。

二、圆周率 π 的无穷级数表示、无穷乘积表示及连分数表示

1. 圆周率 π 的无穷级数表示、无穷乘积表示

牛顿的数学成就有很多,本节所讲内容与他发现的二项式定理有关。我们在第 1 章中已经讲过,对正整数 n 来说,二项式定理可以写成下面的形式。

$$(a + b)^n = a^n + C_n^1 a^{n-1}b + C_n^2 a^{n-2}b^2 + \cdots + C_n^r a^{n-r}b^r + \cdots + C_n^{n-1}ab^{n-1} + b^n$$

其中的二项式系数为:

$$C_n^r = \frac{n(n-1)(n-2)\cdots(n-r+1)}{r!}$$

让 $a = 1, b = x$,则上面的二项式定理变为:

$$(1 + x)^n = 1 + C_n^1 x + C_n^2 x^2 + \cdots + C_n^{n-1}x^{n-1} + x^n$$

牛顿除研究了 n 为正整数的情况,还继续研究了 n 为分数和负数的情况,比如

$$(1 + x)^{\frac{1}{2}}, \quad (1 + x)^{-1}$$

它们能不能也用二项式定理展开成多项式? 答案是肯定的,并且可以展开成无穷级数的形式,而展开时二项式的系数处理也有规律。

比如,对 $n = -1, (1 + x)^{-1}$ 的各项系数为:

$$C_{-1}^1 = \frac{(-1)}{1!} = -1$$

$$C_{-1}^2 = \frac{(-1)(-1-1)}{2!} = 1$$

$$C_{-1}^3 = \frac{(-1)(-1-1)(-1-2)}{3!} = -1$$

$$C_{-1}^4 = \frac{(-1)(-1-1)(-1-2)(-1-3)}{4!} = 1$$

(请注意标红与标绿的数字,从中可以看出这些系数是怎么写出来的。)

很快我们就发现了规律:系数 "-1" 与 "1" 交错出现,一直下去,直至无穷。所以

$$\frac{1}{1+x} = (1 + x)^{-1} = 1 - x + x^2 - x^3 + \cdots$$

这个式子在 $|x| < 1$ 的情况下成立(收敛)。牛顿还把 n 推广到分数,举例来说,$n = \frac{1}{2}$ 时得到的系数如下(这里只给出了 4 个)。

$$C_{\frac{1}{2}}^1 = \frac{\frac{1}{2}}{1!} = \frac{1}{2 \times 1!} = \frac{1}{2}$$

$$C_{\frac{1}{2}}^2 = \frac{(\frac{1}{2})(\frac{1}{2}-1)}{2!} = \frac{-1}{2^2 \times 2!} = -\frac{1}{8}$$

$$C_{\frac{1}{2}}^3 = \frac{(\frac{1}{2})(\frac{1}{2}-1)(\frac{1}{2}-2)}{3!} = \frac{(-1)(-3)}{2^3 \times 3!} = \frac{1}{16}$$

$$C_{\frac{1}{2}}^4 = \frac{(\frac{1}{2})(\frac{1}{2}-1)(\frac{1}{2}-2)(\frac{1}{2}-3)}{4!} = \frac{(-1)(-3)(-5)}{2^4 \times 4!} = -\frac{5}{128}$$

$$C_{\frac{1}{2}}^5 = \frac{(\frac{1}{2})(\frac{1}{2}-1)(\frac{1}{2}-2)(\frac{1}{2}-3)(\frac{1}{2}-4)}{5!} = \frac{(-1)(-3)(-5)(-7)}{2^5 \times 5!} = \frac{7}{256}$$

于是得到：

$$\sqrt{1+x} = (1+x)^{\frac{1}{2}} = 1 + \frac{1}{2}x - \frac{1}{8}x^2 + \frac{1}{16}x^3 - \frac{5}{128}x^4 + \frac{7}{256}x^5 - \cdots \quad ①$$

牛顿让二项式定理拓展到了无穷级数，这是一项很了不起的成就，他在这上面花费了很多时间和精力，从而微积分得以顺利发展。上面这两个具体例子都是所谓的二项式级数的特殊情况。二项式级数为：

$$(1+x)^m = 1 + mx + \frac{m(m-1)}{1 \cdot 2}x^2 + \cdots + \frac{m(m-1)\cdots(m-n+1)}{1 \cdot 2 \cdot \cdots \cdot n}x^n + \cdots$$

其中 $m = 0,1,2,3\cdots$。二项式级数在 $|x| < 1$ 时(绝对)收敛。在 $|x| > 1$ 时发散。在端点处的敛散性，具体情况各不相同，见表6-1。

表6-1　二项式级数的不同情况

x 的取值	m 的取值	敛散性
$x = 1$	$m > 0$	绝对收敛
	$-1 < m < 0$	非绝对收敛
	$m \leqslant -1$	发散
$x = -1$	$m > 0$	绝对收敛
	$m < 0$	发散

正好,我们用二项式级数来完成一项任务。用无穷级数表示圆周率 π 的方法有很多,这里不妨先介绍一种。牛顿给出过四分之一圆面积的无穷级数表示。为了简单起见,取圆半径为1,于是就可以得到 π 的一个无穷级数表示法。首先,用 $-x^2$ 代替①式中的 x,得到:

$$\sqrt{1-x^2} = (1-x^2)^{\frac{1}{2}} = 1 - \frac{1}{2}x^2 - \frac{1}{8}x^4 - \frac{1}{16}x^6 - \frac{5}{128}x^8 + \cdots$$

再来看函数

$$y = \sqrt{1-x^2}$$

它表示半径为1,图形位于第一象限的四分之一圆周。

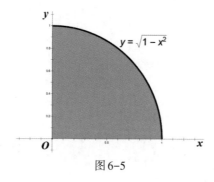

图 6-5

它与 x 轴、y 轴围成的图形的面积为单位圆面积的四分之一,即 $\frac{\pi}{4}$,用积分表示为:

$$\frac{\pi}{4} = \int_0^1 \sqrt{1-x^2}\, \mathrm{d}x$$

把前面求得的无穷级数代入上面积分中,得

$$\frac{\pi}{4} = \int_0^1 \left(1 - \frac{1}{2}x^2 - \frac{1}{8}x^4 - \frac{1}{16}x^6 - \frac{5}{128}x^8 + \cdots \right) \mathrm{d}x$$

对每一项分别积分,最终得到:

$$\frac{\pi}{4} = \left(x - \frac{1}{6}x^3 - \frac{1}{40}x^5 - \frac{1}{112}x^7 - \frac{5}{1152}x^9 - \cdots \right)\Bigg|_0^1$$

即

$$\frac{\pi}{4} = 1 - \frac{1}{6} - \frac{1}{40} - \frac{1}{112} - \frac{5}{1152} - \cdots$$

项数越多,结果越精确。

$$\pi \approx 4 \times \left(1 - \frac{1}{6}\right) \approx 3.3333333$$

$$\pi \approx 4 \times \left(1 - \frac{1}{6} - \frac{1}{40}\right) \approx 3.2333333$$

$$\pi \approx 4 \times \left(1 - \frac{1}{6} - \frac{1}{40} - \frac{1}{112}\right) \approx 3.1976190$$

$$\pi \approx 4 \times \left(1 - \frac{1}{6} - \frac{1}{40} - \frac{1}{112} - \frac{5}{1152}\right) \approx 3.1802579$$

$$\cdots\cdots\cdots\cdots$$

比起莱布尼茨公式,牛顿这个公式收敛速度快了很多,但比这个公式收敛速度更快的还有很多。

下面是两个著名的 π 的无穷级数表示。

$$\frac{\pi}{4} = \frac{1}{1} - \frac{1}{3} + \frac{1}{5} - \frac{1}{7} + \frac{1}{9} - \frac{1}{11} + \cdots (\text{属于莱布尼茨})$$

$$\frac{\pi^2}{6} = \frac{1}{1^2} + \frac{1}{2^2} + \frac{1}{3^2} + \frac{1}{4^2} + \cdots (\text{属于欧拉})$$

下面是用无穷乘积表示圆周率 π。

$$\frac{\pi}{2} = \frac{2}{1} \cdot \frac{2}{3} \cdot \frac{4}{3} \cdot \frac{4}{5} \cdot \frac{6}{5} \cdot \frac{6}{7} \cdot \frac{8}{7} \cdot \frac{8}{9} \cdots \frac{2n}{2n-1} \cdot \frac{2n}{2n+1} \cdots (\text{属于沃利斯})$$

下面是用带根式的无穷乘积形式表示 $\frac{2}{\pi}$。

$$\frac{2}{\pi} = \sqrt{\frac{1}{2}} \cdot \sqrt{\frac{1}{2} + \frac{1}{2}\sqrt{\frac{1}{2}}} \cdot \sqrt{\frac{1}{2} + \frac{1}{2}\sqrt{\frac{1}{2} + \frac{1}{2}\sqrt{\frac{1}{2}}}} \cdot$$

$$\sqrt{\frac{1}{2} + \frac{1}{2}\sqrt{\frac{1}{2} + \frac{1}{2}\sqrt{\frac{1}{2} + \frac{1}{2}\sqrt{\frac{1}{2}}}}} \cdots (\text{属于韦达})$$

上式分母有理化后,可化为只用根号、加号和 2 表示的 $\frac{2}{\pi}$。

$$\frac{2}{\pi} = \frac{\sqrt{2}}{2} \cdot \frac{\sqrt{2 + \sqrt{2}}}{2} \cdot \frac{\sqrt{2 + \sqrt{2 + \sqrt{2}}}}{2} \cdots (\text{属于韦达})$$

下面是另一种用根式表示 π 的方法。

$$2^m \cdot \sqrt{2 - \sqrt{2 + \sqrt{2 + \cdots + \sqrt{2}}}} \to \pi,\ m \to \infty (\text{有}m\text{层开平方根号})$$

韦达

弗朗索瓦·韦达(见图6-6)(1540—1603),法国数学家。韦达发现了π的第一个分析表达式。韦达最重要的贡献是对代数学的推进,著作有《分析方法入门》《论方程的识别与订正》等。他创设大量的代数符号,用字母代表未知数(后来经过笛卡儿等人的改进,成为现代的形式),系统阐述并改良三次方程、四次方程的解法。指出根与系数间的关系,即所谓的韦达定理。

图6-6

对一元二次方程来说,韦达定理认为,两根之和等于一次项系数与二次项系数之比的相反数,两根之积等于常数项与二次项系数之比。把一元二次方程二次项系数化为1后的方程若写成 $x^2+px+q=0$,再设两根为 x_1 和 x_2,则韦达定理认为 $x_1+x_2=-p$, $x_1x_2=q$。对于 n 次项系数为1的一元 n 次方程

$$x^n + a_1 x^{n-1} + a_2 x^{n-2} + \cdots + a_{n-1}x + a_n = 0$$

韦达定理认为,对 n 个根 $x_1, x_2, x_3, \cdots, x_n$ 有

$$\begin{cases} x_1 + x_2 + \cdots + x_n = -a_1 \\ x_1 x_2 + x_1 x_3 + \cdots + x_{n-1}x_n = a_2 \\ \cdots\cdots\cdots\cdots \\ x_1 x_2 \cdots x_n = (-1)^n a_n \end{cases}$$

n 次方程的这种根与系数的关系也称为韦达定理。

2. 圆周率π的连分数表示

下面介绍π的连分数表示。

$$\pi = 3 + \cfrac{1}{7 + \cfrac{1}{15 + \cfrac{1}{1 + \cfrac{1}{292 + \cfrac{1}{1 + \cfrac{1}{\ddots}}}}}}$$

注意,在连分数中,没有负号"−",且分数线上方永远都是"1"。上面π的连分数的前四个渐进分数(也叫收敛子)依次是(按红色、蓝色、绿色、紫色的顺序)

$\dfrac{3}{1},\dfrac{22}{7},\dfrac{333}{106},\dfrac{355}{113}$，如图 6-7 所示。

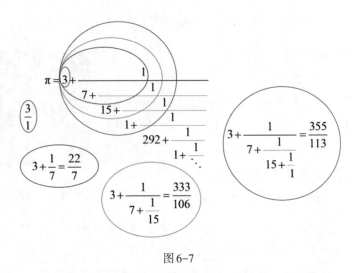

图 6-7

很早以前，人们就知道圆的周长大约是直径的 3 倍，3 当然比 π 小（π= 3.1415926536…）。后来阿基米德发现 $\dfrac{22}{7}$ 更加精确一些（上图蓝圈中），我们称其为约率，它比圆周率 π 大。第三个近似值 $\dfrac{333}{106}=3.141509\cdots$（上图绿圈中），它比 π 小。紫圈中的第四个渐进分数 $\dfrac{355}{113}=3.1415929\cdots$，这个渐进分数是中国古代数学家祖冲之最先发现的，被称作密率，它是分子和分母都小于 1000 的 π 的分数近似表示中精度最高的，这个值小数点后 6 位都是正确的，它比 π 略大一些。再往后的两个渐进分数分别是：$\dfrac{103993}{33102}=3.1415926530\cdots$ 它比 π 小，$\dfrac{104348}{33215}=3.1415926539\cdots$ 它比 π 大。

其实，渐进分数一定是"大小交错"的。大家还记得第 4 章介绍的数学谬误吗？它本质上就是渐进分数"大小交错"的一种隐蔽形式。你可以研究一下 $\Phi(\dfrac{\sqrt{5}+1}{2})$ 的渐进分数便可以发现其中的奥秘（参见第 4 章第五节）。

$\dfrac{\sqrt{5}+1}{2}$ 的渐进分数也是"大小交错"的，若第 $n+1$ 项比第 n 项大的话，那么第 $n+2$ 项就一定比第 $n+1$ 项小；若第 $n+1$ 项比第 n 项小的话，那么第 $n+2$ 项就一定比第 $n+1$ 项大。

$$\frac{1}{1},\frac{2}{1},\frac{3}{2},\frac{5}{3},\frac{8}{5},\frac{13}{8},\frac{21}{13},\frac{34}{21},\frac{55}{34},\frac{89}{55},\frac{144}{89},\frac{233}{144},\frac{377}{233}\cdots$$

1, 2, 1.5, 1.6667, 1.6, 1.625, 1.61538, 1.61905, 1.61765,

1.61818, 1.61798, 1.61806, 1.61803…

也可以说,一个渐进分数,要么比它前后两项都大,要么比它前后两项都小。更进一步,一项若比它的下一项小,它就比后面所有项都小,一项若比后面一项大,则它就比后面所有项都大,如图6-8所示是形象的图说。

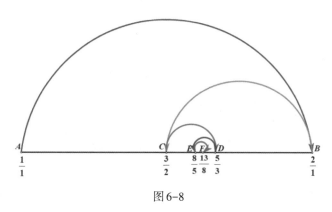

图6-8

渐进分数的这个性质不局限于针对 Φ。对一切连分数,渐进分数都具有这个性质。

先来看下面这个不等式的性质。如果有不等式 $a:b>c:d(b,d$ 均为正数)成立,那么一定有外项的乘积大于内项的乘积,即 $ad>bc$。把两个不等式的大于号">"改为小于号"<",结论一样成立。那么从前面的渐进分数中任意取出相邻的两项,比如 $\frac{8}{5}$ 与 $\frac{13}{8}$。因为 $\frac{8}{5}<\frac{13}{8}$,所以 $8\times8<5\times13$,即 $64<65$。这就很好地解释了第4章第一节中的数学谬误产生的原因。

三、复利与欧拉数 e

复利是指在计算利息时,某一计息周期的利息是由本金加上先前周期所积累的利息总额来计算的计息方式。下面举例说明。

我有 1 元钱,存入一个假想的银行,这个银行的年利率永远为100%,月利率就是年利率的十二分之一,天利率为年利率的三百六十五分之一。如果我只存一次,存一年,一年后我的本利和就是 $1+1=2$ 元。如果我先存半年,半年后我的本利和就是 $1+1\times100\%\div2=1.5$ 元。那么,在这个1.5元的基础上再存半年,则到年底时,我的本利和就是 $1.5+1.5\times100\%\div2=1.5+0.75=2.25$ 元。

显然,这样平均分成两次存,最终的本利和要比只存一次,存一年的本利和2元划算。如果我按月存钱,先存一个月,则第一个月后我的本利和为:

$$1 + \frac{1}{12} = \frac{13}{12} \approx 1.0833$$

两个月后本利和为:

$$\left(1 + \frac{1}{12}\right) + \left[\left(1 + \frac{1}{12}\right) \div 12\right] = \left(1 + \frac{1}{12}\right)^2 \approx 1.1736$$

$$\cdots\cdots$$

照此继续做下去,到年底,我的本利和就应该是

$$\left(1 + \frac{1}{12}\right)^{12} \approx 2.6130$$

这又比半年一存的方式划算一些。那么,如果我每天存一次,一年后我的本利和会更大吗?按照上面的计算过程,我们容易得知,按天存,365天后,我的本利和为:

$$\left(1 + \frac{1}{365}\right)^{365} \approx 2.7146$$

本利和增加了,但增加幅度似乎不是很大!我又试了试把每一次存款时长再细分,比如一个小时,结果算下来,到年底的本利和也只有2.7181元。我觉察出,再细分存款时长的话,结果有可能会越来越趋近于一个确定的数值。这个猜测用数学语言表示,就是:当 x 趋于无穷大时,$\left(1 + \frac{1}{x}\right)^x$ 趋于一个确定的值。

从上面的例子可以大致看出,随着 x 的增加,函数

$$f(x) = \left(1 + \frac{1}{x}\right)^x$$

的值也越来越大。但这只是观察后的猜测,我们必须加以严格证明。通常我们是在定义域上任取两个值 x_1 和 x_2,使 $x_1 < x_2$,只要证明 $f(x_1) < f(x_2)$ 即可。但对上述函数 $f(x)$,这个方法似乎不太好用。我们需要寻求其他的方法。

下面研究这样两个函数,一个是

$$f(x) = \left(1 + \frac{1}{x}\right)^x$$

另一个是

$$g(x) = \left(1 + \frac{1}{x}\right)^{x+1}$$

$g(x)$与$f(x)$的关系是

$$g(x) = f(x) \cdot \left(1 + \frac{1}{x}\right) = f(x) + \frac{f(x)}{x}$$

我们下面要证明$f(x)$是单调增加的,而$g(x)$是单调减少的,并且两者的差是一个无穷小量。那么,就可以确定,一定存在一个数,这两个函数在x趋近于无穷时,从不同的方向趋于这个数。

为了证明$f(x)$和$g(x)$单调性,我们从几何平均值小于等于(等于只在所有数全都相等时发生)算术平均值这一定理出发。设有m个不等于1的正数a,另有$n-m$个"1"($n > m$且n是整数)。这样一共有n个数:$a, a, a, \cdots, a, 1, 1, 1, \cdots, 1$($m$个"$a$"和$n-m$个"1")。那么,这$n$个数的几何平均值小于它们的算术平均值。

$$\sqrt{a \cdot a \cdot \cdots \cdot a \cdot 1 \cdot 1 \cdot \cdots \cdot 1} < \frac{a + a + \cdots + a + 1 + 1 + \cdots + 1}{n}$$

$$\sqrt[n]{a^m} < \frac{ma + n - m}{n}, \quad a^{\frac{m}{n}} < 1 + \frac{m}{n}(a - 1)$$

$$a^k < 1 + k(a - 1), \quad k = \frac{m}{n}, \quad 0 < k < 1$$

最后这个不等式称为指数不等式。

设有任意两个正数α和β,$\alpha > \beta > 0$(注意,不要把希文α与下面的英文a混淆)。设$k = \frac{\beta}{\alpha}$。设

$$a = 1 + \frac{1}{\gamma}, \quad \gamma > 0$$

把$k = \frac{\beta}{\alpha}$和上式代入指数不等式中,得

$$\left(1 + \frac{1}{\gamma}\right)^{\frac{\beta}{\alpha}} < 1 + \frac{\beta}{\alpha}\left(\frac{1}{\gamma}\right), \quad \left(1 + \frac{1}{\gamma}\right)^{\frac{\beta}{\alpha}} < 1 + \frac{1}{\left(\frac{\alpha}{\beta}\right) \cdot \gamma}$$

$$\left(1 + \frac{1}{\gamma}\right)^{\beta} < \left(1 + \frac{1}{\left(\frac{\alpha}{\beta}\right) \cdot \gamma}\right)^{\alpha}$$

因为上式中的γ为任意正数,所以,我们可以取它为β,于是上式变为:

$$\left(1 + \frac{1}{\beta}\right)^{\beta} < \left(1 + \frac{1}{\alpha}\right)^{\alpha}$$

因为α和β为任意两个正数,且α>β>0,所以,由上式可以得知,函数

$$f(x) = \left(1 + \frac{1}{x}\right)^x$$

是单调增加的。

用类似方法可以证明,函数

$$g(x) = \left(1 + \frac{1}{x}\right)^{x+1}$$

是单调减少的,并且,当x=1时,$f(1)=2$,$g(1)=4$。又因为:

$$g(x) = f(x) \cdot \left(1 + \frac{1}{x}\right) = f(x) + \frac{f(x)}{x}$$

所以,对任意正数x,都有$g(x)>f(x)$。从而有$4>f(x)$,即$f(x)$是一个有界函数,这在后面要用到。所以,$g(x)$与$f(x)$的差

$$g(x) - f(x) = \frac{f(x)}{x} < \frac{4}{x}$$

上式中的$\frac{4}{x}$是一个无穷小量。所以,$g(x)-f(x)$也是一个无穷小量。这一事实只能解释为,当x趋近于无穷时,$f(x)$与$g(x)$都趋近于同一个确定的数。这个数就是欧拉数e。欧拉数e的近似值为:2.718281828459045。

e可以用无穷级数表示,它是欧拉于1748年发现的。

$$e = 1 + \frac{1}{1} + \frac{1}{1 \times 2} + \frac{1}{1 \times 2 \times 3} + \frac{1}{1 \times 2 \times 3 \times 4} + \cdots$$

或

$$e = 1 + \frac{1}{1!} + \frac{1}{2!} + \frac{1}{3!} + \frac{1}{4!} + \cdots$$

数"e"被称为欧拉数。我们有时也称其为指数e。又因为后来我们以它作为对数的底,并称这样的对数为自然对数,所以,这个"e"也称作自然对数的底。它是一个无理数,并且与圆周率一样,也是一个超越数。

 拓展阅读

欧拉

莱昂哈德·欧拉(见图6-9)(1707—1783),瑞士数学家。欧拉是18世纪数学界最杰出的人物之一,他不仅在数学上作出伟大贡献,而且把数学用到了几乎整个物理领域。他是一个无与伦比的多产作者,写了大量的力学、分析学、几何学、变分法的课本,他所写的《无穷小分析引论》《微分学原理》《积分学原理》都成为数

学界的经典著作。欧拉最大的功绩是扩展了微积分的领域,为分析学的一些重要分支(如无穷级数、微分方程)与微分几何的产生和发展奠定了基础。他在出版的《关于曲面上曲线的研究》中,建立了曲面理论。他将曲面表示为 $z = f(x, y)$,并引入一系列标准符号表示,这些符号至今仍然通用。数论作为数学中一个独立分支的基础是由欧拉的一系列成果所奠定的。他还给出了费马小定理的三个证明,并引入了数论中重要的欧拉函数 $\varphi(n)$,他已经用解析方法讨论数论问题,发现了 ζ 函数所满足的函

图6-9

数方程,引入欧拉乘积。他还解决了著名的组合问题:哥尼斯堡七桥问题。在数学的许多分支中常常见到以他的名字命名的重要名称、常数、公式和定理,比如,欧拉示性数 $V - E + F$,常用对数的底 e,欧拉公式 $e^{i\pi} + 1 = 0$,三角形外心、重心和垂心三心所在直线称为欧拉线等。

虽然不像圆周率 π 那样运用广泛,但欧拉数 e 仍然出现在很多数学分支中,比如,在数论中,素数定理(高斯发现的)就与以 e 为底的对数(自然对数)有关。另外,我们知道,指数函数的底不同,函数当然不同,但只有以 e 为底的指数函数最特别,它在任意一点处的导数等于它在这点处的函数值,即它的导函数就是函数本身。这一特点的几何意义就是,在函数 $f(x) = e^x$ 的图像上取一动点,过这一动点且以这点的纵坐标为斜率的直线就是函数 $f(x) = e^x$ 的图像在这点处的切线,如图6-10所示。

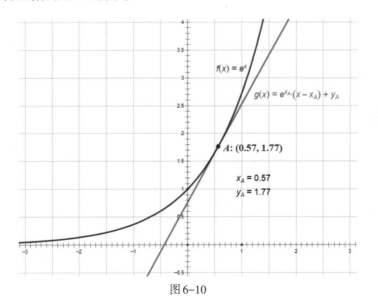

图6-10

但是如果指数函数的底不为 e，比如指数函数 $f(x) = 5^x$，我们也按照上面的方法画函数图像，也以动点的纵坐标为斜率画过动点的直线，发现，这条直线并不是函数图像在动点处的切线，如图 6-11 所示。但如果我们把动点的纵坐标乘以 ln5 后再画切线，并让点动起来，这时的切线就永远与函数图像相切了，如图 6-12 所示。

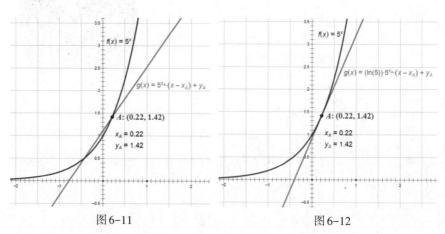

<table>
<tr><td>图 6-11</td><td>图 6-12</td></tr>
</table>

这就从另一方面告诉我们，为什么指数函数 $f(x) = a^x$ 的导函数是 $f(x) = a^x \cdot (\ln a)$，而不是 a^x。e 这个数是一个临界点，所以，它是一个特别而又重要的常数。

四、e^π 与 π^e 谁大？

常数 e 与 π 之间有什么关系？

从数学上说，两者其实没有本质上的联系。但欧拉公式将它们联系到了一起。

$$e^{i\pi} + 1 = 0$$

还有一个有趣的问题，比较下面两个数的大小。

$$e^\pi, \ \pi^e$$

我们借助微积分对它们进行比较，借此展示一下微积分的威力和微积分的美妙。

现在不知谁大谁小，不妨像下面这样把 <、=、> 都先写上（不影响我们的推理）。

$$e^\pi \ (\ <\text{或} = \text{或} > \ ) \ \pi^e$$

$$\Leftrightarrow (\text{等价于})$$

$$(e^\pi)^{\frac{1}{e\pi}} \ (\ < \ 或 \ = \ 或 \ > \ ) \ (\pi^e)^{\frac{1}{e\pi}}$$

$$\Leftrightarrow$$

$$e^{\frac{1}{e}} \ (\ < \ 或 \ = \ 或 \ > \ ) \ \pi^{\frac{1}{\pi}}$$

不难发现,它是下面这个函数在 $x = e$ 和 $x = \pi$ 时的函数值。

$$y = x^{\frac{1}{x}} \ , \ x \neq 0$$

可以看出,它在 $x>0$ 时是连续可导函数,我们就试着求一求它的导数。直接求导不好求。先两边取对数,再求导。

$$\ln y = \frac{\ln x}{x} \ , \ \frac{1}{y}y' = \frac{1 - \ln x}{x^2} \ , \quad y' = x^{\frac{1}{x}} \cdot \frac{1 - \ln x}{x^2}$$

发现 $x = e$(它使得 $1 - \ln x = 0$)是唯一使 $y' = 0$ 的点(前文我们讲过 e 的特殊性,这里又一次出现)。即 $x = e$ 是唯一的驻点。注意,我们在前面出现过 e,也就是在下式中。

$$e^{\frac{1}{e}} \ (\ < \ 或 \ = \ 或 \ > \ ) \ \pi^{\frac{1}{\pi}}$$

即上面进行比较的两个数中位于左端的那个数,就是函数 $y = x^{\frac{1}{x}}$ 在 $x = e$ 处的值。那么,下面我们要做什么呢?如果能够确定 $x = e$ 是极大值点或极小值点,那么,便可以由 π 位于 e 附近($\pi > e$),判断出 "$e^{\frac{1}{e}}$" 与 "$\pi^{\frac{1}{\pi}}$" 的大小。

为了确定在 $x = e$ 时,$y = x^{\frac{1}{x}}$ 取极大值还是极小值,需要求 $y = x^{\frac{1}{x}}$ 的二阶导数。

$$y'' = \left(x^{\frac{1}{x}}\right)' \cdot \frac{1 - \ln x}{x^2} + x^{\frac{1}{x}} \cdot \frac{(1 - \ln x)'x^2 - (1 - \ln x)(x^2)'}{(x^2)^2}$$

$$= \left(x^{\frac{1}{x}}\right)' \cdot \frac{1 - \ln x}{x^2} + x^{\frac{1}{x}} \cdot \frac{-x - (1 - \ln x)(2x)}{x^4}$$

$$= \left(x^{\frac{1}{x}}\right)' \cdot \frac{1 - \ln x}{x^2} + x^{\frac{1}{x}} \cdot \frac{-3 + 2\ln x}{x^3}$$

求 y'' 在 $x = e$ 时的值。

$$y''\Big|_{x=e} = \left[\left(x^{\frac{1}{x}}\right)' \cdot \frac{1 - \ln x}{x^2}\right]_{x=e} + \left[x^{\frac{1}{x}} \cdot \frac{-3 + 2\ln x}{x^3}\right]_{x=e}$$

$$= 0 + e^{\frac{1}{e}}\frac{-1}{e^3} < 0$$

即 $y'' < 0$。所以,函数 $y = x^{\frac{1}{x}}$ 在 $x = e$ 处取得极大值。又因为 $x = e$ 是唯一的驻点,所以 $x = e$ 也是最大值点,y 在 $x = e$ 处取得最大值。所以

$$e^{\frac{1}{e}} > \pi^{\frac{1}{\pi}}$$

到此时,我们的工作已经与前面呼应上了。我们只差最后一步即可大功告成。对上式两边分别求 $e\pi$ 次幂。

$$(e^{\frac{1}{e}})^{e\pi} > (\pi^{\frac{1}{\pi}})^{e\pi}$$

最后便得出

$$e^{\pi} > \pi^{e}$$

为了方便记住这个结果,可以这样做:多记一记我们用到的那个不太一般的函数:$y = x^{\frac{1}{x}}$,这个函数在 $x = e$ 时达到最大值,要重点记住 e 这个常数。e 是微积分中经常提及和用到的,而 π 更多出现在初等数学中(但也不一定)。e 更加抽象一些,而 π 相对直观好理解。所以,两数中以 e 为底的数也较大。即 $e^{\pi} > \pi^{e}$。

本节内容是借这两个数,讲解了一下微积分的知识,涉及连续、一阶导数、二阶导数、驻点、极大值与极小值、最大值与最小值等内容,真的很有趣。

e^{π} 与 π^{e} 的值其实很接近,这也可能就是为什么有人提出把这两个数进行比较的原因。

五、两个重要极限与两个重要常数

学过高等数学,就一定知道有两个著名的极限。

$$\lim_{x \to 0} \frac{\sin x}{x} = 1 \qquad ①$$

$$\lim_{x \to \infty} (1 + \frac{1}{x})^{x} = e \qquad ②$$

第二个极限就是著名常数 e。与 e 齐名甚至更著名并且极为古老的常数当然是 π。

在两个著名且重要的极限中,一个明显与 e 相关,另一个极限则与 π 相关,虽然不明显。我认为两个重要极限分别联系着两个重要常数,这真的很有趣。这里就来讲一讲①式的极限是怎样与 π 联系起来的。

我们从二倍角公式出发。

$$\sin\alpha = 2\cos\frac{\alpha}{2}\sin\frac{\alpha}{2} = 2\cos\frac{\alpha}{2}\left(2\cos\frac{\alpha}{4}\sin\frac{\alpha}{4}\right)$$

$$= 2\cos\frac{\alpha}{2}\left[2\cos\frac{\alpha}{4}\left(2\cos\frac{\alpha}{8}\sin\frac{\alpha}{8}\right)\right] = 2^3\cos\frac{\alpha}{2}\cos\frac{\alpha}{4}\cos\frac{\alpha}{8}\sin\frac{\alpha}{8}$$

$$= 2^3\left(\cos\frac{\alpha}{2}\cos\frac{\alpha}{2^2}\cos\frac{\alpha}{2^3}\right)\cdot\sin\frac{\alpha}{2^3} = \cdots$$

$$= 2^n\left(\cos\frac{\alpha}{2}\cos\frac{\alpha}{2^2}\cos\frac{\alpha}{2^3}\cdots\cos\frac{\alpha}{2^n}\right)\cdot\sin\frac{\alpha}{2^n}$$

把上式中用括号括起来的 n 个余弦的连乘积单独写出来。

$$\cos\frac{\alpha}{2}\cos\frac{\alpha}{2^2}\cos\frac{\alpha}{2^3}\cdots\cos\frac{\alpha}{2^n} = \frac{\sin\alpha}{2^n\cdot\sin\frac{\alpha}{2^n}} = \frac{\sin\alpha}{2^n}\cdot\frac{1}{\sin\frac{\alpha}{2^n}} = \frac{\sin\alpha}{\alpha}\cdot\frac{\frac{\alpha}{2^n}}{\sin\frac{\alpha}{2^n}}$$

取上式在 $n\to\infty$ 时的极限,得

$$\lim_{n\to\infty}\left(\cos\frac{\alpha}{2}\cos\frac{\alpha}{2^2}\cos\frac{\alpha}{2^3}\cdots\cos\frac{\alpha}{2^n}\right) = \lim_{n\to\infty}\left(\frac{\sin\alpha}{\alpha}\cdot\frac{\frac{\alpha}{2^n}}{\sin\frac{\alpha}{2^n}}\right)$$

$$= \frac{\sin\alpha}{\alpha}\cdot\lim_{n\to\infty}\frac{\frac{\alpha}{2^n}}{\sin\frac{\alpha}{2^n}} \overset{\lim_{x\to 0}\frac{x}{\sin x}=1}{=} \frac{\sin\alpha}{\alpha}\cdot 1 = \frac{\sin\alpha}{\alpha} \qquad ③$$

注意,上式中就用到了第一个重要极限

$$\lim_{x\to 0}\frac{\sin x}{x} = 1$$

把③式写成连乘积的形式,就是

$$\prod_{n=1}^{\infty}\cos\frac{\alpha}{2^n} = \frac{\sin\alpha}{\alpha}$$

这个公式非常有趣,它的左端是无限形式,而右端却是非常简单的有限形式。①式这个重要极限在其中起到了非常重要的作用。让 α 取具体的值(一定要取弧度制,且含 π 的值,比如 $\frac{\pi}{4}$,$\frac{\pi}{3}$,$\frac{\pi}{2}$),则左端的连乘积中每个因子我们都可以计算出来,而右端是一个实数除以 π。于是就可以得到 π 的无限表达式。

我们取 $\alpha = \frac{\pi}{2}$,把 $\alpha = \frac{\pi}{2}$ 代入上式,便得到:

$$\prod_{n=1}^{\infty} \cos \frac{\frac{\pi}{2}}{2^n} = \frac{\sin \frac{\pi}{2}}{\frac{\pi}{2}} = \frac{2}{\pi} , \quad \prod_{n=1}^{\infty} \cos \frac{\pi}{2^{n+1}} = \frac{2}{\pi}$$

即

$$\frac{2}{\pi} = \cos \frac{\pi}{4} \cos \frac{\pi}{8} \cos \frac{\pi}{16} \cdots$$

因为：

$$\cos \frac{\alpha}{2} = \sqrt{\frac{1}{2} \cos\alpha + \frac{1}{2}} , \quad \cos \frac{\pi}{4} = \frac{\sqrt{2}}{2} = \sqrt{\frac{1}{2}}$$

所以，便得到：

$$\frac{2}{\pi} = \sqrt{\frac{1}{2}} \cdot \sqrt{\frac{1}{2} + \frac{1}{2}\sqrt{\frac{1}{2}}} \cdot \sqrt{\frac{1}{2} + \frac{1}{2}\sqrt{\frac{1}{2} + \frac{1}{2}\sqrt{\frac{1}{2}}}} \cdot$$

$$\sqrt{\frac{1}{2} + \frac{1}{2}\sqrt{\frac{1}{2} + \frac{1}{2}\sqrt{\frac{1}{2} + \frac{1}{2}\sqrt{\frac{1}{2}}}}} \cdots$$

在本章前面第二节中曾提及上式。上式是发现韦达定理(二次方程根与系数关系)的法国数学家韦达的另一成就。在上面的推导过程中，关键的一步用到了第一个重要极限。

$$\lim_{x \to 0} \frac{\sin x}{x} = 1$$

六、求球体积的牟合方盖方法、阿基米德方法和微积分方法

1. 祖暅原理求牟合方盖体积

中国古代数学家刘徽设计了牟合方盖这样一个立体，并确定了牟合方盖内切球的体积与牟合方盖体积的比值为 π∶4。他打算求出牟合方盖的体积，但是他没能做到，否则他也就能够求出球的体积了。刘徽说：“以俟能言者。”后来的祖暅运用祖暅原理，求出了牟合方盖的体积，后又求出了球的体积。

生活中有很多形状类似牟合方盖的物品。比如露营帐篷(半个牟合方盖)，有一些餐桌罩也是做成牟合方盖样子的(半个牟合方盖)。用更接近数学的语言来描述牟合方盖：有两个横截面直径相等的圆柱，它们互相垂直地交叉(互相穿过对方，且中轴线相交)，如图6-13(a)所示，两者公共部分就是所谓的“牟合

方盖",如图6-13(b)所示。

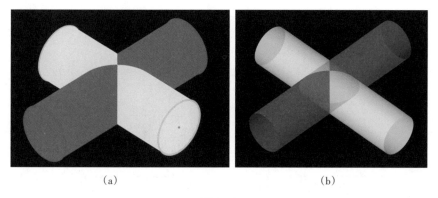

（a） （b）

图6-13

那么,牟合方盖体积怎么计算? 中国数学家用了一个巧妙的办法求出了牟合方盖的体积。如图6-14(a)所示为牟合方盖的八分之一。如图6-14(b)所示为同大小正方体内的一个倒四棱锥。

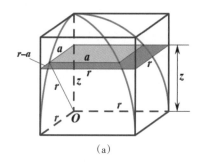 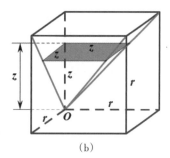

（a） （b）

图6-14

从图中容易发现下面的关系。

$$a^2 + z^2 = r^2, \quad S_{L型} = r^2 - a^2 = z^2$$

而图6-14(b)中倒四棱锥同高度的截面面积为:

$$S_{正方形截面} = z^2$$

根据祖暅原理[也叫刘祖原理（刘指刘徽,祖指祖暅）,等幂等积定理],图6-14(a)中正方体与牟合方盖的八分之一之间空隙的体积与图6-14(b)倒四棱锥的体积相等。而倒四棱锥的体积为:

$$V_{倒四棱锥} = \frac{1}{3}r^3$$

所以,八分之一牟合方盖的体积等于正方体的体积减去倒四棱锥的体积。

$$V_{八分之一牟合方盖} = r^3 - \frac{1}{3}r^3 = \frac{2}{3}r^3$$

那么，整个牟合方盖的体积就是

$$V_{\text{牟合方盖}} = 8 \times \frac{2}{3}r^3 = \frac{16}{3}r^3$$

2. 积分方法求牟合方盖体积

下面我们用现代数学中的积分方法来求牟合方盖的体积。在图6-14中添加坐标系，如图6-15和图6-16所示。

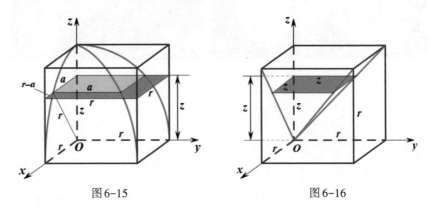

图6-15   图6-16

求八分之一牟合方盖的体积再乘以8，就得到整个牟合方盖的体积。

$$V_{\text{牟合方盖}} = 8\int_0^r a^2 \mathrm{d}z = 8\int_0^r (r^2 - z^2)\mathrm{d}z$$

$$= 8\left[\int_0^r r^2 \mathrm{d}z - \int_0^r z^2 \mathrm{d}z\right]\left(= 8(V_{\text{正方体}} - V_{\text{倒四棱锥}})\right)$$

$$= 8\left[r^3 - \frac{1}{3}r^3\right] = \frac{16}{3}r^3$$

上面的积分变为两个积分的差，正好反映了正方体体积与倒四棱锥体积之差。

美国数学家G·波利亚在《怎样解题》一书中让我们努力挖掘公式背后的实际意义！确实是这样的！我们从上面的积分中挖掘出了中国古代数学中求牟合方盖体积的精妙方法。两者原来是一回事。古代方法直观、明白、有趣、感性；积分方法抽象、简捷、理性，但确实威力巨大（积分方法似乎绕过了"等幂等积定理"，直奔结果）。

3. 从牟合方盖的体积求球的体积

知道了牟合方盖的体积，我们再来求牟合方盖内切球的体积。如图6-17所示是由沿x轴方向的圆柱与沿y轴方向的圆柱正交后公共部分（牟合方盖）的上半部分（只画一半，因为另一半与这一半对称）。图6-17中绿色阴影是x轴方向圆柱面的一部分，紫色阴影是y方向圆柱面的一部分。因为柱面是直纹面，所以可以看出,沿水平方向(平行于xy面)切割该牟合方盖,所得截线一定是正方形。

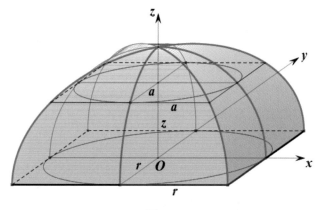

图 6-17

我们设想一下,两个圆柱体在相交处是打通的,那么,把一个直径刚好等于圆柱底面直径的球分别从这两个圆柱中间放入,让它沿直线运动,那么球一定都是正好沿着圆柱的内壁从一头装进去,从另一头发射出来。中间有一个位置,球若处于这个位置,它就正好挡住了视线,使我们不能从任何一个圆柱的一端从内部看到另一端。所以,如果当这个球正好位于这个位置时,我们再把两个圆柱面位于对方内部的部分补上,所补部分正好就是牟合方盖。它把这个球围在了里面,并使得球不能动弹,即球与牟合方盖是内部相切的。

前面说过用水平面切割这个牟合方盖,切平面与牟合方盖的交线是正方形,但如果切割时球还在里面,则切割平面与球的交线就是图 6-17 中的圆。这个圆位于正方形内部与正方形四边都相切。

球与牟合方盖虽然是相切的,但之间是有空隙的(因为切出的正方形与圆之间有空隙)。

对于每一水平切片,都是由一个正方形和它的内切圆构成。正方形是牟合方盖的横截面,圆是球的截面。正方形与圆之间有空隙,这个空隙就是牟合方盖与球之间空隙的来源。不管切片在什么位置,每个切片中正方形的面积与它的内切圆的面积之比是定值。这个比值为:

$$\frac{(2a)^2}{\pi a^2} = \frac{4}{\pi} \text{（ 其中}2a\text{为正方形边长 ）}$$

牟合方盖就是这样的正方形在垂直方向运动得到的,而内切的球是圆在垂直方向上运动形成的。所以,牟合方盖的体积与球的体积的比值就是 $\frac{4}{\pi}$。于是便可以求出球的体积。

$$\frac{V_{\text{牟合方盖}}}{V_{\text{球}}} = \frac{S_{\text{牟合方盖截面}}}{S_{\text{球截面}}} = \frac{4}{\pi}$$

$$V_{\text{球}} = \frac{\pi}{4} \cdot V_{\text{牟合方盖}} = \frac{\pi}{4} \cdot \frac{16}{3} r^3 = \frac{4}{3} \pi r^3$$

4. 阿基米德求球体积的方法

在国外，球的体积很早就求出来了(阿基米德用一个有上下底面的圆柱体把球卡在里面不能动弹，则球的体积就是圆柱体体积的三分之二)。

卡瓦列利原理的一个极为著名的应用就是由早于卡瓦列利1800多年的阿基米德所实现的对球体积的精妙绝伦的计算。

 拓展阅读

阿基米德

本书前面章节中已出现了阿基米德(见图6-18)的名字。比如，在第2章有阿基米德体，在第5章有阿基米德计算抛物线与割线围成区域面积的神奇算法。本章后面还将介绍阿基米德计算球体积的方法。

图6-18

阿基米德(公元前287—公元前212)是古希腊伟大的数学家、力学家。据说他确立力学的杠杆定律之后，曾发出豪言壮语："给我一个支点，我可以撬动地球!"阿基米德原理这一流体静力学基本原理指出，浮于液体中物体的重量等于物体排开液体的重量，该原理总结在他的名著《论浮体》中。阿基米德不幸死在罗马士兵之手，当时他还在聚精会神于数学问题的研究中。流传下来的阿基米德著作有《论球和圆柱》《圆的度量》《论螺线》《抛物线求积法》《平面图形的平衡或其重心》《数沙者》等。阿基米德使用的研究数学的方法已经具有近代积分论的思想。他的思想是具有划时代意义的，无愧为近代积分学的先驱。他还有许多其他的发明，没有一个古代的科学家能像阿基米德那样将熟练的计算技巧和严格证明融为一体，将抽象的理论和具体的工程技术应用紧密结合在一起。

下面给出巧妙利用卡瓦列利原理得出球体积公式的全过程。伟大的阿基米德对这个证明非常得意，曾经要求把球和外切圆柱刻到他的墓碑上。

阿基米德认为:球的体积等于包含它的最小圆柱体的体积的三分之二。

先画一个半球。用与半球大圆面平行的平面切割半球，截面为圆面。设截

面与大圆面的距离为h。于是,如图6-19右图所示,截面的面积等于

$$\pi r^2 = \pi(R^2 - h^2) = \pi R^2 - \pi h^2$$

下面来构造一个立体,让它的体积等于半球体积。

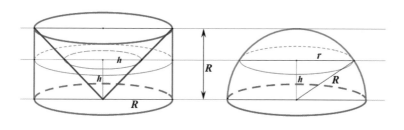

图6-19

先构造一个底面半径及高度都等于半球半径的圆柱体,然后从圆柱体上挖去一个底面半径及高度也都等于半球半径的圆锥体,如图6-19左图所示。

下面考察这个立体高度为h的截面的面积。截面为一圆环,外圆半径为R,内圆半径正好等于h。所以圆环面积等于$\pi R^2 - \pi h^2$。

与半球的等高的切面面积相等。于是根据卡瓦列利原理得出半球体积与所构造的立体体积相等,而这个立体的体积等于圆柱体积减去等底等高的圆锥体积(它等于圆柱体体积的三分之一),也就是等于圆柱体体积的三分之二,即

$$\frac{2}{3}(\pi R^2)R = \frac{2}{3}\pi R^3$$

最后,用两个一样大小的半球对接成一个整球,把两个从圆柱体中挖去圆锥体后所得立体做与半球类似的对接,那么球体积就等于

$$2\left(\frac{2}{3}\pi R^3\right) = \frac{2}{3}(\pi R^2)(2R) = \frac{4}{3}\pi R^3$$

从上式中间的表达式可以看出,把一个球正好放进一个有上下底面的圆柱体中不能动弹,那么,球的体积就等于圆柱体体积的三分之二。

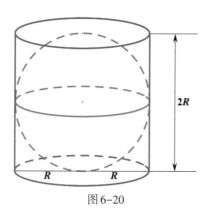

图6-20

阿基米德的方法非常巧妙,我们不得不赞叹他的伟大!后来的卡瓦列利原理更加重要。正如莱布尼茨在给曼弗雷迪的一封信中所说:"几何学中的卓越人物,完成了这一领域中义勇军任务的开拓者和倡导者是卡瓦列利和托里切利,后来别人的进一步发展都得益于他们的工作。"

5. 借用刘徽割圆术思想及正方垛公式求球体积

刘徽割圆术的思想是:"割之弥细,所失弥少,割之又割,以至于不可割,则与圆周合体而无所失矣。"这里体现了极限的思想,即用有限可计算的东西去逼近无限不可计算的东西。刘徽割圆术的思想,体现在他用正六边形面积、正十二边形面积、正二十四边形的面积……去逼近圆的面积,最终他计算出正一百九十二边形的面积,得到的结果是3.141024。而因为计算时取圆的半径为1,所以,这个近似值就是圆周率π的近似值。这已经很精确了。后来的祖冲之运用刘徽割圆术的思想,得到了"圆周率在3.1415926和3.1415927之间"的结论,这已经是当时世界上近似度最高的π值了。祖冲之还建议"用$\frac{22}{7}$作为π的约率,用$\frac{355}{113}$作为π的密率"(特别提醒,约率不对应3.1415926,密率也不对应3.1415927)。

下面来计算球的体积。计算时我们取半个球即可,如图6-21所示,半球体积乘以2就得到球的体积。

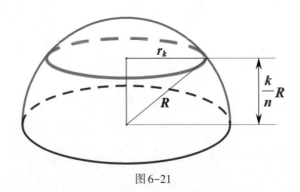

图6-21

用$n-1$个与半球底面平行的平面把半球分割成等厚的n个薄片,则每个薄片的厚度为$\frac{R}{n}$。图6-21中灰色圆为从大圆(蓝色图)开始计数的第k个薄片。这个薄片到大圆的距离为半径的$\frac{k}{R}$倍。把这个薄片近似当成一个半径为r_k的圆柱。由勾股定理有

$$r_k^2 = R^2 - \left(\frac{k}{n}R\right)^2$$

数学之美

所以这个薄片的体积近似为：

$$V_k = \pi r_k^2 \frac{R}{n} = \pi \left[R^2 - \left(\frac{k}{n} R \right)^2 \right] \frac{R}{n} = \frac{\pi R^3}{n} \left[1 - \left(\frac{k^2}{n^2} \right) \right]$$

所以半球的体积近似为 n 个薄片的体积之和。

$$V_n = \frac{\pi R^3}{n} \left[\left(1 - \frac{1^2}{n^2} \right) + \left(1 - \frac{2^2}{n^2} \right) + \cdots + \left(1 - \frac{(n-1)^2}{n^2} \right) + \left(1 - \frac{n^2}{n^2} \right) \right]$$

$$= \frac{\pi R^3}{n} \left[n - \left(\frac{1^2 + 2^2 + \cdots + (n-1)^2 + n^2}{n^2} \right) \right]$$

$$= \pi R^3 \left[1 - \left(\frac{1^2 + 2^2 + \cdots + (n-1)^2 + n^2}{n^3} \right) \right]$$

借用第 1 章"杨辉三角与高阶等差数列"一节中的正方垛公式：

$$1^2 + 2^2 + \cdots + (n-1)^2 + n^2 = \frac{1}{6} n (n+1)(2n+1)$$

于是

$$V_n = \pi R^3 \left[1 - \left(\frac{(n+1)(2n+1)}{6n^2} \right) \right] = \pi R^3 \left[1 - \frac{1}{6} \cdot \left(1 + \frac{1}{n} \right) \left(2 + \frac{1}{n} \right) \right]$$

当"割之弥细"时，"所失弥少"，当"割之又割，以至于不可割"时，"则与圆周合体而无所失矣"，也就是让 n 趋于无穷，$\frac{1}{n}$ 将趋于 0，上式 V_n 将趋于半球的体积。

$$V_{\text{半球}} = \pi R^3 \left[1 - \frac{1}{6} \times 1 \times 2 \right] = \frac{2}{3} \pi R^3$$

从而，球的体积为：

$$V_{\text{球}} = \frac{4}{3} \pi R^3$$

七、数学让人精细——从正三角形到正方形的剖分

图 6-22 所示是一个非常著名的平面剖分，左右两个图形是等面积变换，由英国数学家杜德尼发明，且已被证明是正确的。若仅靠观察和想象，很难作出正确切割和变换。培根说：数字让人精细！本问题就体现了数学的精细。

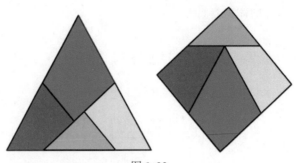

图 6-22

对上面这个剖分问题,本节将给出两种曾出现在正式出版物上的错误切割方法。错误需要指出,以使后人不再出错(本文内容中引用了其他书籍中的图片)。

1. 问题引入和第一种错误切割方法

施坦豪斯在《数学万花镜》一书的开篇这样说:

这样的四块小板,可以拼成一个正方形或一个正三角形,就看我们是向上面转还是向下面转。

图 6-23 所示是《数学万花镜》中与这段文字对应的插图。

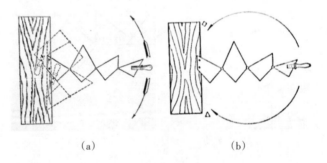

(a)   (b)

图 6-23

你看出上面左、右两张图中四块实线画的小板有什么不同吗?不仔细看可能看不出来,但确实存在不同,正误就体现在这细微的差别中。你仔细看一下两图中中间最大的那块拼板。图 6-23(b)中的那块是轴对称的,而图 6-23(a)的不是。这两张图只有一张是正确的。这两张图是哪儿来的?把它放在这里要干什么?

这还要从蒋声先生的著作《几何变换》(上海教育出版社出版,1981 年 9 月第 1 版)(见图 6-24)说起。蒋声先生在这本书中说:"开明书店旧版(1951 年版)的《数学万花镜》开篇的这个图是错误的。"蒋声先生在书中附上了旧版中的错误图形(多亏他给出来,否则我们还真不容易找到他说的那个旧版本,也就不知还有这个错误的图形存在），他还用严格的证明指出了错在何处。蒋声先生太厉害了，真是火眼金睛，令人佩服！

那么，哪张是蒋声先生发现的那个错误的旧版图形，哪张是新版的正确图形呢？答案是：图6-23(a)正确，图6-23(b)错误。我手上有一本1981年版上海教育出版社出版的中译本《数学万花镜》（见图6-25）（原版是1960年出版的英文版），其中的图形是正确的。上面那张正确的图形，图6-23(a)是我在这个1981年译本中拍摄下来的。而图6-23(b)的错误图形，则是我从蒋声先生著作《几何变换》所引用的那个旧版错图拍摄得来的。

图 6-24

图 6-25

蒋声先生在《几何变换》一书中对错误图形错在什么地方给出了详细说明，他用的是纯几何的方法，并且是反证法，引出相互矛盾的结论，从而推出切割方法的错误。我用的是另一种方法，即解三角形的方法，同样证明了那种切割方法是错误的。该错误的切割方法如图6-26所示。

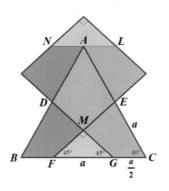

图 6-26

这种错误的方法是在BC边上取两个四等分点F和G，又在AB边和AC边上

分别取中点 D 和 E。从而有 $BF = GC = \dfrac{FG}{2} = \dfrac{a}{2}$（设正三角形的边长为 $2a$）。从图 6-26 中可以看出，BF 绕点 D 顺时针旋转 $180°$ 到 AN，故 $BF = AN$；GC 绕点 E 逆时针旋转 $180°$ 到 LA，故 $GC = LA$；FG 可以先绕点 F 顺时针旋转 $180°$，再跟随 BF 一同绕点 D 顺时针旋转 $180°$ 到 LN，故 $FG = LN$。看似一切都很好。但是问题来了：既然拼成的是正方形，就应该有 FE 垂直于 DG，从而可以推出三角形 FGM 是等腰直角三角形。于是，在三角形 EFC 中，$\angle FEC = 180° - 45° - 60° = 75°$。根据正弦定理，应该有

$$\frac{EC}{\sin 45°} = \frac{FC}{\sin 75°}$$

不难得知

$$\frac{EC}{\sin 45°} \neq \frac{FC}{\sin 75°}$$

这说明图 6-26 是有问题的。实际上，在三角形 EFC 中，FC、$\angle C$、EC 都是确定的，所以可以通过解三角形求出角 EFC。它实际上不等于 $45°$，而是约 $41°$。从而 EF 与 DG 并不垂直，从而最后拼接成的四边形 $KMHJ$ 就不是正方形，而是平行四边形（其实是一个菱形），如图 6-27 所示。

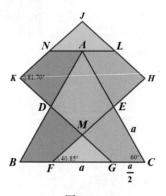

图 6-27

2. 第二种错误切割方法

下面再介绍另一种错误切割方法，它看上去避免了上面这种切割方法中所得不是正方形而只是平行四边形（内角不是直角）的错误，但却产生了其他的错误，即平行四边形的内角是直角这一点得以保证了，但仍不是正方形，而是矩形，是一种长和宽很接近的矩形。如图 6-28 所示为本节要介绍的第二种错误切割方法。

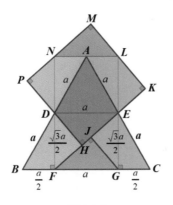

图 6-28

上图这种切割方法,因为它的切割位置与本节最后要介绍的正确切割位置基本上一样,很容易被认为是正确的。但有一点不同,也是非常关键的一点,就是确定点 F 的方式。上图中的点 F 和点 G 仍然是 BC 边的四等分点,FE 仍然连接上,但为使最终所得平行四边形的内角成为直角,这种方法从 AB 边中点 D 向 FE 引垂线,还从 BC 边上的点 G 向 FE 边引垂线,分别得到点 H 和点 J。于是,最终得到的四边形的四个角都是直角了。

但这种切割方法错误出在想当然地认为所得四边形的边也相等。下面就来证明图 6-28 中的所谓"正方形 $PHKM$"不是真正的正方形。有两种证明办法,一种是从三角形面积公式和正方形面积公式出发算出拼接前后两种图形的面积不相等。另一种是四边形的两条邻边长度不相等。这里采用第一种方法,即面积法。

可以看出,$DFGE$ 为矩形。$FH = JE$,而 $JE = EK$,所以,最终的四边形 $PHKM$ 的一边 HK 的长度就等于矩形 $DFGE$ 的对角线 FE 的长度。我们先来求出 FE(其实我们求出 FE 的平方即可)。

$$FE^2 = FG^2 + GE^2 = a^2 + \left(\frac{\sqrt{3}\,a}{2}\right)^2 = \frac{7}{4}a^2$$

如果最终拼出的四边形是正方形的话,那么上式所得结果就是这个正方形的面积。下面求原来正三角形的面积。

$$S_{\triangle ABC} = \frac{1}{2} \times 底 \times 高 = \frac{1}{2}(2a)(\sqrt{3}\,a) = \sqrt{3}\,a^2$$

很明显

$$\frac{7}{4} \neq \sqrt{3}\ (\frac{7}{4} 是有理数,\sqrt{3} 是无理数)$$

所以,我们就证明了上述切割方法是错误的。

3. 正确切割方法

下面我们就来给出杜德尼正确切割方法并证明其正确性。

上面两种错误的切割，都默认要对边BC进行左右对称的切割。这点是导致错误的关键原因。上面用面积法计算正方形和正三角形面积时，出现两面积不相等的情况，可能就与此有关。下面也是通过面积法证明杜德尼切割方法的正确性。

切割方法如下：如图6-29所示，J为AB中点，D为AC中点，DE位于BD的延长线上，$DE = AD$；F为BE的中点，蓝色圆弧为以BE为直径的半圆，G为DA延长线与半圆BGE的交点；以D为圆心，以DG为半径画圆弧（粉红色），与BC边交于点H（可以看出这与前面错误方法中H点的获得是不同的），连接HD；在HC上取$HI = AD$。过点J作HD的垂线JK，K为垂足，再过点I作HD的垂线IL，L为垂足。于是，便得到四块图形：$JKDA$（图中红色），$BHKJ$（图中蓝色），HIL（图中绿色）和$ICDL$（图中黄色）。

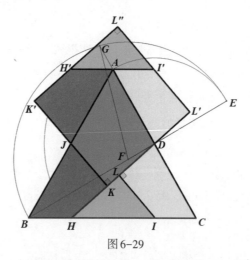

图6-29

然后，把蓝色四边形顺时针旋转$180°$，把黄色四边形逆时针旋转$180°$，而绿色三角形可以先随着蓝色四边形旋转$180°$，再相对于蓝色四边形绕点H顺时针旋转$180°$。最终便拼成一个矩形（这点是没有问题的）。我们下面只需证明这个矩形的一边长度的平方等于原正三角形的面积即可。

在上面作图过程中，从开始到确定出点H的位置，步骤是明确的，所以，点H是唯一确定的，从而线段HD的长度也是确定的。$HD = HK + KD = H'K' + KL' - DL' = K'L'' - H'L'' + KL' - DL = 2KL' - HL - DL = 2KL' - HD$，所以$HD = KL'$。设正三角形$ABC$的边长为$2a$。先求$GF$。

$$GF = FE = \frac{1}{2} BE = \frac{1}{2}(BD + DE) = \frac{1}{2}(\sqrt{3}\,a + a) = \frac{\sqrt{3}+1}{2}a$$

再求 FD。

$$FD = FE - DE = \frac{\sqrt{3}+1}{2}a - a = \frac{\sqrt{3}-1}{2}a$$

考虑直角三角形 GFD，于是

$$HD^2 = GD^2 = GF^2 - FD^2$$

$$= \left(\frac{\sqrt{3}+1}{2}a\right)^2 - \left(\frac{\sqrt{3}-1}{2}a\right)^2 = \sqrt{3}\,a \cdot a = \sqrt{3}\,a^2$$

而原正三角形的面积为：

$$S_{ABC} = \frac{1}{2}底 \times 高 = \frac{1}{2}(2a)(\sqrt{3}\,a) = \sqrt{3}\,a^2$$

所以，拼成的矩形的一条边的平方等于原三角形的面积。而由四块小板拼成的矩形，中间没有留空隙，也没有互相重叠，所以，拼出的矩形就是正方形。

所以，这种切割方法是正确的。证毕。

这个把正三角形切割后拼成正方形的问题，是由英国伟大的趣题大师杜德尼先生发明的，它出现在 1907 年出版的《坎特伯雷趣题》一书中，在书中这个问题的名称是《缝纫用品商的趣题》，所以说，最早这个问题是针对布料提出的，而不是后来的拼板。

本节内容讲到了三种切割方法，只有最后一种是正确的。最后一种切法，我们没有事先想当然地认为切割是对称的。实际上，在这种(正确的)切割方法中，BH 与 IC 是不相等的。若相等，就成了第二种方法(错误的)。实际上，在正确切割方法中，点 H 的位置在靠近 B 端的四等分点的右边一点点，这相当于对第二种方法的错误的小调整，使得拼得的矩形成为正方形。

上述的三种切割方法所得结果，从最先的菱形(四边相等但内角不是直角)到矩形(内角是直角，但边又不相等)，再到最终的正方形(四边相等，内角是直角)，让人深感正确的知识来之不易。

八、神奇的骰子

1. 从生活中的掷骰子到数学中的概率——第一次抽象

骰子(见图6-30)，也叫色子，一般形状为正六面体(正方体)，顶点处略微磨成圆角，以便滚动。六个面上分别刻有1点、2点、3点、4点、5点和6点。

图6-30

 趣味题

从图6-30的两个骰子中，你能看出与5点相对的面上是几点吗？

答案：从图6-30中两个骰子中可以看出，1点、3点、4点和6点所在面都与5点所在面相邻，所以，5点的对面一定是仅剩的2点。

另外，从第一个骰子可以看出，4点、5点和6点是按照逆时针顺序排列的，所以，从第二个骰子左下角观察，可以想象得出，第二个骰子底面一定是4点，那么，4点就与3点相对。那么，剩下的1点与6点相对。

在很多游戏中都会用到骰子。有时只投掷一个骰子，有时则投掷两个骰子。比如，玩飞行棋时，一般是投掷一个骰子以决定向前走几步。打麻将开局时，庄家首先要投掷两个骰子来决定从哪个地方起牌。投掷后，把两个骰子朝上那面的点数相加，可以得到点数之和。本节研究的是投掷两个骰子的点数之和。因为每个骰子投掷后正面朝上的点数是随机的，所以，每次投掷两个骰子后的点数之和也是随机的。

我们很容易算出各种点数之和出现的概率是多少，如图6-31所示。

点数之和	概率
2（1+1）	1/36（1/36）
3（1+2，2+1）	1/18（2/36）
4（1+3，2+2，3+1）	1/12（3/36）
5（1+4，2+3，3+2，4+1）	1/9 （4/36）
6（1+5，2+4，3+3，4+2，5+1）	5/36（5/36）
7（1+6，2+5，3+4，4+3，5+2，6+1）	1/6 （6/36）
8　　 （2+6，3+5，4+4，5+3，6+2）	5/36（5/36）
9　　　　（3+6，4+5，5+4，6+3）	1/9 （4/36）
10　　　　　　（4+6，5+5，6+4）	1/12（3/36）
11　　　　　　　　（5+6，6+5）	1/18（2/36）
12　　　　　　　　　　（6+6）	1/36（1/36）

图6-31

图6-31括号中两数相加的第一个数表示第一个骰子的点数，第二个数是第二个骰子的点数。点数之和共有11种可能：每个骰子正面朝上的点数可能

是 1，2，3，4，5 或 6。它们出现的概率相同。所以，一共有 36(6×6) 种组合。正如图 6-31 所示，点数之和是 2 时，一定是两个骰子的点数都是 1，这一情况出现的概率显然是 $\frac{1}{36}$；点数之和是 11 时，可能是第一个骰子为 5，第二个骰子为 6(图 6-31 中的 5+6)，可能是第一个骰子为 6，第二个骰子为 5(图 6-31 中的 6+5)，只有这两种可能，所以点数之和为 11 这一情况出现的概率为 $\frac{2}{36}$，即 $\frac{1}{18}$。不同点数之和出现的概率一般是不相同的。上表通过一一列举，把各种可能出现的情况概率是多少及它们是怎么得到的，都详细地列出来了。

2. 被代数模式捕获——从抽象到抽象的升华

如果我们把上面投掷两个骰子得到点数之和这一过程，与代数学中多项式相乘联系起来，你会不会感到意外呢？我们来看一看下面两个多项式的乘积。

$$(x + x^2 + x^3 + x^4 + x^5 + x^6)(x + x^2 + x^3 + x^4 + x^5 + x^6)$$

根据多项式相乘的法则，第 1 个多项式的第 1 项要与第 2 个多项式的每一项相乘，第 1 个多项式的第 2 项也要与第 2 个多项式的每一项相乘……直到第 1 个多项式的第 6 项与第 2 个多项式的每一项相乘，最后把所有乘得的单项式相加。结果就会得到 36 个系数为 1 的"项"(见图 6-32)。

$$xx$$
$$xx^2, x^2x$$
$$xx^3, x^2x^2, x^3x$$
$$xx^4, x^2x^3, x^3x^2, x^4x$$
$$xx^5, x^2x^4, x^3x^3, x^4x^2, x^5x$$
$$xx^6, x^2x^5, x^3x^4, x^4x^3, x^5x^2, x^6x$$
$$x^2x^6, x^3x^5, x^4x^4, x^5x^3, x^6x^2$$
$$x^3x^6, x^4x^5, x^5x^4, x^6x^3$$
$$x^4x^6, x^5x^5, x^6x^4$$
$$x^5x^6, x^6x^5$$
$$x^6x^6$$

图 6-32

我们知道，两个 3 相乘，即 3×3，可以写成 3^2。四个 3 相乘，即 3×3×3×3，可以写成 3^4。那么，六个 3 相乘，就是 3×3×3×3×3×3，可以写成 3^6。所以

$$3^2 \times 3^4 = (3 \times 3) \times (3 \times 3 \times 3 \times 3) = 3 \times 3 \times 3 \times 3 \times 3 \times 3 = 3^6 = 3^{2+4}$$

从而数学家总结出如下代数规律

$$x^i x^j = x^{i+j}$$

那么，上面所得的 36 项，是有"同类项"的，上面由单项式构成的"平行四边形

阵容"中，每一行中各项都是同类项，但是不同行中的项不是同类项。合并同类项后，再把所有不同类的项加起来，按照幂次从低到高的顺序排列，所得结果就是

$$x^2 + 2x^3 + 3x^4 + 4x^5 + 5x^6 + 6x^7 + 5x^8 + 4x^9 + 3x^{10} + 2x^{11} + x^{12}$$

上式中每一项的指数$(2,3,4,5,6,7,8,9,10,11,12)$，与投掷两个骰子所得点数之和(也是$2,3,4,5,6,7,8,9,10,11,12$)完全对应。而上式中每一项的系数$(1,2,3,4,5,6,5,4,3,2,1)$，若都除以36，所得就是每种点数之和出现的概率$(\frac{1}{36}, \frac{1}{18}, \frac{1}{12}, \frac{1}{9}, \frac{5}{36}, \frac{1}{6}, \frac{5}{36}, \frac{1}{9}, \frac{1}{12}, \frac{1}{18}, \frac{1}{36})$。

到此，投掷两个完全相同且各面上点数分别为$1,2,3,4,5,6$的正方体形状骰子，与把两个相同的多项式

$$x + x^2 + x^3 + x^4 + x^5 + x^6, \ x + x^2 + x^3 + x^4 + x^5 + x^6$$

相乘，就完全等价起来了。也可以说，投掷两个完全相同且各面上点数分别为$1,2,3,4,5,6$的正方体形状骰子，各点数之和出现的概率的计算，完全被代数多项式的运算所捕获！

数学是不是很厉害！

3. 数学的威力——在数学内部建立数学大厦

我们学过多项式的人都应该会进行两种运算，一种是把几个多项式相乘，也就是把几个多项式的乘积形式进行展开。另一种运算是上面展开运算的逆运算，即分解因式。比如

$$(x + 2)(x - 3) = x^2 - x - 6 \text{ 是展开运算}$$

$$x^2 - x - 6 = (x + 2)(x - 3) \text{ 是分解因式运算}$$

展开运算的结果是唯一的，但反过来，分解因式运算却有可能不唯一。这类似2与6的乘积等于$12(2×6=12)$是唯一的，但12除了可以分解成因数2和6的乘积外$(12=2×6)$，还可以分解成因数3和4的乘积$(12=3×4)$，甚至1和12的乘积，所以结果不唯一。

那么，多项式

$$x^2 + 2x^3 + 3x^4 + 4x^5 + 5x^6 + 6x^7 + 5x^8 + 4x^9 + 3x^{10} + 2x^{11} + x^{12}$$

会不会有其他与

$$(x + x^2 + x^3 + x^4 + x^5 + x^6)(x + x^2 + x^3 + x^4 + x^5 + x^6)$$

完全不同的因式分解结果呢？事实是，确实存在一个这样的因式分解

$$(x + 2x^2 + 2x^3 + x^4)(x + x^3 + x^4 + x^5 + x^6 + x^8)$$

即

$$(x + x^2 + x^2 + x^3 + x^3 + x^4)(x + x^3 + x^4 + x^5 + x^6 + x^8)$$

也就是说,我们把它分解成两个不同多项式的乘积,其中每个多项式都是由六项系数为1的单项式相加而成。

特别强调:最重要的是,上面这个乘积,再展开后的结果还是下式:

$$x^2 + 2x^3 + 3x^4 + 4x^5 + 5x^6 + 6x^7 + 5x^8 + 4x^9 + 3x^{10} + 2x^{11} + x^{12}$$

即不同因式分解结果再展开成多项式,结果是唯一的。

4. 从数学回到现实——制造一对新骰子

下面来看一看我们是如何把上述结果返回骰子这个实际问题中的。我们可以制作出两个新骰子,其中一个,六个面上分别刻上1点、2点、2点、3点、3点、4点,而另一个六个面上分别刻上1点、3点、4点、5点、6点、8点。如图6-33所示是两个新骰子的展开图。

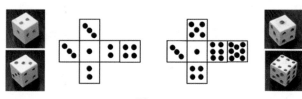

图6-33

那么,在同时投掷两个骰子的情况下,新式骰子与两个各面都是由1点,2点,3点,4点,5点,6点构成的传统骰子,在各点数之和出现的概率方面是完全等价的,也就是说,我们完全可以用新式骰子代替原来的骰子。

不妨也对两个新式骰子用传统的方法计算一下各种点数之和可能出现的概率。

点数之和						概率
2	(1+1)					1/36
3		(2+1)	(2+1)			1/18
4	(1+3)			(3+1)	(3+1)	1/12
5	(1+4)	(2+3)	(2+3)		(4+1)	1/9
6	(1+5)	(2+4)	(2+4)	(3+3)	(3+3)	5/36
7	(1+6)	(2+5)	(2+5)	(3+4)	(3+4)	(4+3)	1/6
8		(2+6)	(2+6)	(3+5)	(3+5)	(4+4)	5/36
9	(1+8)			(3+6)	(3+6)	(4+5)	1/9
10		(2+8)	(2+8)			(4+6)	1/12
11				(3+8)	(3+8)		1/18
12						(4+8)	1/36

图6-34

与前面的图6-31对比,可以看出,它们的最左边一列和最右边一列,是完全一致的。

不通过多项式这一代数模式,不通过在这一多项式模式中的运算,我们是无法找到或发现与传统骰子完全不同,但投掷结果的概率分布不变的另一对骰子。也许发明一对与传统骰子概率分布完全一样但看上去却完全不同的神奇骰子,没有什么实际用途。但现在没有用不代表今后没有用。

数学给人以无穷的想象空间。数学来源于生活,但可以超越生活。

九、神奇的复数

1. 数学钟表很有趣

在第1章中讲过关于复数的重要公式——棣莫弗公式。
$$(\cos\alpha + i\sin\alpha)^n = \cos n\alpha + i\sin n\alpha$$

在如图6-35所示的数学钟表中,出现了复数的指数形式,是下面这个著名的欧拉公式的变形。
$$e^{i\pi} + 1 = 0$$

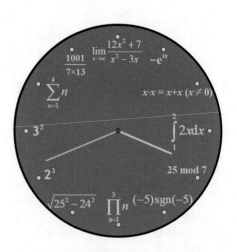

图6-35

这个神奇的公式把五个重要常数 π、e、i、1和0放在了一个公式中。

 拓展阅读

卡塔兰猜想

所有大于1的正整数的大于1的正整数次方中,2^3 和 3^2(8和9)是仅有的两个连续的正整数。用数学语言来说得更加明确一些就是,所有 m^n($m, n \in \{ x \mid x > 1, x \in \mathbf{N} \}$)中,只有 2^3 和 3^2(8和9)是两个连续的正整数。这个由发现卡塔兰数的比利时数学家卡塔兰提出的猜想,已经于2002年被证实是正确的。

2. 海岛寻宝问题

所谓的海岛寻宝问题是这样的。

有一个无人小岛,从岛的北面上岸,向前走,是一大片绿地,在上面可以看到一棵橡树、一棵松树和一个绞架。从绞架开始沿直线朝橡树走,记下到达橡树走了多少步,然后向右折转90°,再走同样多步,做个标记。回到绞架,再沿直线朝松树走,记下到达松树走了多少步,然后向左折转90°,再走同样多步,再做个标记。两个标记连线的中点的地下埋有宝藏。

一个年轻人独自发现了这个秘密。他出发了,找到了这个海岛,但没有找到绞架。那他还能找到宝藏埋藏地吗?

至少有几何方法和复数方法两种解法,复数是最简捷、最漂亮的方法。埋藏宝藏的地点是一个不动点,与绞架的位置无关。也就是说,任意地点都可以当成绞架的地点。然后照着题目所说的去做即可。

我们将用两种方法证明这个不动点的存在与绞架无关。

第一种方法是几何方法。这里只给出一个简单图示(见图6-36)和简单说明。请注意图中相同颜色的三角形是全等的,相同颜色的线段是相等的。最左侧红线与最右侧紫线的长度的平均值是梯形$DD'E'E$的中位线MM',M'是$D'E'$的中点。而$D'A = BE'$,所以,M'也是AB的中点。而AB又正是红、紫两线段相加而得,所以红、紫两线段的平均值就是AB的一半。所以,不动点就是以AB为斜边的等腰直角三角形的直角顶点(点M)。

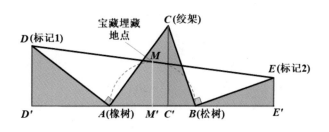

图6-36

下面介绍第二种方法——复数方法。介绍前需要了解复数的两个基础知识,即复数相加的平移变换和复数相乘的相似变换。

(1)一个复数与复平面上一个点一一对应(注意,复平面看上去与直角坐标平面很像,但其实完全不是一回事)。也可以认为一个复数与复平面上从原点发出指向这个复数点的向量一一对应。向量只有方向和大小,与起点的位置无关。两个复数的加法运算就相当于向量的加法运算,可运用平行四边形法则计算。那么两个复数的差也就完全可以确定。两个复数 z_2 和 z_1 的差 z_2-z_1 是一个从 z_1 指向 z_2 的向量,它的起点是 z_1,终点是 z_2。把这个向量平移,使其起点与原点重合,则终点的位置就是两复数的差 z_2-z_1 所表示的点,如图6-37所示。

（2）复数的乘法有些复杂。如图6-38所示,用点 Z_1 和点 Z_2 分别表示复数 z_1 和 z_2。在实轴上取表示复数1的点 A。构造三角形 OAZ_1。作一个旋转缩放变换,把三角形 OAZ_1 变换成三角形 OZ_2Z,让两个三角形有公共顶点 O,且让边 OZ_2 与 OA 是两个相似三角形的对应边。则第二个三角形的边 OZ 的顶点 Z 就表示复数 z_1 和 z_2 的乘积 z_1z_2。若用复数的三角形式表示复数,根据棣莫弗公式（第1章中出现过）,这个变换是很好理解的。

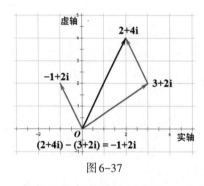

图6-37

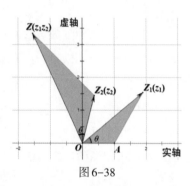

图6-38

根据上述复数乘法的定义,一个复数乘以虚数单位 i,结果就相当于把这个复数所对应的向量逆时针旋转90°,而长度不变。举例如图6-39所示。当然,一个复数乘以 $-i$,就相当于把这个复数所对应的向量顺时针旋转90°,长度不变。这就与我们前面寻宝问题中所谓的"向右（或向左）折转90°,再走同样多步"对应上了。

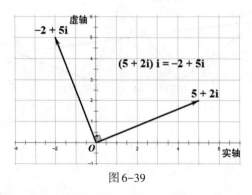

图6-39

下面就用复数的方法解海岛寻宝问题。观察图6-40。

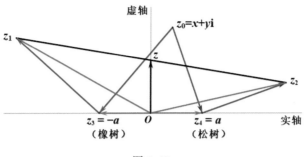

图 6-40

求出复数 z_1 和 z_2。

$$z_1 = (z_3 - z_0)(-\mathrm{i}) + z_3 = [-a - (x + y\mathrm{i})](-\mathrm{i}) - a$$

$$= (-a - x - y\mathrm{i})(-\mathrm{i}) - a = -y - a + (a + x)\mathrm{i}$$

$$z_2 = (z_4 - z_0)\mathrm{i} + z_4 = [a - (x + y\mathrm{i})]\mathrm{i} + a$$

$$= (a - x - y\mathrm{i})\mathrm{i} + a = y + a + (a - x)\mathrm{i}$$

z_1 和 z_2 的中点为：

$$z = \frac{z_1 + z_2}{2} = \frac{[-y - a + (a + x)\mathrm{i}] + [y + a + (a - x)\mathrm{i}]}{2} = a\mathrm{i}$$

上式说明，不管 z_0 怎么变化，虽然 z_1 和 z_2 也在变化，但 z_1 和 z_2 连线的中点的位置是不变的。按照上图橡树在西、松树在东的情况，藏宝点应该位于两棵树连线中点的正北方向两树距离一半的地方。

3. 单位圆与单位根

下面的三次方程有三个根。

$$x^3 = 1, \quad x_1 = 1, \quad x_{2,3} = \frac{-1 \pm \sqrt{3}\,\mathrm{i}}{2}$$

其中一个为1，另外两个根是一对共轭复数。把三个根表示在复平面的单位圆上，如图 6-41 所示。

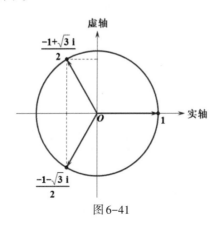

图 6-41

我们把上面三次方程做因式分解，马上就可以看出它的三个根是怎么得来的。

$$x^3 - 1 = 0 \Leftrightarrow (x - 1)(x^2 + x + 1) = 0$$

上面那两个共轭复根就是上式中第二个因式的零点，通过二次方程求根公式就可以得到。第二个因式是三项之和，那么，如果规定第一个根为 $x_1 = 1$，第二个根为 $x_2 = x = \dfrac{-1 + \sqrt{3}\,\mathrm{i}}{2}$，那么，第三个根就是第二个根的平方：$x_3 = x^2 = \left(\dfrac{-1 + \sqrt{3}\,\mathrm{i}}{2}\right)^2 = \dfrac{-1 - \sqrt{3}\,\mathrm{i}}{2}$。从图 6-41 中也可以看出，三个单位根相加后，两个共轭复根的虚部互相抵销，三个根的实部相加一定为 0。

把三次方程推广到五次方程 $x^5 = 1$，也可以有类似的结论：这个五次方程一共有五个单位根，其中一个为 1，另外四个根是两对共轭复根。五个根相加必定等于 0。这同样可以通过对方程进行变形和因式分解看出来。

$$x^5 - 1 = 0 \Leftrightarrow (x - 1)(x^4 + x^3 + x^2 + x + 1) = 0$$

其中若 x 是一个单位根，则 x 与 x^4 是一对共轭复根，x^2 与 x^3 是另一对共轭复根。在复平面上，这 5 个根是单位圆的 5 个等分点，其中一个根位于实轴上，如图 6-42 所示。

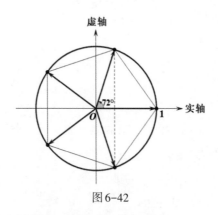

图 6-42

同理，还可以推广到任意 n（正整数）次方程 $x^n = 1$。

十、费马数与正多边形的尺规作图

长期以来，人们都在研究哪些正多边形可以通过直尺和圆规进行作图。正三角形、正方形和正五边形的尺规作图，古代的人们就会了。人们还会用尺规把一个角二等分,把一条线段二等分,于是从正三角形出发,便可以作出正六边形、正十二边形……从正方形出发可以作出正八边形、正十六边形,正三十二边形……从正五边形出发可以作出正十边形、正二十边形、正四十边形……所以,可以看出,一个正偶数边形是否可以作出,只需看这个偶数连续除以若干个2之后所得到的正奇数边形是否可以尺规作图(不考虑最终得到1的情况)。所以,我们只需研究哪些正奇数边形可以尺规作图。

正三角形和正五边形都已经可以通过尺规作图,而正七边形、正九边形、正十一边形及正十三边形,被证明是不可能用尺规作图的。正十五边形是可以的,因为 $15 = 3 \times 5$,3 和 5 互素,而正三角形和正五边形可以尺规作图。这是为什么呢?我们知道,一次方程 $ax - by = 1$(a 与 b 互素,$a > b > 0$)一定有正整数解。所以,$5x - 3y = 1$ 一定有正整数解,而 $x = 2$ 和 $y = 3$ 就是一组解。那么,把这个方程两边同时除以 15,就得到 $\frac{x}{3} - \frac{y}{5} = \frac{1}{15}$,这个方程当然与 $5x - 3y = 1$ 同解,即 $x=2$ 和 $y=3$。我们下面把这个方程做几何解释。

设一个圆的周长为 1。那么方程 $\frac{x}{3} - \frac{y}{5} = \frac{1}{15}$ 就可以解释为,2 个 $\frac{1}{3}$ 长的圆弧减去 3 个 $\frac{1}{5}$ 长的圆弧,就得到 1 个 $\frac{1}{15}$ 长的圆弧。又因为三等分圆周和五等分圆周都是可以尺规作图的,所以,一段 $\frac{1}{15}$ 圆弧也就可以作出了。于是,15 等分一个圆周也就作出了,从而,正十五边形也就可以尺规作图了。

下面是正十五边形的具体作图过程。

(1)在水平方向上做一线段 AB。取线段中点为 O。以点 O 为圆心,以线段 AB 的一半(OA 或 OB)为半径作一个圆(可称为圆 O),如图 6-43 所示。

(2)以点 A 为圆心,以 OA(圆的半径)为半径作圆弧,与圆 O 交于两点 C 和 D。连接 BC、BD、CD。则三角形 BCD 为一个正三角形。这就是圆内接正三角形的尺规作图。

(3)下面作圆内接正五边形。如图 6-44 所示,作与 AB 垂直的半径 OE。取半径 OB 的中点 F。连接 EF。以点 F 为圆心,以 EF 为半径作圆弧,与半径 OA 交于点 G。连接 EG。则 EG 就是圆内接正五边形的边长。于是,以点 B 为圆心,以 EG 为半径作圆弧,在圆 O 上截得两点 H 和 K,再分别以点 H 和 K 为圆心,以 EG 为半径作圆弧,在圆上截得点 I 和点 J。连接 BH、HI、IJ、JK、KB。则五边形 $BHIJK$ 就是所要作的圆内接正五边形。

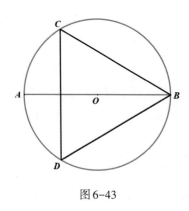

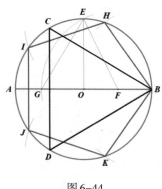

图 6-43 图 6-44

（4）再来看前面那个方程：$\dfrac{x}{3} - \dfrac{y}{5} = \dfrac{1}{15}$。$x=2$，$y=3$ 是一组解。若上面所做之圆的周长为1,则方程的这组解就可以理解为,甲从点 B 沿着圆周逆时针走上 2 个 $\dfrac{1}{3}$ 周长,到达点 D 停下。而乙从点 B 出发沿着逆时针方向走上 3 个 $\dfrac{1}{5}$ 周长,到达点 J 停下。那么,甲正好超过乙 $\dfrac{1}{15}$ 圆弧长,即 DJ 弧长正好为 $\dfrac{1}{15}$。于是,有了弧 DJ,就可以把圆周依次截出 15 个等分点,也就可以作出一个正十五边形。

后来,正十七边形也可以用尺规作图作出了。

以前的人们想方设法要找到某个公式,让这个公式可以给出所有素数。费马也做过这样的尝试。费马数就是这样出现的。对 $n = 0,1,2,3,4$,由下式得出的数都是素数。

$$F_n = 2^{2^n} + 1$$

具体来说就是

$$F_0 = 2^{2^0} + 1 = 3$$
$$F_1 = 2^{2^1} + 1 = 5$$
$$F_2 = 2^{2^2} + 1 = 17$$
$$F_3 = 2^{2^3} + 1 = 257$$
$$F_4 = 2^{2^4} + 1 = 65537$$

于是费马猜测,这种形式给出的数都是素数。人们称这种形式的数为费马数。后来人们发现,$n = 5$ 时,费马数不再是素数了(其实,欧拉给出了它是两个正整数的乘积:$F_5 = 4294967297 = 641 \times 6700417$,就已经说明 F_5 是合数了),并且到目前为止,除最前面的这五个费马数是素数外,就没有再找到其他费马数是素数。人们甚至猜测,F_5 之后的费马数全都是合数,但这也没有得到理论上的证明。

而就是这五个费马素数,让高斯搭建起了正多边形尺规作图的大厦。高斯从理论上彻底解决了正多边形尺规作图问题。高斯最终得到的结论是:一个正 k 边形(k 为奇数),当且仅当 k 为费马素数或为几个不同费马素数的乘积时,才能够用直尺和圆规作图。

于是,这五个费马素数中取1个、2个、3个、4个、5个进行组合并相乘,我们将得到31个数。这个数字31来自下面的计算。

$$C_5^1 + C_5^2 + C_5^3 + C_5^4 + C_5^5 \overset{(直接计算)}{=} 5 + 10 + 10 + 5 + 1 = 31$$

$$\overset{(二项式定理)}{=} C_5^0 + C_5^1 + C_5^2 + C_5^3 + C_5^4 + C_5^5 - C_5^0 = (1+1)^5 - 1 = 2^5 - 1 = 31$$

若用 N 表示这31个数,那么,正 N 边形就都是可以尺规作图作出的。具体来说,这31个数是这样得来的。

取1个数的组合,有5种。

$$3,5,17,257,65537$$

取2个数的组合并相乘,有10种。

$$3 \times 5, 3 \times 17, 3 \times 257, 3 \times 65537, 5 \times 17, 5 \times 257, 5 \times 65537,$$
$$17 \times 257, 17 \times 65537, 257 \times 65537$$

取3个数的组合并相乘,有10种。

$$3 \times 5 \times 17, 3 \times 5 \times 257, 3 \times 5 \times 65537, 3 \times 17 \times 257, 3 \times 17 \times 65537,$$
$$3 \times 257 \times 65537, 5 \times 17 \times 257, 5 \times 17 \times 65537, 5 \times 257 \times 65537, 17 \times 257 \times 65537$$

取4个数的组合并相乘,有5种。

$$5 \times 17 \times 257 \times 65537(缺3), 3 \times 17 \times 257 \times 65537(缺5),$$
$$3 \times 5 \times 257 \times 65537(缺17), 3 \times 5 \times 17 \times 65537(缺257),$$
$$3 \times 5 \times 17 \times 257(缺65537)$$

取5个数的组合并相乘,有1种。

$$3 \times 5 \times 17 \times 257 \times 65537$$

若是能够发现除上述5个费马素数外新的费马素数,则高斯的这个结论将被更新。

下面我们数一数一共有多少个边数小于100的正多边形可以用尺规进行作图,相当于考一考你对正多边形尺规作图的理解。小于100的费马素数有3,5,17这三个,它们的组合相乘结果小于100的数有六个(3,5,17,15,51和85),及这六个数的2倍、4倍、8倍……(结果小于100)。当然还有正方形及4的正整数倍正多边形,所以,一共就是下面这24个正整数。

$$3,4,5,6,8,10,12,15,16,17,20,24,30,$$
$$32,34,40,48,\mathbf{51},60,64,68,80,\mathbf{85},96$$

费马是业余数学家,但它的名字多次出现在数论中:费马小定理、费马大定理、费马数,还有费马点。他还断言,一个形如$4k+1$的素数能够唯一地表示成两个自然数的平方和。这一断言后来也被证明是正确的。"业余数学家"费马为数论及数学的发展作出了巨大贡献。

十一、正多边形的平面密铺问题与单位分数

前五章每章末尾都给出了一张图。这里将专门开辟一节研究那五张图的背景图案。

所谓平面密铺问题,就是用正多边形的瓷砖把地面铺满不留任何空隙。此问题之所以提出,是因为正多边形有很多种,所以铺砖的方式也会有很多种。我们这里研究的铺砖问题,要求不管是正几边形,它们的边长全都相等,铺砌时边与边不错位地完全挨在一起。针对每一种铺砌方式,每个顶点处连接的瓷砖的种类、数量、每种砖的数量都是完全相同的。比如,图6-45所示是由一种正多边形——正六边形构成的,每个顶点都与三个正六边形相连。

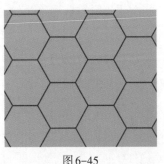

图6-45

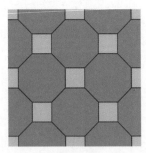

图6-46

再如图6-46所示,每个顶点处都连接着两个正八边形和一个正方形。这种铺砌方式用了两种不同的瓷砖。

以上两种铺砌方式当然都是可以无限扩展铺满整个平面的。这样的铺砌方式共十一种,我们下面要对包括这两种铺砌方式在内的十一种铺砌方式进行数学上的研究,从而在理论上找出所有可能的铺砌方式,彻底解决所谓的平面密铺问题。

注意,在每个顶点处连接着的瓷砖的种类就是这种铺砖方式所用到正多边

形的全部种类。所以,我们研究某个顶点处瓷砖的构成情况即可。

每个顶点处连接着几种相同或不同的瓷砖,并且不能出现缝隙,所以,这几块瓷砖内角的和一定等于360°(2π)。我们设在每个顶点处连接有 k 块正多边形瓷砖。设这 k 块瓷砖分别为正 $a_1, a_2, a_3, \cdots, a_k$ 边形。我们知道,一个正 n 边形的内角的大小等于这个正 n 边形内角和除以 n。而正 n 边形内角和等于 $(n-2)$ 倍的三角形内角和,即 $(n-2)\pi$。比如,对三角形,$n=3$,则内角和等于 $(n-2)\pi = \pi$;对五边形,$n=5$,它的内角和就等于 $(n-2)\pi = 3\pi$。所以,正 n 边形内角的大小为 $\dfrac{(n-2)\pi}{n}$。针对本问题,一个顶点处几个正多边形各"瓜分"了圆周角的一部分(等于正多边形各自的内角),但它们的和等于 2π,所以有

$$\frac{(a_1-2)\pi}{a_1} + \frac{(a_2-2)\pi}{a_2} + \cdots + \frac{(a_k-2)\pi}{a_k} = 2\pi$$

化简,得

$$\left(\frac{a_1}{a_1} - \frac{2}{a_1}\right)\pi + \left(\frac{a_2}{a_2} - \frac{2}{a_2}\right)\pi + \left(\frac{a_k}{a_k} - \frac{2}{a_k}\right)\pi = 2\pi$$

$$\left(\frac{a_1}{a_1} + \frac{a_2}{a_2} + \cdots + \frac{a_k}{a_k}\right) - \left(\frac{2}{a_1} + \frac{2}{a_2} + \cdots + \frac{2}{a_k}\right) = 2$$

$$k - \left(\frac{2}{a_1} + \frac{2}{a_2} + \cdots + \frac{2}{a_k}\right) = 2$$

$$\frac{1}{a_1} + \frac{1}{a_2} + \cdots + \frac{1}{a_k} = \frac{k-2}{2} \quad (a_1, \ a_2, \ \cdots, \ a_k \geqslant 3)$$

因为 k 为每个顶点处连接的瓷砖的块数,所以,k 必须大于等于3(顶点处至少要连接三块瓷砖);k 还必须小于等于6,因为内角最小的瓷砖是正三角形,正三角形内角是 $\dfrac{\pi}{3}$,七块凑在一起就是 $\dfrac{7\pi}{3}$,大于 2π,无法整齐拼接。现在确定下来了 k 的取值范围,于是,就可以针对不同的 k 值分别研究,从而最终得出瓷砖铺砌的所有可能情况。

问题已经变得简单了很多,我们只需关注上式中那些单位分数的分母的取值,也就是正多边形的边数。

首先,取 $k=3$,即每个顶点处连接着三块瓷砖。于是有

$$\frac{1}{a_1} + \frac{1}{a_2} + \frac{1}{a_3} = \frac{1}{2}$$

研究这三块瓷砖可以取什么正多边形,即要确定 (a_1, a_2, a_3) 的所有可能的组合。可以先假设三个数相等。这时,它们都等于6。这说明三个正多边形都

是正六边形。这时的铺砌结果如前面的图6-45所示。

其次,假设这三个数中有两个相等,不妨设前两个相等,即$a_1=a_2$。所以,

$$\frac{2}{a_1} + \frac{1}{a_3} = \frac{1}{2}$$

这个有两个未知量的不定方程如何求解呢? 一般方法是把一个未知量用另一个未知量表示出来。

$$\frac{1}{a_3} = \frac{1}{2} - \frac{2}{a_1} = \frac{a_1 - 4}{2a_1},$$

$$a_3 = \frac{2a_1}{a_1 - 4} = \frac{2a_1 - 8 + 8}{a_1 - 4} = 2 + \frac{8}{a_1 - 4}$$

从上式看,a_1(也就是a_2)可以取$5,6,8,12$,它们都能保证上式右端的分式为整数。相应的a_3取$10,6,4,3$。所以可能的组合是

$$(5,5,10),(6,6,6),(8,8,4),(12,12,3)$$

其中的$(6,6,6)$前面已经说过,是三块瓷砖相同且都为正六边形的情况。于是,剩下的三种可能,我们需要实际画出图形以检验其是否正确。结果是,$(5,5,10)$组合实际上不能实现密铺整个平面,正五边形的每相邻的两条边必须是一条接另一个正五边形,另一条接正十边形,所以,一个正五边形周围应该是"一五一十"间隔着的,但五边形的边是五,是奇数,所以,"一五一十"的间隔相接是做不到的。$(8,8,4)$和$(12,12,3)$都是可以的。$(8,8,4)$的情况如图6-46所示。$(12,12,3)$的情况如图6-47所示。

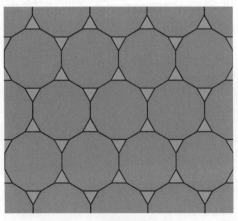

图6-47

$k = 3$时还有第三种可能,就是三块瓷砖都不相同,即a_1、a_2、a_3各不相等。不妨设$a_1 < a_2 < a_3$。这时怎样解下面这个方程呢?

$$\frac{1}{a_1} + \frac{1}{a_2} + \frac{1}{a_3} = \frac{1}{2}$$

显然,a_1不能等于6,否则上式左边将小于1/2。而a_1大于6更加使得左边小于1/2了。所以,a_1只能取3、4或5。而a_1取奇数会有问题,因为一个奇数边的正多边形,它的每个顶点连接着另外两个不同的正多边形必须是间隔着出现的,但围着一个奇数边正多边形,这是不可能的。所以,可以推知,a_1只能是偶数4。同理,a_2和a_3也只能是偶数。于是上式成为:

$$\frac{1}{4} + \frac{1}{a_2} + \frac{1}{a_3} = \frac{1}{2}, \quad \frac{1}{a_2} + \frac{1}{a_3} = \frac{1}{4}$$

又因为$a_2 < a_3$,所以$a_2 < 8$(若$a_2 \geq 8$,则上式左边会小于$\frac{1}{4}$)。所以$a_2 = 6$。从而求出$a_3 = 12$。所以,这三个数只能是4,6,12。也就是三块瓷砖分别是正方形,正六边形和正十二边形,它们的铺砌情况如图6-48所示。

上述研究方法,是从三个数全相等、两个数相等、三个数都不相等三方面一

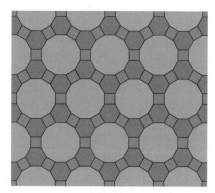

图6-48

步步推出可能的组合情况。也可以用其他的方法,比如,三个数中先取一个数为3,研究另外两个数可能取到的情况。然后,取三个数中的一个为4进行研究,再取5……这样也可以一步步求得可能的组合情况。两种方法的难易或复杂程度差不多。

通过前文的研究,我们知道每个顶点连接着三个正多边形($k = 3$)的情况,已经出现了四种可能的组合,与总共11种可能的组合还差7种,这7种分别对应着$k = 4, 5$和6的情况。

在继续研究$k = 4$的情况之前,作为铺垫,先讲解几个与本节内容相关的题目。

选择题:针对图6-48这种$(4, 6, 12)$组合,下面的图6-49中的12个选项(12种组合瓷砖)中,哪些是正确的?哪些是不正确的?所谓正确是指,可以用无数块这种组合瓷砖把平面铺满而没有重叠也不留空隙。注:第一,在铺砌时,这些相同的瓷砖(比如全是A)之间是平移的关系;第二,瓷砖是单面上彩的,当然不能翻面铺砌;第三,组合瓷砖是指其形状是由若干正多边形拼成且已烧制成一个整体,不能掰开或切开的组合;第四,题目中所说的组合瓷砖与顶点处几种正多边形组合是不同的概念。

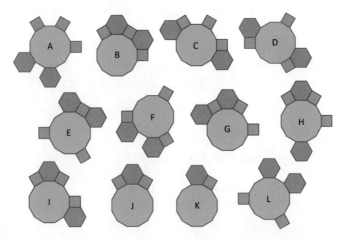

图 6-49

答案：A，B，C，D，E，F，G，H 这八种是对的，I，J，K，L 都不对。为什么呢？我们观察如图 6-50 所示的整张图片。

它的上下边缘是可以严丝合缝拼接的，左右边缘也是可以严丝合缝拼接的。这说明无数张这样的图片是可以构成全平面的，它也是可以代表全平面的。所以，这样的一张图片中三种正多

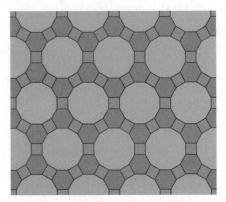

图 6-50

边形数量的比值就是全平面中三种正多边形数量的比值。如果要用这个图案装修地面，就要按这个比例购买三种瓷砖（生产厂家是不会真的生产组合瓷砖的），这样就不会产生不必要的浪费。这个比例就是

正十二边形：正六边形：正方形=1:2:3

可以数一数图案中的三种正多边形的数量：正十二边形（绿色）完整的有 10 个，上下边缘的可以拼出 4 个，左右边缘的可以拼出 2 个，所以一共是 10 + 4 + 2 = 16 个正十二边形。正六边形（紫色）完整的有 28 个，上下边缘可以拼出 0 个，左右边缘可以拼出 4 个，于是，一共有 28 + 0 + 4 = 32 个正六边形。最后计算正方形（粉色）的数量，完整的有 43 个，上下边缘可以拼出 3 个，左右边缘可以拼出 1 个，四个顶角可以拼出 1 个，一共是 43 + 3 + 1 + 1 = 48 个正方形。那么，数量之比为 16:32:48，即 1:2:3。

上述选项中，前九个都满足这个比例，所以正确的答案一定在它们当中产生，后三个肯定是不行的。而前九个中的前六个图形（A，B，C，D，E，F）是轴对

称的,所以肯定正确。G和H也是可以,而I不行。数学上,把可以拼出全平面的最小组合瓷砖称作籽砖。

好的,继续讲$k = 4$的情况。根据公式

$$\frac{1}{a_1} + \frac{1}{a_2} + \cdots + \frac{1}{a_k} = \frac{k-2}{2}$$

得

$$\frac{1}{a_1} + \frac{1}{a_2} + \frac{1}{a_3} + \frac{1}{a_4} = 1$$

我们就是要求出上面这个由单位分数构成的不定方程的正整数解。还是按照四个数全都相等、其中三个数相等、其中两个数相等及四个数都不相等的不同情况逐步讨论。

(1)若四个数全都相等,显然,它们都等于4,那么,这就对应顶点处连接着四个正方形瓷砖的情况,如图6-51所示。

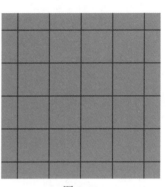

图6-51

(2)四个数中有三个相等。不妨设前三个相等。于是上面公式变为:

$$\frac{3}{a_1} + \frac{1}{a_4} = 1, \quad \frac{1}{a_4} = 1 - \frac{3}{a_1} = \frac{a_1 - 3}{a_1},$$

$$a_4 = \frac{a_1}{a_1 - 3} = \frac{a_1 - 3 + 3}{a_1 - 3} = 1 + \frac{3}{a_1 - 3}$$

从而,a_1只能取4和6,才能使得a_4为整数。a_1取4时就是刚才的四个正方形的情况。a_1取6时,a_4等于2,这不对,因为两条边不能组成多边形。没有产生新的有效组合。

(3)四个数中有两个相等,不妨设前两个相等。于是有

$$\frac{2}{a_1} + \frac{1}{a_3} + \frac{1}{a_4} = 1, \quad \frac{1}{a_3} + \frac{1}{a_4} = 1 - \frac{2}{a_1} = \frac{a_1 - 2}{a_1}$$

试着先取a_1(和a_2)等于3,于是,上式右边等于$\frac{1}{3}$。所以有

$$\frac{1}{a_3} + \frac{1}{a_4} = \frac{1}{3}$$

只存在两种a_3和a_4的组合

$$a_3 = a_4 = 6,$$
$$a_3 = 4, a_4 = 12$$

这时的四数组合分别为：

$$(3, 3, 6, 6)$$

$$(3, 3, 4, 12)$$

其中的$(3, 3, 4, 12)$，经实验，拼不出来。所以，只有$(3, 3, 6, 6)$这一种符合要求，如图6-52所示。注意，图中每个顶点处实际上只能是两个正三角形与两个正六边形间隔着排放，即$(3, 6, 3, 6)$，或（正三角形，正六边形，正三角形，正六边形）。

再试着取a_1(和a_2)等于4，于是有

$$\frac{1}{a_3} + \frac{1}{a_4} = 1 - \frac{2}{a_1} = \frac{4-2}{4} = \frac{1}{2}$$

只存在两种a_3和a_4的组合

$$a_3 = a_4 = 4$$

$$a_3 = 3, a_4 = 6$$

即

$$(4, 4, 4, 4)$$

$$(4, 4, 3, 6)$$

$(4, 4, 4, 4)$的情况已讨论过。所以，新产生的组合是

$$(4, 4, 3, 6)$$

它的铺砌图案如图6-53所示。

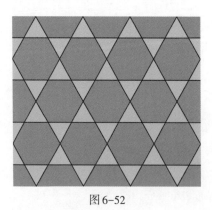

图6-52

图6-53

(4)四个数全不相等，即

$$\frac{1}{a_1} + \frac{1}{a_2} + \frac{1}{a_3} + \frac{1}{a_4} = 1$$

这种情况下，可以设$a_1 < a_2 < a_3 < a_4$，经计算，不存在这样一组四个正整数。

目前共得到了全部11种铺砌方法中的7种。继续讲$k = 5$的情况，即每个

顶点处有五块瓷砖聚拢在一起,不重叠,不留空隙。这时的单位分数公式

$$\frac{1}{a_1} + \frac{1}{a_2} + \cdots + \frac{1}{a_k} = \frac{k-2}{2}$$

就成为:

$$\frac{1}{a_1} + \frac{1}{a_2} + \frac{1}{a_3} + \frac{1}{a_4} + \frac{1}{a_5} = \frac{3}{2}$$

可以算出不存在五块相同的瓷砖正好聚拢在顶点的情况,因为360°除以5等于72°,但不存在内角为72°的正多边形。下面先考虑有四块相同瓷砖的情况。显然,这四块相同的瓷砖只能是正三角形的(若四块都是正方形,就没有给第五块留出地方,更别提四块都是更多边数的正多边形了)。这时60°乘以4等于240°。于是,给第五块瓷砖留出120°的空隙,正好可以放下一个正六边形。所以,我们就得到一种组合:(3,3,3,3,6)。它的铺砌图案如图6-54所示。

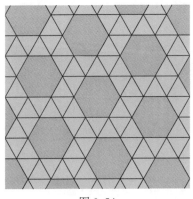

图6-54

下面考虑有三块瓷砖相同的情况。若三块相同瓷砖为正三角形瓷砖,则它们占了180°的角,还剩下180°留给两块瓷砖,可以是两块正方形(90°+90°),还可以是一块正三角形加一块正六边形(60°+120°),第二种情况前面已经讨论了。于是就只有下面这一种组合:(3,3,3,4,4)。试一试就会发现,三个正三角形挨在一起是一种可能情形;还有一种可能情形就是两块正三角形挨在一起,另一块正三角形与这两块之间都隔着一块正方形。于是,我们得到了两种铺砖方式:(3,3,3,4,4)和(3,3,4,3,4)。经过摆放,这两个不同的顺序都是可以实现的。这样的"一种组合两种排列"的状况是很多人容易疏漏的。这两种结果如图6-55和图6-56所示。

最后是 $k=6$ 的情况,就只能是6个正三角形聚拢在顶点处,即(3,3,3,3,3,3),如图6-57所示。

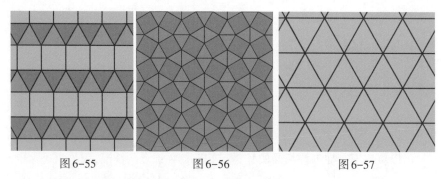

图 6-55   图 6-56   图 6-57

全部 11 种就都讲解完了。总结一下，它们分别是

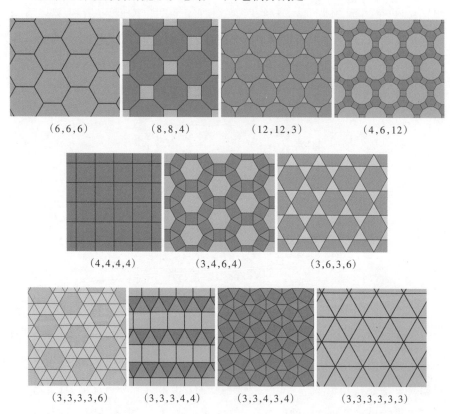

(6,6,6)   (8,8,4)   (12,12,3)   (4,6,12)

(4,4,4,4)   (3,4,6,4)   (3,6,3,6)

(3,3,3,3,6)   (3,3,3,4,4)   (3,3,4,3,4)   (3,3,3,3,3,3)

参考文献
（我的数学书单——100部）

[1] 胡·施坦豪斯. 数学万花镜[M]. 裴光明, 译. 上海: 上海教育出版社, 1981.

[2] 胡·施坦豪斯. 一百个数学问题[M]. 陈铨, 译. 上海: 上海教育出版社, 1980.

[3] 胡·施坦豪斯. 又一百个数学问题[M]. 庄亚栋, 译. 上海: 上海教育出版社, 1980.

[4] 江泽涵. 多面形的欧拉定理和闭曲面的拓扑分类[M]. 北京: 人民教育出版社, 1964.

[5] 博卡德·波斯特. 数学证明之美[M]. 贺俊杰, 铁红玲, 译. 长沙: 湖南科学技术出版社, 2012.

[6] 戴维·韦尔斯. 数学与联想[M]. 李志尧, 译. 上海: 上海教育出版社, 1999.

[7] Marcus du Sautoy. 神奇的数学: 牛津教授给青少年的讲座[M]. 程玺, 译. 北京: 人民邮电出版社, 2013.

[8] 劳斯·鲍尔, 考克斯特. 数学游戏与欣赏[M]. 杨应辰, 等, 译. 上海: 上海教育出版社, 2001.

[9] 波拉索洛夫. 俄罗斯立体几何问题集[M]. 周春荔, 译. 哈尔滨: 哈尔滨工业大学出版社, 2014.

[10] 马丁·加德纳. 迷宫与幻方[M]. 封宗信, 译. 上海: 上海科技教育出版社, 2012.

[11] 林恩·阿瑟·斯蒂恩. 站在巨人的肩膀上[M]. 胡作玄, 等, 译. 上海: 上海教育出版社, 2000.

[12] 吴光磊, 丁石孙, 姜伯驹, 等. 解析几何[M]. 北京: 人民教育出版社, 1961.

[13] 约翰·米歇尔, 艾伦·布朗. 神圣几何: 人类与自然和谐共存的宇宙法则[M]. 李美蓉, 译. 广州: 南方日报出版社, 2014.

[14] 克利福德·皮寇弗. 数学之书[M]. 陈以礼, 译. 重庆: 重庆大学出版社, 2015.

[15] 伊恩·斯图尔特. 迷宫中的奶牛[M]. 谈祥柏, 谈欣, 译. 上海: 上海科技教育出版社, 2012.

[16] A. 恩格尔. 解决问题的策略[M]. 舒五昌, 冯志刚, 译. 上海: 上海教育出

版社,2005.

[17] 严镇军. 从正五边形谈起[M]. 上海:上海教育出版社,1980.

[18] R. 柯朗,H. 罗宾. 什么是数学[M]. 左平,张饴慈,译. 上海:复旦大学出版社,2005.

[19] J. A. H. 亨特,J. S. 玛达其. 数学娱乐问题[M]. 张远南,张昶,译. 上海:上海教育出版社,1998.

[20] 李克大,李伊裕. 有趣的差分方程[M]. 上海:上海教育出版社,1994.

[21] 伊莱·马奥尔. 无穷之旅——关于无穷大的文化史[M]. 王前,武学民,金敬红,译. 上海:上海教育出版社,2000.

[22] 齐斯·德福林. 数学的语言:化无形为可见[M]. 洪万生,洪赞天,苏意雯,等,译. 桂林:广西师范大学出版社,2013.

[23] T. 帕帕斯. 数学趣闻集锦(上下册)[M]. 张远南,张昶,译. 上海:上海教育出版社,1998.

[24] 克里斯托弗·德罗塞. 数学的诱惑:日常生活中的数字游戏[M]. 胡晓琛,朱雯霏,译. 长春:吉林出版集团有限责任公司,2012.

[25] 黄国勋,李炯生. 计数[M]. 上海:上海教育出版社,1983.

[26] C.D. 奥尔德斯. 连分数[M]. 张顺燕,译. 北京:北京大学出版社,1985.

[27] 张景中. 从$\sqrt{2}$谈起[M]. 上海:上海教育出版社,1985.

[28] 基斯·德夫林. 数学:新的黄金时代[M]. 李文林,袁向东,李家宏,等,译. 上海:上海教育出版社,1997.

[29] 蒋声. 几何变换[M]. 上海:上海教育出版社,1981.

[30] 艾利克斯·贝洛斯. 数学世界漫游记[M]. 孟天,译. 南京:译林出版社,2015.

[31] 田增伦. 函数方程[M]. 上海:上海教育出版社,1979.

[32] 钱宝琮. 中国数学史[M]. 北京:科学出版社,1964.

[33] 李尚志,陈发来,张韵华,等. 数学实验[M]. 北京:高等教育出版社,2000.

[34] 中国大百科全书总编辑委员会《数学》编辑委员会. 中国大百科全书:数学[M]. 北京:中国大百科全书出版社,1988.

[35] 基思·鲍尔. 怪曲线、数兔子及其他数学探究[M]. 汪晓勤,柳留,译. 上海:上海科技教育出版社,2011.

[36] 瓦罗别耶夫. 斐波那契数列[M]. 周春荔,译. 哈尔滨:哈尔滨工业大学出版社,2010.

[37] L. 兹平. 无限的用处[M]. 应隆安,译. 北京:北京大学出版社,1985.

[38] H.伊夫斯.数学史概论[M].欧阳绛,译.太原:山西人民出版社,1986.

[39] 马菊红,康沛嘉,高思博.俄罗斯初等数学问题集[M].哈尔滨:哈尔滨工业大学出版社,2012.

[40] G.波利亚.数学与猜想(第一卷):数学中的归纳和类比[M].李心灿,王日爽,李志尧,译.北京:科学出版社,1984.

[41] G.波利亚.数学与猜想(第二卷):合情推理模式[M].李心灿,王日爽,李志尧,译.北京:科学出版社,1984.

[42] 张顺燕.数学的美与理[M].北京:北京大学出版社,2004.

[43] 张顺燕.数学的源与流[M].2版.北京:高等教育出版社,2003.

[44] 龚升.从刘徽割圆谈起[M].北京:人民教育出版社,1964.

[45] 华罗庚.从杨辉三角谈起[M].北京:人民教育出版社,1964.

[46] 华罗庚.从祖冲之的圆周率谈起[M].北京:人民教育出版社,1964.

[47] 华罗庚.从孙子的"神奇妙算"谈起[M].北京:人民教育出版社,1964.

[48] 邱贤忠,沈宗华.几何作图不能问题[M].上海:上海教育出版社,1983.

[49] 李文林.数学史教程[M].北京:高等教育出版社,2000.

[50] G.波利亚.怎样解题——数学教学法的新面貌[M].徐泓,冯承天,译.上海:上海科技教育出版社,2002.

[51] 傅钟鹏.中华古数学巡礼[M].沈阳:辽宁人民出版社,1984.

[52] G.盖莫夫.从一到无穷大:科学中的事实和臆测[M].暴永宁,译.北京:科学出版社,1978.

[53] 别莱利曼.趣味代数学[M].丁寿田,朱美琨,译.北京:中国青年出版社,1980.

[54] 马丁·加德纳.悖论与谬误[M].封宗信,译.上海:上海科技教育出版社,2012.

[55] O.奥尔.有趣的数论[M].潘承彪,译.北京:北京大学出版社,1985.

[56] 段学复.对称[M].北京:人民教育出版社,1964.

[57] 柯召,孙琦.单位分数[M].北京:人民教育出版社,1981.

[58] 张景中.帮你学数学——张景中院士献给少儿的礼物[M].北京:中国少年儿童出版社,2002.

[59] 余元庆.分离系数法[M].北京:人民教育出版社,1978.

[60] 史济怀.平均[M].北京:人民教育出版社,1964.

[61] 华罗庚.数学归纳法[M].北京:人民教育出版社,1963.

[62] 夏道行.π和e[M].上海:上海教育出版社,1964.

[63] J.阿达玛.几何:立体部分[M].朱德祥,译.上海:上海科学技术出版社,
1966.

[64] 大栗博司.用数学的语言看世界[M].尤斌斌,译.北京:人民邮电出版社,
2017.

[65] 李约瑟.中国科学技术史:第三卷 数学[M].《中国科学技术史》翻译小组,译.北京:科学出版社,1978.

[66] 波拉索洛夫.俄罗斯平面几何问题集[M].6版.周春荔,译.哈尔滨:哈尔滨工业大学出版社,2009.

[67] 朱水林.对称和群[M].上海:上海教育出版社,1984.

[68] 谈祥柏.乐在其中的数学[M].北京:科学出版社,2008.

[69] 谈祥柏.数学不了情[M].北京:科学出版社,2010.

[70] 彼得·M.希金斯.数的故事——从计数到密码学[M].陈以鸿,译.上海:上海教育出版社,2015.

[71] 张苍,等.九章算术[M].曾海龙,译解.南京:江苏人民出版社,2011.

[72] 欧几里得.几何原本[M].兰纪正,朱恩宽,译.南京:译林出版社,2011.

[73] 冯克勤.射影几何趣谈[M].上海:上海教育出版社,1987.

[74] 海因里希·德里.100个著名初等数学问题:历史和解[M].上海:上海科学技术出版社,1982.

[75] 侯世达.哥德尔、埃舍尔、巴赫:集异璧之大成[M].严勇,刘皓明,等,译.北京:商务印书馆,1996.

[76] 远山启.数学与生活:修订版[M].吕砚山,李诵雪,马杰,等,译.北京:人民邮电出版社,2014.

[77] 莫里斯·克莱因.古今数学思想[M].张理京,张锦炎,北京大学数学系数学史翻译组,译.上海:上海科学技术出版社,1979.

[78] A.D.亚历山大洛夫等.数学——它的内容、方法和意义[M].秦元勋,王光寅,等,译.北京:科学出版社,1958.

[79] 约翰·德比希尔.素数之恋:黎曼和数学中最大的未解之谜[M].陈为蓬,译.上海:上海科技教育出版社,2018.

[80] 保罗·霍夫曼.阿基米德的报复[M].尘土,等,译.北京:中国对外翻译出版公司,1994.

[81] 卡尔·萨巴.黎曼博士的零点[M].汪晓勤,张琰,徐晓君,译.上海:上海教育出版社,2006.

[82] 朱利安·哈维尔.不可思议:有悖直觉的问题及其令人惊叹的解答[M].涂

数学之旅

泓,译.上海:上海科技教育出版社,2013.

[83] R.亨斯贝尔格.数学中的巧智[M].李忠,译.北京:北京大学出版社,1985.

[84] A.科克肖特,F.B.沃尔特斯.圆锥曲线的几何性质[M].蒋声,译.上海:上海教育出版社,2002.

[85] R.A.约翰逊.近代欧氏几何学[M].单墫,译.上海:上海教育出版社,1999.

[86] H.S.M.考克塞特,S.L.格雷策.几何学的新探索[M].陈维桓,译.北京:北京大学出版社,1986.

[87] 朱利安·哈维尔.不要大惊小怪!——一些"荒唐"观点的数学证明[M].郑炼,译.上海:上海科技教育出版社,2013.

[88] 陈景润,邵品琮.哥德巴赫猜想[M].沈阳:辽宁教育出版社,1987.

[89] D.休斯·哈雷特,A.M.克莱逊.微积分[M].胡乃冏,邵勇,徐可,等,译.北京:高等教育出版社,1997.

[90] 量子学派.公式之美[M].北京:北京大学出版社,2020.

[91] 刘培杰数学工作室.发展你的空间想象力:第2版[M].哈尔滨:哈尔滨工业大学出版社,2019.

[92] 华罗庚.高等数学引论(第一卷:第一分册,第二分册)[M].北京:科学出版社,1963.

[93] 华罗庚.数论导引[M].北京:科学出版社,1957.

[94] 蒋声.形形色色的曲线[M].上海:上海教育出版社,1999.

[95] B.H.斯米尔诺夫.高等数学教程(全五卷11册)[M].孙念增,等,译.北京:人民教育出版社,1952—1959.

[96] R.M.菲赫金哥尔茨.微积分学教程(全三卷8册)[M].叶彦谦,徐献瑜,冷生明,等,译.北京:人民教育出版社,1954—1959.

[97] 《科学美国人》编辑部.从惊讶到思考——数学悖论奇景[M].李思一,白葆林,译.北京:科学技术文献出版社,1984.

[98] 伊萨克·牛顿.自然哲学之数学原理[M].王克迪,译.西安:陕西人民出版社,2001.

[99] 陈家声,徐惠芳.递归数列[M].上海:上海教育出版社,1988.

[100] 吴鹤龄.幻方及其他——娱乐数学经典名题[M].2版.北京:科学出版社,2004.

参考文献